Zu diesem Buch

Dieses Skriptum behandelt die Grundlagen, Bauelemente, Antriebe und Steuerungen der Ölhydraulik und enthält den Stoff der vom Verfasser an der Fachhochschule Ulm gehaltenen Vorlesung Ölhydraulik. Es setzt Grundkenntnisse in Strömungslehre sowie die im 1. und 2. Semester vermittelten mathematischen und physikalischen Grundlagen voraus. An wenigen Stellen werden Kenntnisse in Werkstoffkunde und Festigkeitslehre im selben Umfang verlangt.

Dieses mit 50 Beispielen und Übungsaufgaben versehene Skriptum befaßt sich ausführlich mit den Grundlagen und Bauelementen der Ölhydraulik. Außerdem wird die Steuerung im Leistungsbereich, wobei auch auf die Frage der Energieausnutzung ausführlich eingegangen wird, behandelt und in die Steuerungstechnik der Signalflüsse eingeführt. Anwendungsbeispiele der Ölhydraulik aus den Bereichen Stationär- und Mobilhydraulik runden den Inhalt ab. Von seinem Aufbau und Inhalt her wendet sich dieses Skriptum in erster Linie an die Studenten der Fachhochschulen und Technischen Universitäten. Es ist aber, da es zum Selbststudium geeignet ist, auch für in der Praxis stehende Ingenieure, die ihr Grundlagenwissen erweitern wollen, interessant.

Ölhydraulik

Von Dipl.-Ing. Gerhard Bauer
Professor an der Fachhochschule Ulm

7., vollständig neubearbeitete und erweiterte Auflage
Mit 207 Bildern, 11 Tabellen und 50 Beispielen

 B. G. Teubner Stuttgart 1998

Prof. Dipl.-Ing. Gerhard Bauer

1939 in Laupheim geboren. 1958 Abitur am Schubart-Gymnasium Ulm. 1958–1963 Studium des Maschinenbaus an der Technischen Hochschule Stuttgart. Von Mai bis September 1963 Assistent am Lehrstuhl für ortsfeste Kolbenmaschinen der TH Stuttgart. 1963–1965 Konstrukteur für hydrostatische Getriebe, Prüfstände und Axialkolbeneinheiten bei der Firma Hydromatik GmbH in Ulm. 1966–1967 Studium an der Berufspädagogischen Hochschule Stuttgart und Vertragslehrer an der Gewerblichen Berufsschule Biberach. Seit 1967 Dozent für Ölhydraulik, Maschinenelemente und Technische Mechanik an der Fachhochschule Ulm.

Die Deutsche Bibliothek – CIP-Einheitsaufnahme

Bauer, Gerhard:
Ölhydraulik : mit 11 Tabellen und 50 Beispielen / von Gerhard Bauer. – 7., vollst. neubearb. und erw. Aufl. – Stuttgart : Teubner, 1998
  (Teubner-Studienskripten ; 68 : Maschinenbau)
  ISBN 3-519-10144-0

Das Werk einschließlich aller seiner Teile ist urheberrechtlich geschützt. Jede Verwertung außerhalb der engen Grenzen des Urheberrechtsgesetzes ist ohne Zustimmung des Verlages unzulässig und strafbar. Dies gilt besonders für Vervielfältigungen, Übersetzungen, Mikroverfilmungen und die Einspeicherung und Verarbeitung in elektronischen Systemen.
© B. G. Teubner Stuttgart 1998
Printed in Germany
Gesamtherstellung: Druckhaus Beltz, Hemsbach/Bergstraße
Einband: Peter Pfitz, Stuttgart

Vorwort zur 7. Auflage

Dieses Skriptum enstand aus der einsemestrigen Vorlesung "Ölhydraulik" an der Fachhochschule Ulm, die für die Studenten des Fachbereichs Maschinenbau im Studienschwerpunkt "Konstruktion und Entwicklung" Pflichtfach ist und allen Studenten der anderen Studiengänge der Fachrichtung Maschinenwesen als Wahlfach angeboten wird.

Der Textteil des Manuskripts der vorliegenden 7. Auflage wurde mit Proportionalschrift im Blocksatz erstellt.Dadurch wurde die Lesbarkeit des Skriptums wesentlich verbessert. Mit der vollständig überarbeiteten 7. Auflage liegt nun ein inhaltlich neu geordnetes und erweitertes Skriptum vor, bei dem durch die Aufnahme weiterer Aufgabenbeispiele auch die Übungsmöglichkeiten verbessert wurden.

Das Skriptum setzt wie die Vorlesung nur die Physik- und Mathematikkenntnisse des Grundstudiums voraus. Kenntnisse in Technischer Mechanik, Werkstoffkunde und Festigkeitslehre werden an wenigen Stellen im selben Umfang vorausgesetzt.

Die Formelzeichen wurden, bis auf das in der Ölhydraulik übliche Q für den Volumenstrom, nach DIN 1304 gewählt. Als Maßsystem wurde das Internationale Maßsystem (S. I.) zugrunde gelegt. Für den Leser, der noch mit dem alten Technischen Maßsystem arbeitet, können sich deshalb bei Zahlenrechnungen anfänglich Schwierigkeiten ergeben. Da jedoch alle Gleichungen als Größengleichungen angegeben sind, können Zahlenrechnungen in jedem Einheitensystem durchgeführt werden. Für die schnelle Berechnung von Strömungsverlusten sind außer den Größengleichungen auch Zahlenwertgleichungen, für die Rechnung mit den in der Praxis meist üblichen Einheiten, aufgestellt worden. Bei diesen Zahlenwertgleichungen sind die verwendeten Einheiten angegeben.

Da bei dem Begriff "Ölhydraulik" hauptsächlich an die Steuerung der hydraulischen Energie im Leistungsbereich einer Anlage gedacht wird, beschäftigen sich die Kapitel 1 bis 13 mit der hydraulischen Leistung in Form von Druck und Volumenstrom, den Verlusten in einer Hydraulikanlage, den Wirkungsgraden, den Bauelementen, die zur Erzeugung, Steuerung oder Regelung und Ausnutzung der hydraulischen Energie erforderlich sind, sowie den Problemen, die sich aus der Kompressibilität und Trägheit der Hydraulikflüssigkeit ergeben. Es werden dabei die physikalischen Grundlagen und die Bauelemente der Ölhydraulik ausführlich besprochen, da nur bei ihrer genauen Kenntnis eine funktionsgerechte und wirtschaftliche Auslegung ölhydraulischer Antriebe und Steuerungen möglich wird. Hydraulikschaltpläne, die zeigen, wie der von der Pumpe erzeugte Flüssigkeitsstrom durch Ventile beeinflußt wird, um an den Antriebsgliedern die geforderte Funktion zu erreichen, werden nicht in ihrer

Vielfalt dargestellt, sondern es werden bei der Erläuterung der Ventile deren prinzipielle Anwendungsmöglichkeiten anhand von einigen typischen Hydraulikschaltplänen gezeigt. Zur Vertiefung werden dann in Kapitel 17 Anwendungen der Ölhydraulik anhand von Beispielen aus der Stationär- und Mobilhydraulik erläutert. Die gezeigten Beispiele wurden hauptsächlich nach didaktischen Gesichtspunkten und weniger aufgrund ihrer Aktualität ausgewählt.

In Kapitel 14 wird der Unterschied zwischen Widerstands- und Verdrängersteuerung erläutert und darauf hingewiesen, was dies für die anfallenden Leistungsverluste bedeutet. Die prinzipbedingten Leistungsverluste, die bei konventionellen und neueren Hydrauliksystemen anfallen, werden in Kapitel 15 aufgezeigt. Damit wird gezeigt, wie in der Ölhydraulik durch entsprechende Systeme Energie gespart werden kann.

Mit der Steuerung des Signalflusses, d. h. mit der Auswahl und der Verarbeitung der Signale, die die Geräte im Leistungsbereich im Sinne der gestellten Aufgabe beeinflussen, beschäftigt sich Kapitel 16. Da die Steuerung der Signalflüsse keine spezielle Aufgabe der Ölhydraulik, sondern ein übergeordnetes Problem der Steuer- und Regelungstechnik ist, wird sie in diesem Skriptum nur in einführender Form behandelt.

Das Skriptum enthält außer Beispielen mit ausführlicher Erklärung des Lösungsweges auch noch Übungsaufgaben, deren Lösungen im Anhang zu finden sind.

Zum Gelingen dieses Skriptums haben meine ehemaligen Studenten, die Herren: Butscher, Lebherz, Römer, Sick, Schaude und Schuler durch Textverabeitung und Zeichnen von Bildern beigetragen. Ihnen gilt für ihre fleißige und umsichtige Mitarbeit mein besonderer Dank.

Dieses Skriptum soll Studenten und andere Interessenten in ein wichtiges Gebiet der Technik einführen, und ihnen die Grundlagen für weitere Arbeit auf diesem Gebiet geben.

Ulm, im Januar 1998   Gerhard Bauer

Inhalt

1	**Einführung**	11
1.1	Begriffe und Abgrenzung des Sachgebietes	11
1.2	Aufbau eines Hydrauliksystems	12
1.3	Vor- und Nachteile der Ölhydraulik	13
1.4	Benennung, Erklärung und Symbole der Ölhydraulik nach der DIN-ISO 1219	14
1.5	Das S.-I.-Maßsystem und praktische Berechnungen	25
2	**Physikalische Grundlagen**	26
2.1	Hydrostatik	26
2.2	Hydrodynamik	28
2.3	Strömungsverluste	31
2.4	Die Kompressibilität der Druckflüssigkeit und ihre Auswirkungen	42
2.5	Kraftwirkung eines Flüssigkeitsstromes	56
2.6	Strömung in Spalten	59
3	**Druckflüssigkeiten**	74
3.1	Mineralöle	74
3.2	Schwerentflammbare Druckflüssigkeiten	84
3.3	Umweltverträgliche Druckflüssigkeiten	86
3.4	Pflege und Wechsel der Druckflüssigkeit	87
4	**Filter, Flüssigkeitsbehälter, Wärmeanfall und Kühlung**	88
4.1	Filter	88
4.2	Flüssigkeitsbehälter	91
4.3	Wärmeanfall und Kühlung	92
5	**Hydropumpen**	98
5.1	Berechnungsgrundlagen	99
5.2	Bauarten hydrostatischer Pumpen	109
5.3	Kennlinien	128

5.4	Verstell- und Regeleinrichtungen für Hydropumpen	129
5.5	Servopumpen	141

6 Motoren — 142

6.1	Zylinder	143
6.2	Hydromotoren	151
6.3	Schwenkmotoren	159
6.4	Kräfte und Momente an Motoren	159
6.5	Berechnung von Hydrosystemen	161

7 Ventile als Steuergeräte — 166

7.1	Druckventile	168
7.2	Wegeventile	176
7.3	Sperrventile	187
7.4	Stromventile	189
7.5	2-Wege-Einbauventile	200

8 Stetig verstellbare Ventile (Stetigventile) — 204

8.1	Elektrohydraulische Servoventile	204
8.2	Das Servoventil im elektrohydraulischen Regelkreis	214
8.3	Proportionalventile	216
8.4	Regelventile	229

9 Hydrospeicher — 231

9.1	Anwendungsmöglichkeiten	231
9.2	Hydrospeicherbauarten	232
9.3	Berechnung der Gashydrospeicher	233
9.4	Sicherheitsbestimmungen	236

10 Verbindungselemente und Ventilmontagesysteme — 237

10.1	Rohrleitungen	237
10.2	Rohrverbindungen	238
10.3	Schlauchleitungen	239
10.4	Ventilmontagesysteme	241

11	**Dichtungen**	243
11.1	Statische Dichtungen	243
11.2	Dynamische Dichtungen	244
11.3	Stick-Slip oder Ruckgleiten	247
12	**Anwendung von Kennlinien bei der Berechnung von Hydrokreisläufen**	249
12.1	Kennlinien der Bauelemente eines Hydrokreislaufes	249
12.2	Hintereinander und Parallelschaltung	250
12.3	Kennlinie eines Pumpenaggregates	252
12.4	Beispiel für das Zusammenwirken Pumpenaggregat-Verbraucherkreis	253
13	**Hydrostatische Getriebe**	255
13.1	Schaltpläne und Wirkungsweise	255
13.2	Leistungs-Momentenkennlinie und Berechnung	258
13.3	Wandlungsbereich	261
14	**Steuerung im Leistungsbereich**	264
14.1	Widerstandssteuerung (Ventilsteuerung)	264
14.2	Verdrängersteuerung	265
15	**Prinzipbedingte Leistungsverluste bei konventionellen und neueren Hydrauliksystemen**	267
15.1	Pumpensteuerung (Pumpenverstellung)	267
15.2	Ventilsteuerung mit Stromventilen	268
15.3	Ventilsteuerung mit stetig verstellbaren Wegeventilen	271
15.4	Load-Sensing Systeme	271
15.5	Sekundärregelung (Motorsteuerung)	274
16	**Einführung in die Steuerungstechnik der Signalflüsse**	278
16.1	Die Steuerkette	278
16.2	Steuerungsarten nach DIN 19 226	281
16.3	Steuerungsbeispiele der Ölhydraulik	282

17 Anwendungsbeispiele der Ölhydraulik 287

17.1 Hydraulische Folgesteuerung einer Spann- und
 Produktionsvorrichtung 287
17.2 Vorschubantrieb mit Primärsteuerung 288
17.3 Antrieb einer kleineren Oberkolbenpresse 290
17.4 Zentrifugenantrieb 291
17.5 Antrieb der Spritzeinheit einer Spritzgießmaschine 292
17.6 Hubstaplerantrieb 294
17.7 Antrieb eines vollhydraulischen Mobilbaggers 296
17.8 Elektronisch geregelter Fahrantrieb eines Kommunalfahrzeuges . 298

Anhang

    Literaturangaben 301
    Normen und Richtlinien 303
    Lösungen zu den Übungsbeispielen 304
    Formelzeichen 309
    Sachregister 312

1 Einführung

1.1 Begriffe und Abgrenzung des Sachgebietes

Dieses Buch soll in die Grundlagen, Bauelemente, Antriebe sowie Steuerungen und Regelungen der Ölhydraulik einführen. Die Ölhydraulik - besser Hydrostatik genannt - benutzt flüssige Druckmedien um Leistung zu übertragen und Bewegungen zu erzeugen.

Bild 1 zeigt vereinfacht die hydrostatische Kraftübertragung durch den statischen Druck in einer Flüssigkeitssäule zwischen dem kleinen Pumpenkolben einer Handpumpe und dem großen Hubkolben einer Hebevorrichtung.

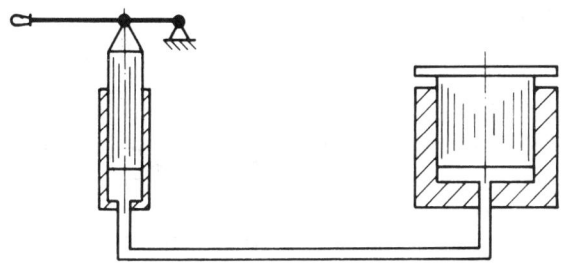

Bild 1 Prinzip der hydrostatischen Kraftübertragung

Dieses Prinzip ist auch für die moderne Ölhydraulik grundlegend. Es kommen nur noch Ventile zur Steuerung oder Regelung des Flüssigkeitsstromes hinzu, und die Handpumpe wird durch eine moderne hydrostatische Pumpe, die direkt mit einem Elektro- oder Verbrennungsmotor gekoppelt ist, ersetzt.

Im Gegensatz zur Hydrostatik befaßt sich die Hydrodynamik mit der Energieübertragung durch die Strömungsenergie des Arbeitsmediums. Die hydraulischen Kupplungen und hydraulischen Wandler, die auf diesem Prinzip beruhen, bestehen im Wesentlichen aus zwei Strömungsmaschinen, einer Pumpe und einer Turbine. Hydrodynamische Getriebe (Turbogetriebe) gehören nicht zum Stoff dieses Buches.

Die Ölhydraulik ist ein relativ junger Zweig der Technik. Die Entwicklung begann Ende des 18. Jahrhunderts durch Joseph Bramah in London, der hydraulische Pressen für große Kräfte baute. Er und die Erfinder des folgenden

Jahrhunderts benutzten stets Wasser als Druckflüssigkeit. Erst als Anfang des 20. Jahrhunderts Öl als Druckflüssigkeit entdeckt wurde, nahm die Ölhydraulik einen langsamen Aufschwung. In den folgenden Jahrzehnten wurden hydrostatische Maschinen und Ventile entwickelt, und ab 1950 fand die Ölhydraulik im Zuge der Automatisierung und Rationalisierung viele Anwendungsgebiete. In jüngster Zeit bestehen Bestrebungen Wasser (Reines Wasser oder Druckflüssigkeit HFA) aus Gründen des Umweltschutzes und der Kosten wieder vermehrt in Hydrauliksystemen einzusetzen. Man spricht dann auch von "Wasserhydraulik". Die Ölhydraulik läßt sich in folgende 3 Anwendungsbereiche, mit unterschiedlichen Anforderungen an die Hydraulikelemente, einteilen.

a) **Stationärhydraulik** (Industriehydraulik). Die Signalübertragung erfolgt meist elektrisch. Die Ventile sollen leicht austauschbar sein.

b) **Mobilhydraulik.** Mobile Geräte erfordern einen robusten Aufbau der Hydraulikelemente. Die Betätigung der Ventile erfolgt meistens von Hand.

c) **Flughydraulik.** Die Luft- und Raumfahrt erfordert Geräte mit niedrigem Leistungsgewicht. Elektrohydraulische Servoventile (siehe 8.1) sind hier typisch.

Ölhydraulische Antriebe werden vielfach vereinfacht nach den Gesetzen der Hydrostatik beurteilt. Bei vielen Vorgängen ist es aber erforderlich auch das dynamische Verhalten der Flüssigkeit zu berücksichtigen. Deshalb werden im Abschnitt "Physikalische Grundlagen" sowohl die Gesetze ruhender als auch strömender Flüssigkeiten betrachtet.

1.2 Aufbau eines Hydrauliksystems (Hydrosystem)

Bild 2 zeigt den prinzipiellen Aufbau und den Leistungsfluß in einem Hydrauliksystem. Die Antriebsmaschine führt dem Generator oder Primärteil, die mechanische Leistung (P_{zu}) zu. Der Generator, eine hydrostatische Pumpe, wandelt die mechanische Leistung in hydraulische Leistung der Druckflüssigkeit (Öl) um. Die hydraulische Leistung wird nun über Ventile dem Motor (Sekundärteil) zugeführt. Dabei kann durch die Ventile der Weg der Arbeitsflüssigkeit, ihr Druck und der Volumenstrom beeinflußt werden. Im Hydromotor (rotatorisch) oder im Zylinder (translat.) wird die hydr. Leistung wieder in mechanische Leistung (P_{ab}) umgewandelt, die dann zum Antrieb der Arbeitsmaschine oder Fertigungseinrichtung dient. Das Verhältnis der von der Hydraulikanlage abgegebenen mechanischen Leistung zu der ihr zugeführten mechanischen Leistung ergibt ihren Gesamtwirkungsgrad, der ein Maß für die Güte der Anlage ist. Außer den schon erwähnten Bauelementen gehören zu einem elementaren Hydraulikkreislauf noch ein Flüssigkeitsbehälter, Geräte zur Pflege der Druckflüssigkeit (Filter, Kühler, Vorwärmer), Leitungen, die Druckflüssigkeit selbst und eventuell noch ein Hydrospeicher.

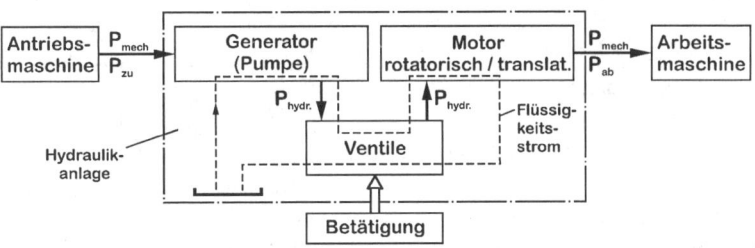

Bild 2 Aufbau eines Hydrauliksystems

1.3 Vor- und Nachteile der Ölhydraulik

Die hydrostatischen Antriebe stehen in Konkurrenz mit den mechanischen, elektrischen und pneumatischen Antrieben und haben gegenüber diesen viele Vorteile, aber auch gewisse Nachteile.

Die Vorteile des hydrostatischen Antriebes sind:

1. Übertragung großer Kräfte auf kleinem Raum infolge des geringen Leistungsgewichtes hydraulischer Pumpen und Motoren.
2. Stufenlose Änderung von Bewegungsgeschwindigkeiten, Drehzahlen, Kräften und Drehmomenten.
3. Einfache Überwachung aller auftretenden Kräfte durch Manometer und Druckschalter.
4. Einfacher Überlastschutz durch Druckbegrenzungsventil.
5. Rasche Bewegungsumkehr durch relativ kleine Massen der Antriebselemente, wie Arbeitskolben und Hydromotoren.
6. Einfache Übersetzung von rotierender Bewegung auf geradlinige Bewegung oder umgekehrt.

7. Selbstschmierung hydraulischer Elemente durch die Betriebsflüssigkeit.
8. Möglichkeit zur Automatisierung aller Arten von Bewegungen und Hilfsbewegungen durch Vorsteuerventile und elektrische Befehlsübermittlung.
9. Möglichkeit der Verwendung von Standardelementen (gestuft nach Nenngrößen) und Baugruppen in hydraulischen Systemen.
10. Konstruktive Freizügigkeit in der Anordnung der Bauelemente.

Die Nachteile des hydrostatischen Antriebes sind:
1. Strömungsverluste (Flüssigkeitsreibung) in Rohrleitungen und Ventilen.
2. Die Änderung der Viskosität der Hydraulikflüssigkeit bei Temperatur- und Druckschwankungen.
3. Leckverluste.
4. Die Kompressibilität der Hydraulikflüssigkeit.
5. Absolut synchrone Vorgänge kann man rein hydraulisch nicht erreichen, hier braucht man noch die mechanische Koppelung.
6. Hoher Fertigungsaufwand (geringe Spiele bei Paßteilen).
7. Schmutzempfindlichkeit (besonders bei hohem Betriebsdruck).

1.4 Benennung, Erklärung und Symbole der Ölhydraulik nach der DIN-ISO 1219

Ähnlich wie in der Elektrotechnik werden Schaltpläne in der Ölhydraulik mit Hilfe von Symbolen erstellt. Die folgende Zusammenstellung der Symbole (auch Schaltzeichen oder Sinnbilder genannt) entspricht den "Richtlinien für die Anwendung der DIN-ISO 1219"[1)] des VDMA. Die Kenntnis dieser Symbole wird in den folgenden Kapiteln vorausgesetzt.

1.4.1 Symbole für Hydropumpen und Hydromotoren

1.4.1.1 Hydropumpen: Geräte nach dem Verdrängerprinzip zum Umformen von mechanischer in hydrostatische Energie für ölhydraulische Anlagen.

a) Konstantpumpe: Hydropumpe mit nahezu konstantem Verdrängungsvolumen (Fördervolumen) je Umdrehung oder Doppelhub

    mit 1 Förderrichtung

    mit 2 Förderrichtungen

---
1) Maschinenbau-Verlag GmbH Frankfurt/Main, 10.1978

b) **Verstellpumpe:** Hydropumpe mit verstellbarem Verdrängungsvolumen je Umdrehung oder Doppelhub

    mit 1 Förderrichtung

    mit 2 Förderrichtungen

c) **Regelpumpe:** Hydropumpe, deren Verdrängungsvolumen je Umdrehung oder Doppelhub stufenlos und selbsttätig geregelt wird

    mit 1 Förderrichtung

    mit 2 Förderrichtungen

1.4.1.2 Hydromotoren: Drehend arbeitende Geräte nach dem Verdrängerprinzip zum Umformen von hydrostatischer in mechanische Energie.

a) **Konstantmotor:** Hydromotor mit nahezu konstantem Verdrängungsvolumen (Schluckvolumen) je Umdrehung

    mit 1 Strömungsrichtung

    mit 2 Strömungsrichtungen

b) **Verstellmotor:** Hydromotor mit verstellbarem Verdrängungsvolumen. Symbol mit zusätzlichem schrägem Pfeil.

c) **Schwenkmotor:** Hydromotor mit begrenztem
    Schwenkbereich

1.4.1.3 Pumpenmotoren: Hydrogeräte, die sowohl als Pumpe als auch als Motor arbeiten können.

a) **Konstantpumpe-Motor:**

    als Pumpe in 1 Strömungsrichtung,
    als Motor in entgegengesetzte
    Richtung arbeitend

als Pumpe oder Motor in 1 Strömungsrichtung arbeitend

als Pumpe oder Motor in je 2 Strömungsrichtungen arbeitend

b) Verstellpumpe-Motor und Regelpumpe-Motor werden mit schrägem Pfeil bzw. mit schrägem Doppelpfeil dargestellt.

1.4.1.4 Zylinder: Geradlinig arbeitende Geräte zum Umformen von hydraulischer in mechanische Energie.

a) Einfachwirkender Zylinder: Die vom Druckmittel ausgeübte Kraft bewegt den Kolben nur in 1 Richtung

    Rückbewegung durch äußere Kraft

    Rückbewegung durch eingebaute Rückholfeder

b) Doppeltwirkender Zylinder: Die vom Druckmittel ausgeübte Kraft bewegt den Kolben in 2 Richtungen

    mit einseitiger Kolbenstange (Differentialzylinder)

    mit beidseitiger Kolbenstange (Gleichgangzylinder)

c) Teleskopzylinder einfachwirkend: Zylinder mit mehreren ineinander geführten Kolben, deren Hübe sich addieren. Rückbewegung nur durch äußere Kraft.

d) Zylinder mit Dämpfung:
Doppeltwirkender Zylinder mit nicht verstellbarer Dämpfung auf der Kolbenseite

Doppeltwirkender Zylinder mit beidseitiger verstellbarer Dämpfung

1.4.1.5 Druckübersetzer: bestehend aus 2 unterschiedlichen Druckkammern x und y zur Erhöhung des Druckes in y.

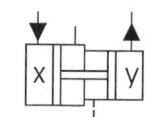

1.4.1.6 Druckmittelwandler, in dem bei gleichem Druck von einem Druckmittel zum anderen übergegangen wird, z.B. von Luft zu Öl.

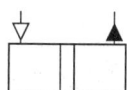

1.4.2 Symbole für Ventile
Ventile sind Geräte zur Steuerung oder Regelung von Start, Stopp und Richtung sowie Druck oder Durchfluß des von einer Hydropumpe geförderten oder in einem Behälter gespeicherten Druckmittels. Die Benennung Ventil gilt übergeordnet - entsprechend dem internationalen Sprachgebrauch - für alle Bauarten, wie Schieber, Kugelventile, Tellerventile, usw..

1.4.2.1 Ventile mit mehreren festgelegten Schaltstellungen
a) Die Anzahl der Felder ist gleich der Anzahl der Schaltstellungen, hier 2 Schaltstellungen.

b) Die Schaltstellungen sowie deren zugehörige Betätigungsorgane werden mit kleinen Buchstaben gekennzeichnet; dargestellt ist ein Ventil mit 3 Schaltstellungen, von denen die mittlere die "Ruhestellung o" oder "Nullstellung" (unbetätigter Zustand) ist.

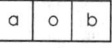

c) Bei Ventilen mit 2 Schaltstellungen wird die Ruhestellung mit a oder b bezeichnet.

d) Die Anschlüsse (Zu- und Abflüsse) werden an das Feld Ruhestellung oder, falls dieses nicht vorhanden, an das Feld Ausgangsstellung herangezogen. Man erreicht die anderen Positionen durch Verschieben der Felder, bis die Leitungen sich mit den Anschlüssen des betreffenden Feldes decken.

e) Innerhalb der Felder geben die Linien die Leitungen und die Pfeile die Durchflußrichtungen an.

f) Die Verbindung von Leitungen innerhalb eines Ventils wird durch einen Punkt gekennzeichnet.

g) Absperrungen werden durch Querstriche innerhalb der
Felder gekennzeichnet.

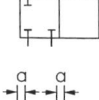

h) Die jeweilige Lage der Linien und Pfeile (gerade oder schräg)
innerhalb der Felder entspricht der Lage der Anschlüsse.
Stellt man sich das Ventil betätigt vor, dann müssen sich die
Leitungen innerhalb des jetzt vor den Anschlüssen stehenden
Feldes wieder mit den Anschlüssen decken.

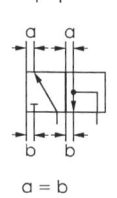

a = b

1.4.2.2 Ventile ohne festgelegte Schaltstellungen

Ventile, die zwischen 2 Endstellungen während ihrer Funktion dem Einstellwert (Druck und/oder Durchfluß) entsprechende Zwischenstellungen einnehmen.

a) Diese Ventile werden nur durch 1 Feld dargestellt

b) Bleibt bei Stellungsänderung Zu- oder Abfluß mit einem
Anschluß verbunden, so erhält der Pfeil an diesem Ende
einen Querstrich, der bei Verschiebung des Rechtecks
fest mit dem Pfeil verbunden gilt. Dargestellt wird die
Nullstellung und falls diese nicht vorhanden, die Ausgangsstellung, hier mit gesperrtem Durchfluß.

Die Stellungsänderung hat man sich ähnlich wie bei den
Ventilen mit mehreren festgelegten Schaltstellungen
zeichnerisch so vorzustellen, daß sich das Rechteck mitsamt Linien und Pfeilen rechtwinklig zu den Anschlüssen
verschiebt. Dargestellt ist hier nur zur Veranschaulichung
die Endstellung: Durchfluß geöffnet.

1.4.2.3 Ventilbetätigung

Die Symbole der Betätigungsarten (siehe 1.4.4) und Hilfsglieder werden im allgemeinen rechtwinklig zu den Anschlüssen außerhalb des/der Felder angeordnet.
Beispiel:
4/2 Wegeventil mit Elektromagnetbetätigung (b) und Rückstellfeder (a)

1.4.2.4 Kennzeichnung der Anschlüsse

Die Anschlüsse können mit 1 großen Buchstaben gekennzeichnet werden, z.B.:
Arbeitsleitungen mit   A,B,C..

Zufluß, Druck mit P
Abfluß mit R, S, T
Leckflüssigkeit mit L
Steuerleitungen mit Z, Y, X...
Beispiel:
4/3 - Wegeventil

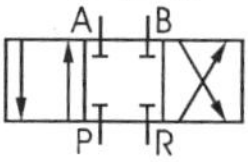

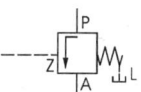

Beispiel:
Ferngesteuertes Zuschaltventil

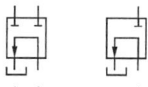

1.4.2.5 Wegeventile
Ventile, die den Weg eines Hydrostromes beeinflussen.

1.4.2.5.1 Kurzbezeichnung: Der Benennung Wegeventil wird die Anzahl der gesteuerten Anschlüsse und der Schaltstellungen vorangestellt, z.B. Wegeventil mit 3 gesteuerten Anschlüssen und 2 Schaltstellungen: 3/2 - Wegeventil.

1.4.2.5.2 Schaltstellungen:

a) Umlaufstellung: Zufluß- und Rückflußanschluß sind miteinander verbunden, die Verbraucheranschlüsse gesperrt.

b) Schwimmstellung: Alle Anschlüsse sind miteinander verbunden.

c) Sperrstellung: Alle Anschlüsse sind gesperrt.

d) Durchflußstellungen: Anschlüsse sind so geschaltet, daß ein Durchfluß entsteht, der angeschlossene Geräte veranlaßt, ihrer vorgesehene Funktion auszuüben.

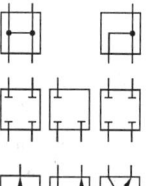

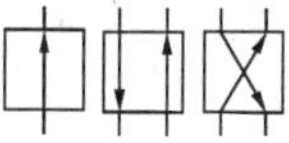

1.4.2.5.3 Beispiele für Wegeventile mit festgelegten Schaltstellungen

a) 2/2-Wegeventil mit Durchfluß - Nullstellung und Sperrstellung mit Betätigung durch Muskelkraft.

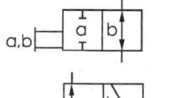

b) 3/2-Wegeventil, Ventilbetätigung beiderseitig durch hydraulischen Druck.

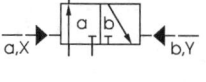

c) 3/3-Wegeventil, Ventilbetätigung mechanisch gegen Rückstellfedern.

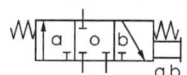

d) 4/2-Wegeventil mit Vorsteuerventil mit elektromagnetischer Betätigung gegen Rückstellfeder.
   Vereinfachte Darstellung
e) 4/3-Wegeventil mit Umlauf-Nullstellung und 2 Durchflußstellungen, z.B. für doppeltwirkende Zylinder.
f) 5/2-Wegeventil mit 2 Durchflußstellungen.

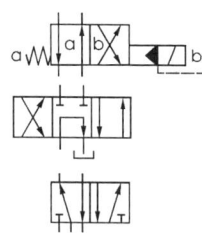

1.4.2.6 Wegeventile mit Proportionalverhalten (stetig verstellbare Ventile) sind Wegeventile mit 2 Endstellungen und beliebig vielen Zwischenschaltstellungen unterschiedlicher Drosselwirkung. Das Vorhandensein von Zwischenschaltstellungen wird durch 2 parallele Linien zum Ventilgrundsymbol angegeben.

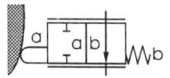

1.4.2.6.1 B e i s p i e l e:
a) Fühlerventil, wie 2/2-Wegeventil, betätigt durch Taster gegen Rückstellfeder.

b) Einstufiges elektrisch betätigtes 4-Wege-Servoventil zum Verstärken von stufenlos veränderlichen elektrischen Signalen und Umformen in hydraulische Energie.

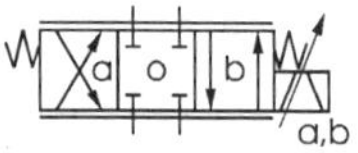

1.4.2.7 Sperrventile: Ventile, die den Durchfluß vorzugsweise in einer Richtung sperren und in entgegengesetzter Richtung freigeben. Der Druck auf der Abflußseite belastet das sperrende Teil und unterstützt dadurch das Schließen des Ventils.

a) Rückschlagventile:

     einfach

     mit Feder belastet

b) Ferngesteuerte Rückschlagventile: Rückschlagventil, dessen Sperrung oder Durchfluß durch eine Betätigung, z.B. hydraulisch aufgehoben werden kann.

     entsperrbar durch Hilfsleitung:

     sperrbar durch Hilfsleitung:

c) **Wechselventil:** Sperrventil mit 2 sperrbaren Zuflüssen und 1 Ablauf. Der Zufluß mit höherem Druck ist mit dem Abfluß verbunden, der andere Zufluß ist gesperrt.

d) **Drosselrückschlagventil:** Drosselventil mit Durchfluß in einer und Drosselung in der anderen Richtung, Drossel verstellbar.

1.4.2.8 Druckventile: Ventile, die vorwiegend den Druck beeinflussen. Mit 2 Endstellungen und beliebigen Zwischenstellungen. Darstellung nur mit einem Feld (Nullstellung).

a) **Druckbegrenzungsventil:** Ventil zur Begrenzung des Druckes am Eingang durch Öffnen des Ausganges gegen Rückstellkraft.

a1) Direkt gesteuert, Druck einstellbar

a2) Vorgesteuert, Druck einstellbar

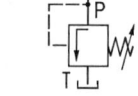

b) **Druckstufenventil:** Ventil, das den Eingangsdruck auf einen Wert begrenzt, der proportional dem Steuerdruck ist.

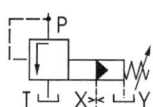

c) **Zuschaltventil:** Ventil, das gegen Federkraft durch Öffnen des Ausganges den Weg zu weiteren Geräten freigibt.

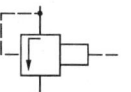

d) **Druckregelventil (Druckminderventil):** Ventil, das den Ausgangsdruck weitgehend konstant hält, auch bei verändertem, aber höherem Eingangsdruck.

d1) Ohne Abflußöffnung, also bei gesperrtem Abfluß keine Funktion.

d2) Funktion auch bei gesperrtem Abfluß, da Ventil mit Abflußöffnung.

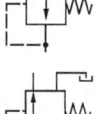

1.4.2.9 Stromventile: Ventile, die vorwiegend den Durchfluß beeinflussen.

1.4.2.9.1 Einfache Stromventile

a) Drosselventil ist ein Stromventil mit in eine Leitung eingebauter konstanter Verengung. Durchfluß und Druckgefälle sind viskositätsabhängig.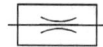

b) Blendenventil ist ein Stromventil mit konstanter kurzer
   Verengung. Durchfluß und Druckgefälle sind weitgehend
   viskositätsunabhängig. (z.B. Meßblende).

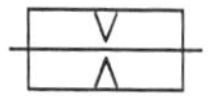

Bemerkung: Eine Einstellbarkeit wird durch schräge Pfeile dargestellt.

1.4.2.9.2 2-Wege-Stromregelventil, das den Abflußstrom
durch selbsttätiges Schließen konstant hält, wobei der Abflußstrom einstellbar ist.

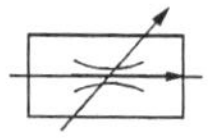

1.4.2.9.3 3-Wege-Stromregelventil, das den Abflußstrom
durch selbsttätiges Öffnen eines Nebenabflusses konstant
hält, wobei der Abflußstrom einstellbar ist.

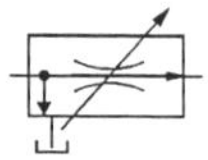

1.4.2.9.4 Stromteilerventile sind Stromventile zum Teilen
oder Vereinigen mehrerer Ab- oder Zuflußströme, weitgehend unabhänig vom Druck.

Beispiel: Der Durchfluß wird in zwei bestimmte Teilströme
         geteilt.

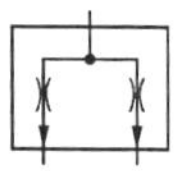

1.4.3 Symbole für Hydraulikleitungen und Zubehör
1.4.3.1 Leitungen und Behälter
a) Leitungen
   Arbeitsleitung, Rücklauf - und Speiseleitung
   Steuerleitung
   Leckleitung
   Biegsame Leitung (Schlauch)

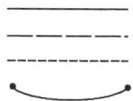

b) Leitungsverbindung

c) Leitungskreuzung

d) Druckanschlußstelle

e) Behälter

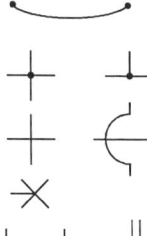

1.4.3.2 Hydrospeicher, Geräte zum Speichern hydraulischer Energie. Die Flüssigkeit steht unter Druck einer Feder,
eines Gewichtes oder eines Gases (Luft, Stickstoff usw.).
Die Energie wird durch den unter Druck stehenden Flüssigkeitsstrom wieder abgegeben.

1.4.3.3 Filter
Gerät zum Abscheiden von Schmutzteilchen
1.4.3.4 Vorwärmer
Gerät zum Anwärmen der Hydraulikflüssigkeit
1.4.3.5 Kühler
Gerät zum Kühlen der Hydraulikflüssigkeit

1.4.4 Symbole für Betätigungen
1.4.4.1 Muskelkraftbetätigung
allgemein

durch Knopf

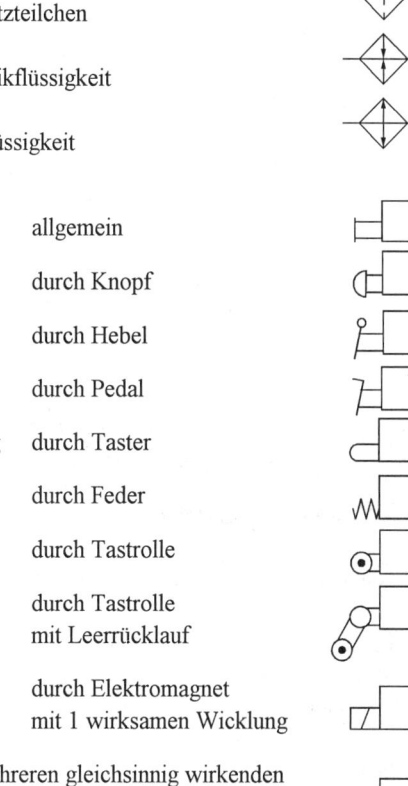

durch Hebel

durch Pedal

1.4.4.2 Mechanische Betätigung
durch Taster

durch Feder

durch Tastrolle

durch Tastrolle mit Leerrücklauf

1.4.4.3 Elektrische Betätigung
durch Elektromagnet mit 1 wirksamen Wicklung

mit mehreren gleichsinnig wirkenden Wicklungen, z. B. 2 Wicklungen

mit 2 gegensinnig wirkenden Wicklungen

durch Elektromotor

1.4.4.4 Druckbetätigung
durch direkte Druckbeaufschlagung (hydr.)

durch direkte Druckentlastung (hydraul.)

durch direkte Druckbetätigung unterschiedlicher Steuerflächen

durch Druckbeaufschlagung des Vorsteuerventiles (indirekte Betätigung)

durch Druckentlastung des Vorsteuerventiles (indirekte Betätigung)

durch Elektromagnet u n d Vorsteuerventil (kombinierte Betätigung)

durch Elektromagnet o d e r Vorsteuerventil (kombinierte Betätigung)

Bemerkung: pneumatische Druckbetätigung wird durch offenen Pfeil gekennzeichnet.

1.4.5 Symbole verschiedener Geräte und Energiequellen

a) Druckmesser (Manometer)

b) Thermometer

c) Strömungsmesser

d) Volumenmesser

e) Druckschalter, Gerät, das elektrische Kontakte enthält, die bei Druck geschlossen oder geöffnet werden.

f) Elektromotor

g) Verbrennungsmotor

1.5 Das S.I.-Maßsystem und praktische Berechnungen

In diesem Buch wird ausschließlich das internationale Maßsystem (SI) benutzt.
1 Newton (N) ist dabei diejenige Kraft, die einem Körper mit der Masse von
1 Kilogramm (kg) die Beschleunigung von $1 m/s^2$ erteilt. Aus den Grundeinheiten m für die Länge, kg für die Masse, s für die Zeit werden die abgeleiteten Einheiten aus der Definitionsgleichung der betreffenden Größe bestimmt. Einige Maßeinheiten haben den Nachteil, daß sie unbequem groß oder klein werden. Man gibt dann mit Vorsilben (Deka, Kilo, Milli, Mikro...) Zehnerpotenzen der Einheiten an, um vernünftige Zahlenwerte zu erhalten.

Die wichtigsten Einheiten, die in diesem Buch für praktische Berechnungen verwendet werden und ihre Beziehung zu den alten Einheiten des technischen Maßsystems, die in der Praxis noch häufig anzutreffen sind, sind:

für die Kraft F:	Das Newton und das Dekanewton (daN), das etwa einem kp entspricht. *1 daN = 10 N = 1,02 kp*
für den Druck p:	Das Bar (*bar*), welches etwa *1 kp/cm^2* entspricht. *1 bar = 10^5 N/m^2 = 1 daN/cm^2 = 1,02 kp/cm^2*
für die Leistung P:	Das Watt (*W*) und das Kilowatt (*kW*). *1 kW = 10^3 W = 10^4 daNcm/s = 102 mkp/s = 1,36 PS*
für das Drehmoment M:	Das Newtonmeter und das Dekanewtonmeter *1 daNm = 10 Nm = 100 daNcm = 1,02 kpm*
für die Drehzahl n:	Umdrehungen pro Minute oder Umdrehungen pro Sekunde. *1 U/s = 60 U/min*
für den Volumenstrom Q:	*cm^3/s; 1/s oder 1/min; 1 l/s = 60 l/min*
für die dynamische Viskosität η:	*1 bar s = 10^5 Ns/m^2 = 10^6 P (Poise) = 10^8 cP (Centipoise)*
für die kinematische Viskosität ν:	*1 m^2/s = 10^6 mm^2/s = 10^6 cSt (Centistokes)*

2 Physikalische Grundlagen

2.1 Hydrostatik

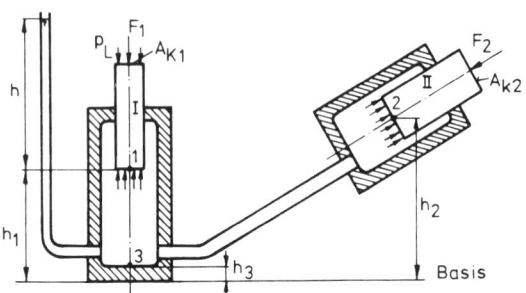

Bild 3 Ruhende Flüssigkeit

Anhand von Bild 3 werden die bekannten Zusammenhänge der Hydrostatik wiederholt. Dabei wird angenommen, daß die Kolben I und II gewichtslos und starr sind und in den ebenfalls starren Zylindern dicht und reibungsfrei geführt werden.

Auf den Kolben I wirkt die äußere Kraft F_1 und die durch den Luftdruck p_L bedingte Kraft $A_{K1}\, p_L$. Solange die Flüssigkeit und somit auch die Kolben sich in Ruhe befinden, muß durch den Absolutdruck p_{a1} der Flüssigkeit an der Stelle 1 eine gleich große Gegenkraft auf den Kolben ausgeübt werden. Es gilt also $F_1 + p_L A_{K1} = p_{a1} A_{K1}$. Daraus folgt für den Überdruck an der Stelle 1

$$p_1 = p_{a1} - p_L = \frac{F_1}{A_{K1}} \qquad (1)$$

Dieser Überdruck wird von den üblichen Druckmeßgeräten (Manometern) angezeigt und im SI - Maßsystem in bar angegeben. In der Hydraulik versteht man unter Druck stets die Druckdifferenz zum Luftdruck, also einen Überdruck oder gegebenenfalls einen Unterdruck.

Gibt man den Überdruck p_1 durch die Höhe einer Flüssigkeitssäule an, deren Schwerkraft den gleichen Druck erzeugt, so gilt

$$p_1 = \rho g h \quad \text{oder} \quad h = \frac{p_1}{\rho g} = \frac{p_1}{\gamma} \qquad (2)$$

In einer Flüssigkeit pflanzt sich der Druck nach allen Seiten gleichmäßig fort, und außerdem wirkt noch die Schwerkraft der Flüssigkeit. Damit wird der Überdruck an der Stelle 3

$$p_3 = p_{a3} - p_L = p_1 + \rho g (h_2 - h_3)$$

Und an der Stelle 2 des Kolbens II wird der Überdruck

$$p_2 = p_1 + \rho g (h_1 - h_2) = p_1 - \rho g (h_2 - h_1)$$

Die äußere Kraft wird somit $\quad F_2 = p_2 A_{K2}$

Da in der Ölhydraulik meist $\rho g\ (h_2 - h_1)$ klein gegenüber p_1 ist, gilt näherungsweise $p_1 \approx p_2$ und damit

$$\frac{F_1}{F_2} \approx \frac{A_{K1}}{A_{K2}} \qquad (3)$$

Beispiel 1: Bei $p_1 = 100\ bar$, $h_2 - h_1 = 5\ m$ und Wasser ($\rho = 1000\ kg/m^3$) als Druckflüssigkeit erhält man

$p_2 = p_1 - \rho g\ (h_2 - h_1) = 100 - 1000 \cdot 9{,}81 \cdot 5 \cdot 10^{-5} = 100 - 0{,}5 = 99{,}5\ bar$,

also etwa 0,5 % weniger als an der Stelle 1. In den meisten Fällen kann man diese Differenz vernachlässigen.

Betrachtet man die Flüssigkeit als inkompressibel und reibungsfrei, so wird bei einer Bewegung des Kolbens I um den Weg s_1 der Kolben II um den Weg s_2 verschoben. Es gilt:

$$V_1 = A_{K1} s_1 = A_{K2} s_2 = V_2$$

und somit $\qquad \dfrac{s_1}{s_2} = \dfrac{A_{K2}}{A_{K1}} = \dfrac{F_2}{F_1} \qquad (4)$

Die Wege verhalten sich also umgekehrt proportional zu den Kräften und somit wird die Arbeit an beiden Kolben gleich.

$$W_1 = F_1 s_1 = F_2 s_2 = W_2$$

In Wirklichkeit wird die aufgewendete Arbeit W_1 am Kolben I immer größer sein als die Nutzarbeit W_2 am Kolben II, weil die Flüssigkeit weder reibungsfrei noch inkompressibel ist, und die Kolben nicht reibungsfrei geführt noch vollständig abgedichtet werden können.

2.2 Hydrodynamik

2.2.1 Gleichung von Bernoulli

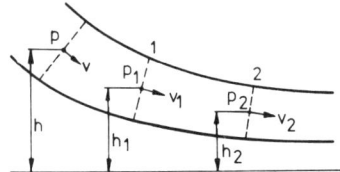

Bild 4 Strömende Flüssigkeit

Für eine reibungsfreie und inkompressible Flüssigkeit gilt bei stationärer Bewegung und konstanter Temperatur

$$p + \rho g h + \frac{\rho v^2}{2} = p_0 = konst \tag{5}$$

oder als Höhen einer Flüssigkeitssäule ausgedrückt

$$\frac{p}{\rho g} + h + \frac{v^2}{2g} = \frac{p_0}{\rho g} = konst \tag{6}$$

In Gl. (5) und (6) nennt man $p/\rho g$ die Druckhöhe, h die Ortshöhe, $v^2/2g$ die Geschwindigkeitshöhe, $\rho v^2/2$ den Staudruck, $\rho g h$ den Lagedruck und p den statischen Druck.

Die Gleichung von Bernoulli kann man, wenn man Gl. (6) mit g erweitert, als Energiesatz für die Masseneinheit ansehen. $p/\rho + g h + v^2/2 = konst.$ sagt aus, daß die Summe der Druckenergie p/ρ, der Lageenergie $g h$ und der kinetischen Energie $v^2/2$ der Masseneinheit konstant ist. Nennt man die Summe aus Druck- und Lageenergie potentielle Energie, so gilt, daß die Summe aus potentieller und kinetischer Energie konstant bleibt (Einheit: $Nm/kg = J/kg$).

2.2.2 Kontinuitätsgleichung

Durch jeden Querschnitt A einer Leitung muß bei einer inkompressiblen und reibungsfreien Flüssigkeit der gleiche Volumenstrom Q fließen. Mit der mittleren Strömungsgeschwindigkeit v im Querschnitt gilt also

$$Q = A\,\mathrm{v} = konst \tag{7}$$

2.2.3 Beschleunigungsdruck

Um bei ungleichförmiger Bewegung die Flüssigkeitssäule in einem Rohr oder Zylinder zu beschleunigen, ist eine Kraft und damit ein Beschleunigungsdruck Δp_a erforderlich. Für die Beschleunigungskraft erhält man

$$F_a = m\,a = A\,\Delta p_a$$

Dabei sind m die Masse und A der Querschnitt der betrachteten Flüssigkeitssäule sowie $a = d\mathrm{v}/dt$ die ihr erteilte Beschleunigung. Mit der Länge l und der Dichte ρ der Flüssigkeitssäule gilt $m = A\,l\,\rho$ und damit $A\,l\,\rho\,a = A\,\Delta p_a$ und

$$\Delta p_a = l\,\rho\,a = \frac{\rho\,l}{A}\frac{dQ}{dt} = \frac{m}{A^2}\frac{dQ}{dt} = L_{hy}\frac{dQ}{dt} = L_{hy}\,\dot{Q} \tag{8}$$

da sich aus der Kontinuitätsgleichung ergibt, daß $dQ/dt = A\,d\mathrm{v}/dt$.

In Gl. (8) wird in Analogie zur Elektrotechnik $L_{hy} = \rho\,l/A = m/A^2$ als hydraulische Induktivität bezeichnet. Aus $L_{hy} = \Delta p_a/\dot{Q}$ erkennt man, daß die hydraulische Induktivität angibt welche Druckdifferenz für eine Volumenstromänderung, also für die Überwindung der Massenträgheit der Flüssigkeit, notwendig ist.

Beispiel 2: Einer Ölsäule von *5 m* Länge soll eine Beschleunigung von $a = 20\ m/s^2$ erteilt werden. Dichte des Öles $\rho = 900\ kg/m^3$.
Der erforderliche Beschleunigungsdruck wird dann:
$\Delta p_a = l\,\rho\,a = 5 \cdot 900 \cdot 20\ [N/m^2] = 90000\ N/m^2 = 0{,}9\ bar$.

Bei den meist über *100 bar* liegenden Betriebsdrücken können Beschleunigungsdrücke im allgemeinen vernachlässigt werden. Bei Vorschubantrieben an Werkzeugmaschinen, die mit Betriebsdrücken zwischen *10* und *50 bar* arbeiten, kann man dagegen den Druck, der zur Beschleunigung der Massen der Ölsäulen notwendig ist, nicht immer vernachlässigen. Für die praktische Berechnung ist es dabei günstig, mit der auf den Kolben reduzierten Gesamtmasse zu rechnen.

Das bedeutet, daß die Massen der Ölsäulen m_{F1}, m_{F2}, ... der Masse m des Kolbens mit gekoppelten bewegten Massen so zugeschlagen werden, daß die gesamte kinetische Energie des Systems gleich bleibt. Damit erhält man für die reduzierte Gesamtmasse

$$m_{red} = m + m_{F1}\left(\frac{v_{L1}}{v_K}\right)^2 + m_{F2}\left(\frac{v_{L2}}{v_K}\right)^2 + \cdots = m + \sum m_F\left(\frac{v_L}{v_K}\right)^2 \qquad (9)$$

Es bedeuten v_K die Kolbengeschwindigkeit und v_{L1}, v_{L2} ... die zugehörigen Ölgeschwindigkeiten in den Leitungsabschnitten. Dabei muß beachtet werden, daß bei einem Zylinder mit einseitiger Kolbenstange die Ölgeschwindigkeiten in der Druck- und Rücklaufleitung auch bei gleichem Rohrquerschnitt nicht gleich sind. Der für gleichmäßige Beschleunigung notwendige Druck wird dann mit der wirksamen Kolbenfläche A_K

$$\Delta p_a = \frac{m_{red}}{A_K}\frac{dv_K}{dt} \qquad (10)$$

Nach Angaben der Firma Rexroth (Informationen 2/1972) kann in Werkzeugmaschinen, bei langen bewegten Ölsäulen, die auf den Kolben reduzierte Ölmasse ein Vielfaches der Schlitten- und Kolbenmasse betragen. Dies zeigt, daß die Ölmasse in diesen Fällen bei Beschleunigungsvorgängen berücksichtigt werden muß.

2.2.4 Hydraulische Leistung

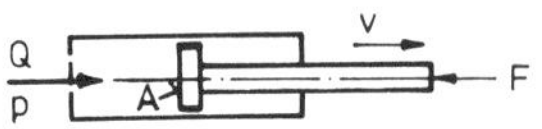

Bild 5 Zylinder mit Kolben

In Bild 5 wirken links auf die Kolbenfläche A ein Ölstrom Q und der Druck p, dadurch wird der Kolben die Kraft F und die Geschwindigkeit v abgeben. Aus der mechanischen Leistung $P_{me} = F\,v$ kann man dann bei verlustloser Energieumformung mit $F = p\,A$ und $v = Q/A$ die hydraulische Leistung angeben

$$P_{hy} = P_{me} = \frac{A\,p\,Q}{A} = Q\,p \qquad (11)$$

Die Gleichung gilt streng genommen nur für den Leistungstransport einer inkompressiblen Flüssigkeit. Bei kompressibler Flüssigkeit wird immer etwas Energie gespeichert, die aber im Prinzip wiedergewonnen werden kann. In der Ölhydraulik spielen diese Effekte fast keine Rolle. Die Kompressionsleistung beträgt nach Guillon [4][1]) bei einem Betriebsdruck von *300 bar* weniger als 1% der gesamten, von der Flüssigkeit transportierten hydraulischen Leistung.

Beispiel 3: Welche Kraft übt ein Kolben von *80 mm* Durchmesser unter einem Druck von *140 bar* aus, und welcher Ölstrom ist bei einer Vorschubgeschwindigkeit von *25 cm/s* nötig? Welche mechanische und hydraulische Leistung wird dabei bei verlustlosem Betrieb umgesetzt?
Lösung siehe Anhang.

2.3 Strömungsverluste (Druckverluste)

Wegen der immer vorhandenen Flüssigkeitsreibung entsteht eine Energieumwandlung, die zu einer Temperaturerhöhung der strömenden Flüssigkeit führt. Da die Wärme nicht ausgenützt werden kann, stellt sie einen Energieverlust dar. Mit Δp_{V1-2} als Summe der Druckverluste im Strömungsabschnitt 1 bis 2 (siehe Bild 4) erhält man aus Gleichung (5)

$$p_1 + \rho g h_1 + \frac{\rho}{2} v_1^2 = p_2 + \rho g h_2 + \frac{\rho}{2} v_2^2 + \Delta p_{V1-2} \tag{12}$$

Da der Einfluß der Lagedruckglieder und Staudruckglieder lediglich bei Saugleitungen berücksichtigt werden muß, wie Beispiel 4 zeigen wird, gilt für die Ölhydraulik

$$p_1 \approx p_2 + \Delta p_{V1-2} \tag{13}$$

Beispiel 4: Bild 6 zeigt die vereinfachte Anordnung für einen verlustlosen Zylinderantrieb. Es sind bekannt: $F = 24000$ N, $A_2 = 20$ cm^2, $v_2 = 0,5$ m/s, $h_2 = 7$ m, $v_1 = 10$ m/s, $h_1 = 2$ m, Dichte des Öles: $\rho = 0,9$ g/cm^3. Es soll gezeigt werden, daß zwischen dem Druck p_1 an der Stelle 1 und dem Druck p_2 an der Stelle 2 die Beziehung gilt: $p_1 \approx p_2 + \Delta p_{V1-2}$.

---

[1]) Siehe Verzeichnis der weiterführenden Bücher im Anhang

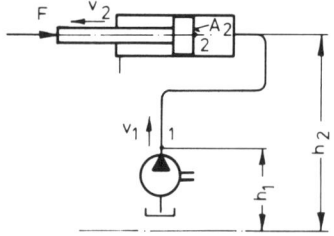

Bild 6 Zylinderantrieb zu Beispiel 4

Lösung: Nach Gl. (12) gilt

$$p_1 = p_2 + \rho g (h_2 - h_1) + (v_2^2 - v_1^2)\rho/2 + \Delta p_{V1\text{-}2}$$

Es ist: $p_2 = F/A_2 = 2400/20 \; daN/cm^2 = 120 \; daN/cm^2 = 12 \; bar$

$\rho g (h_2 - h_1) = 900 \; kg/m^3 \cdot 9{,}81 \; m/s^2 \cdot (7 - 2) \; m = 44200 \; N/m^2 = 0{,}442 \; bar$

$(v_2^2 - v_1^2)\rho/2 = 450 \; kg/m^3 \cdot (0{,}25 - 100) \; m^2/s^2 = -44900 \; N/m^2 = -0{,}449 \; bar$

also gilt $p_1 \approx p_2 + \Delta p_{V1\text{-}2}$, da die Anteile aus den Lagedruck- und Staudruckgliedern vernachlässigbar klein sind. Daß der Druckverlust $\Delta p_{V1\text{-}2}$ dagegen nicht vernachlässigbar ist, werden die folgenden Abschnitte zeigen.

2.3.1 Reynoldsche Zahl

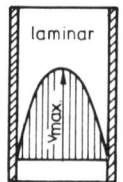 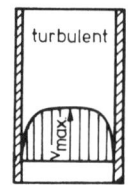

Bild 7 Laminare und turbulente Strömung

Bild 7 zeigt die Geschwindigkeitsverteilung in einem Rohr bei laminarer und turbulenter Strömung. Wie aus der Physik bekannt ist, ist die Art der Strömung aus der dimensionslosen Reynoldschen Zahl *Re* zu ersehen.

$$Re = \frac{v \, d_{hy}}{\nu} \tag{14}$$

Dabei bedeuten: v = mittlere Geschwindigkeit in m/s
d_{hy} = hydraulischer Durchmesser in m
ν = kinematische Zähigkeit in m²/s

Bei Rohren ist der hydraulische Durchmesser gleich dem Rohrinnendurchmesser d. Bei anderen Querschnittsformen gilt

$$d_{hy} = \frac{4A}{U} \qquad (15)$$

Dabei ist A die durchströmte Querschnittsfläche und U die Umfangslänge des durchströmten Querschnitts.

Unterhalb der kritischen Reynoldschen Zahl Re_{krit} ist die Strömung laminar, oberhalb normalerweise turbulent. Nach Chaimowitsch [2] gelten folgende Re_{krit} - Werte:

für runde glatte Rohre	2000 - 2300
für konzentrische glatte Spalte	1100
für exzentrische glatte Spalte	1000
für konzentrische Spalte mit Aussparungen	700
für exzentrische Spalte mit Aussparungen	400
für Ventile	meist <300

Die in Gl. (14) angegebene Berechnung der Reynoldschen Zahl erfordert in der Praxis eine Umrechnung der gegebenen Größen Q, d und v. Um dies zu vermeiden, soll für Rohrleitungen noch eine Zahlenwertgleichung angegeben werden.

$$Re = 21{,}3 \cdot 10^3 \frac{Q}{d\,v} \qquad (16)$$

In Gl. (16) müssen eingesetzt werden:
Volumenstrom Q in l/min
Rohrinnendurchmesser d in mm
kinematische Zähigkeit v in mm^2/s [cSt]

Herleitung der Gl. (16)

$$Re = \frac{v\,d}{v} = \frac{4Q\,d}{\pi\,d^2\,v} = \frac{4Q}{\pi\,d\,v} = \frac{4Q \cdot 10^3 \cdot 10^6}{\pi\,60 \cdot 10^3\,d\,v} = 21{,}3 \cdot 10^3 \frac{Q}{d\,v}$$

Beispiel 5: Berechnen Sie nach Gl. (14) und (16) die Reynoldsche Zahl für eine Ölleitung mit $d=10$ mm Innendurchmesser, durch die $Q = 15$ l/min Öl mit einer kinematischen Zähigkeit von $v = 29{,}5$ mm^2/s fließen.

2.3.2 Strömungsverluste in geraden Leitungen

Bei einer geraden Rohrleitung mit kreisförmigen gleichbleibendem Querschnitt berechnet man die Größe des Druckverlustes Δp_V bei stationärer Strömung mit der Gleichung

$$\Delta p_V = \lambda \frac{l}{d} \frac{\rho}{2} v^2 \qquad (17)$$

Dabei ist λ der dimensionslose Rohrwiderstandsbeiwert, der bei laminarer Strömung nur von der Reynoldschen Zahl und bei turbulenter Strömung auch von der Rohrrauhigkeit k abhängt. Bild 8 zeigt λ in Abhängigkeit von Re und der relativen Rauhigkeit $k/r = 2k/d$. Für Leitungen gelten etwa folgende Rauhigkeitswerte:

Graugußrohre	$k =$ 0,25 mm
Gummischläuche	$k =$ 0,02 - 0,03 mm
Nahtlose Gasrohre DIN 2400 und 2441	$k =$ 0,01 - 0,02 mm
Nahtlose Präzisionsstahlrohre DIN 2391	$k =$ 0,005 - 0,01 mm

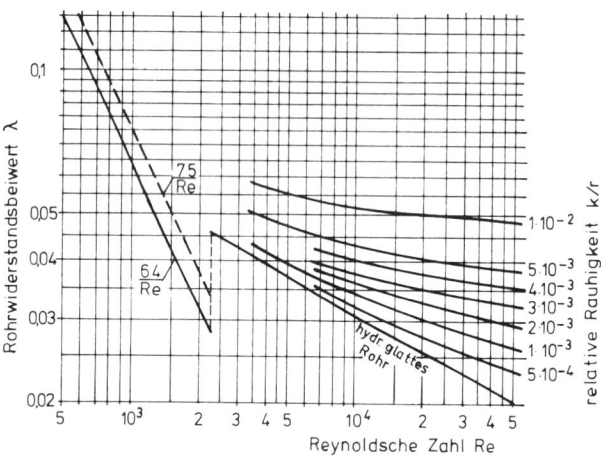

Bild 8 Rohrwiderstandsbeiwert

Für die in der Ölhydraulik benutzten Öle, deren Zähigkeit wesentlich höher liegt als bei Wasser, können die nahtlosen Präzisionsstahlrohre nach DIN 2391 als hydraulisch glatt angenommen werden. In Gl. (17) bedeuten weiter: l die Länge der Leitung, d ihr Innendurchmesser, ρ die Dichte der Flüssigkeit und v ihre mittlere Strömungsgeschwindigkeit. Für den Bereich der laminaren Strömung und für den Fall des hydraulisch glatten Rohres bei turbulenter Strömung kann man den Widerstandsbeiwert λ als Funktion der Reynoldschen Zahl ausdrükken. Damit ist es möglich, für den Druckverlust Δp_V einfache Zahlenwertgleichungen abzuleiten.

2.3.2.1 Druckverlust bei laminarer Strömung

Für isotherme laminare Strömung gilt

$$\lambda = \frac{64}{Re} \qquad (18)$$

Da in einer technisch ausgeführten Anlage aber Zonen der Erwärmung und Abkühlung und außerdem laminare Anlaufstrecken vorhanden sind, ist es besser, mit dem Wert für nicht isotherme (adiabatische) Strömung zu rechnen [2].
Es gilt dann

$$\lambda = \frac{75}{Re} \qquad (19)$$

Mit Gl. (17) und (19) gilt dann für $1\ m$ Rohrleitungslänge

$$\Delta p_V = \frac{75}{Re} \frac{l}{d} \frac{\rho}{2} v^2 \frac{1}{l} = \frac{37{,}5\,\nu\,\rho\,v}{d^2} = \frac{37{,}5\,\eta\,v}{d^2} = c_1\,v \qquad (20)$$

Gl. (20) zeigt, daß der Druckverlust bei laminarer Strömung linear von der Geschwindigkeit und damit auch von dem Volumenstrom abhängt. Die Leitungskennlinie ist also eine Gerade (Bild 9). Soll mit den in der Praxis üblichen Einheiten der Größen Q und d gerechnet werden, so gilt unter Berücksichtigung von $v = 4\,Q\,/\pi\,d^2$ und mit einer Öldichte von $\rho = 900\ kg/m^3$ folgende Zahlenwertgleichung:

$$\Delta p_V \approx 152 \cdot 10^3 \frac{Q^2}{Re\,d^5} \qquad (21)$$

Mit: Druckabfall pro m Rohrlänge Δp_V in bar/m
Volumenstrom (Förderstrom) Q in l/min
Durchmesser der Rohrleitung d in mm

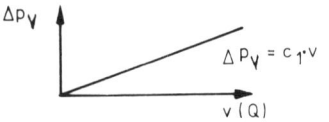

Bild 9 Leitungskennlinie bei laminarer Strömung

2.3.2.2 Druckverlust bei turbulenter Strömung

Für turbulente Strömung und hydraulisch glatte Rohre gilt das Potenzgesetz von Blasius

$$\lambda = \frac{0{,}3164}{Re^{0{,}25}} \qquad (22)$$

Mit Gl. (17) und (22) gilt somit für $1\ m$ Rohrleitungslänge

$$\Delta p_V = \frac{0{,}316}{Re^{0{,}25}} \frac{1}{d} \frac{\rho}{2} v^2 \frac{1}{l} \approx c_2 v^2 \qquad (23)$$

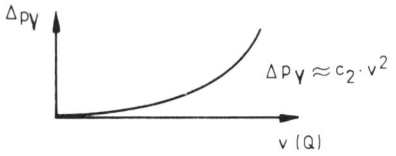

Bild 10 Leitungskennlinie bei turbulenter Strömung

Gl. (23) zeigt, daß der Druckverlust bei turbulenter Strömung ungefähr mit dem Quadrat der Geschwindigkeit oder dem Volumenstrom steigt. Die Kennlinie ist also parabelförmig (Bild 10).

Mit einer Öldichte von $\rho = 900\ kg/m^3$ erhält man folgende Zahlenwertgleichung

$$\Delta p_V = 6{,}4 \cdot 10^2 \frac{Q^2}{d^5 \, Re^{0,25}} \qquad (24)$$

Mit: Druckabfall pro m Rohrlänge Δp_V in *bar/m*
  Volumenstrom Q in *l/min*
  Durchmesser der Rohrleitung d in *mm*

Beispiel 6: Welcher Druckverlust entsteht bei einem Ölstrom $Q = 15$ *l/min* pro *m* Rohrleitung, wenn $d = 10$ *mm* Ø beträgt? $Re = 1000$; $\rho_{Öl} = 0{,}9$ *g/cm³*.

Beispiel 7: Welcher Druckverlust entsteht pro *m* hydr. glatter Rohrleitung mit $d = 15$ *mm* Ø, wenn $Q = 25$ *l/min* Öl durch sie fließt? $Re = 3000$; $\rho_{Öl} = 0{,}9$ *g/cm³*.

2.3.3 Strömungsverluste in Krümmern, Verzweigungen, Erweiterungen, Verengungen (Drosseln) usw.

Der auftretende Druckverlust wird auf den Staudruck der mittleren Geschwindigkeit im Nennquerschnitt bezogen

$$\Delta p_V = \zeta \frac{\rho}{2} v^2 \qquad (25)$$

Die Widerstandsbeiwerte ζ dieser örtlichen Verluste müssen experimentell bestimmt werden.

Bei Rohrbögen setzt sich der Gesamtverlust aus dem Umlenkverlust und dem Widerstandsanteil durch Rohrreibung zusammen. Bild 11 zeigt Werte für den Gesamtwiderstandsbeiwert ζ_K für 90°-Krümmer [6]. ζ_K hängt vom Verhältnis des mittleren Biegedurchmessers D zum Innendurchmesser d des Rohres ab und erreicht bei $D/d = 6...7$ ein Minimum.

Bei einem beliebigen Ablenkwinkel ψ wird näherungsweise

$$\zeta_{K\psi} = \zeta_K \frac{\psi}{90°}$$

Bild 12 gibt weitere ζ - Werte für Durchströmen von Rohrabzweigungen in einer Richtung, für plötzliche Querschnittserweiterungen und für schroffe Richtungsänderungen in Rohrleitungen oder in Steuerblockbohrungen an.

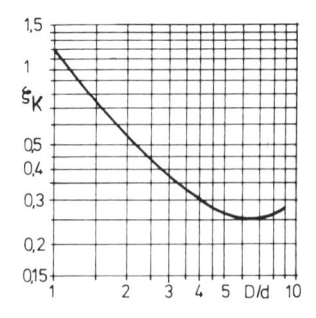

Bild 11 ζ_K - Werte für 90°-Krümmer

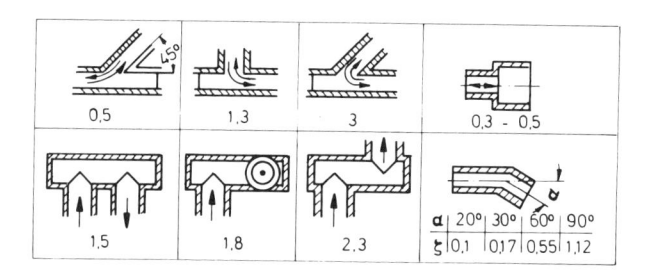

Bild 12 Widerstandsbeiwerte von Leitungsteilen

Ausführlichere Angaben zu den ζ - Werten geben [2],[4],[6] und [19].

Die angegebenen konstanten ζ - Werte gelten für turbulente Strömung. Bei laminarer Strömung muß ζ mit dem Korrekturfaktor b multipliziert werden, damit das Anwachsen des Widerstandsbeiwertes mit Sinken der Re - Werte berücksichtigt wird [2].

Re	2300	2000	1500	1000	750	500	250	100	50	25	10
b	1	1,05	1,15	1,25	1,4	1,5	3	7,5	15	30	70

Tabelle 1 Korrekturfaktor b für Widerstandsbeiwerte bei laminarer Strömung.

Beispiel 8: Welcher Druckverlust entsteht bei turbulenter Strömung in einem 90°-Krümmer, dessen Durchmesserverhältnis $D/d = 4$ beträgt, wenn das Öl ($\rho = 0,9 \ g/cm^3$) mit v = 4 m/s durch ihn strömt?

2.3.4 Strömungsverluste in Blenden (kurzen Verengungen)

Der Volumenstrom durch Blenden wird üblicherweise mit dem Durchflußbeiwert α_D zu

$$Q = A\mathrm{v} = \alpha_D A \sqrt{\frac{2\Delta p_V}{\rho}}$$

angegeben. Daraus folgt für den Druckverlust

$$\Delta p_V = \frac{1}{\alpha_D^2} \frac{\rho}{2} \mathrm{v}^2 \qquad (26)$$

Der Vergleich mit Gl. (25) zeigt, daß der allgemeine Widerstandsbeiwert $\zeta = 1/\alpha_D^2$ ist. Die mittlere Geschwindigkeit wird dabei mit dem wirklichen geometrischen Blendenquerschnitt berechnet.

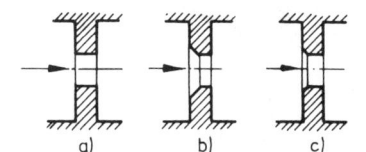

Bild 13 Blendenformen

Bild 13 zeigt verschiedene Blendenformen nach Guillon [4]. Für die Form a, bei der der Bohrungsdurchmesser etwa gleich der Wandstärke ist, und die weder Grat noch Abschrägung aufweist, ist $\zeta = 1{,}7 - 1{,}9$. Bei der Form b, die eine Abschrägung stromaufwärts aufweist, verringert sich ζ bis gegen 1. Bei der Form c, die stromaufwärts schwach entgratet ist, kann $\zeta = 1{,}8$ gesetzt werden.

2.3.5 Strömungsverlust in Ventilen

Für Ventile wird der Druckverlust Δp_V in Abhängigkeit vom Volumenstrom Q durch Kennlinien angegeben. Bild 14 zeigt für ein 4/3-Wegeventil (siehe 1.4.2) diese Kennlinien, die bei voller Öffnung für ein Öl mit $\nu = 36\ mm^2/s$ und $\rho_{Öl} = 0{,}9\ g/cm^3$ gelten. Aus den Δp_V - Q - Kennlinien kann man die Druckverluste für die verschiedenen Durchflußwege in Abhängigkeit vom Volumenstrom Q ablesen. Gelegentlich wird bei Wegeschaltventilen (siehe 7.2) nur der Nenndurchfluß Q_N bei dem Druckabfall $\Delta p_N = 1\ bar$ angegeben. Unter Annahme turbulenter Strömung [Gl. (25)] wird dann der Druckverlust Δp_{V1} bei vorhandenem Volumenstrom Q_1

$$\Delta p_{V1} = \left(\frac{Q_1}{Q_N}\right)^2 \Delta p_N \tag{27}$$

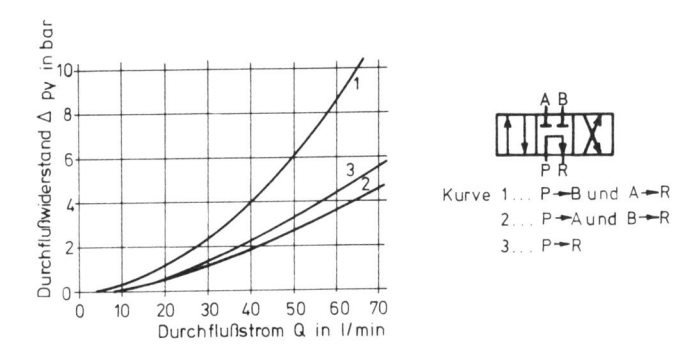

Kurve 1... P→B und A→R
2... P→A und B→R
3... P→R

Bild 14 Δp_V - Q - Kennlinien eines 4/3-Wegeventils

2.3.6 Druckverlust bei einer anderen Betriebsflüssigkeit

Wird das Ventil von einer anderen als der bei der Kennlinienaufnahme benützten Flüssigkeit durchflossen, so ergibt deren abweichende Dichte und Zähigkeit eine Änderung des Druckverlustes. Liest man für ein Öl mit der Dichte ρ_1 aus einer Kennlinie den Druckverlust Δp_{V1} ab, so wird nach Gl. (25) für eine andere Betriebsflüssigkeit mit der Dichte ρ_2 bei sonst gleichen Bedingungen der Druckverlust

$$\Delta p_{V2} = \Delta p_{V1} \frac{\rho_2}{\rho_1} \tag{28}$$

Dies muß man besonders bei der Verwendung von schwerentflammbaren Druckflüssigkeiten beachten, da deren Dichte bis zu 50% über der von Mineralölen liegt.

Wird eine Betriebsflüssigkeit mit einer anderen kinematischen Zähigkeit v_2 verwendet, so gilt

$$\Delta p_{V2} = \Delta p_{V1} \left(\frac{v_2}{v_1}\right)^x \tag{29}$$

Der Faktor x wird bei laminarer Strömung gleich 1 und bei turbulenter Strömung, die allgemein angenommen werden kann, gleich 0,25.

2.3.7 Hintereinander- und Parallelschaltung von Ventilen

Schaltet man mehrere Ventile hintereinander, so addieren sich bei gegebenem Durchflußstrom Q die Durchflußwiderstände. Damit wird der gesamte Druckverlust

$$\Delta p_{Vges} = \Delta p_{V1} + \Delta p_{V2} + \cdots + \Delta p_{Vn} \tag{30}$$

bei $\qquad Q = Q_1 = Q_2 = \cdots = Q_n \tag{31}$

Bei Parallelschaltung von Ventilen ist das Druckgefälle an den einzelnen Ventilen gleich, und die Durchflußströme addieren sich. Es gilt also für die Druckverluste

$$\Delta p_V = \Delta p_{V1} = \Delta p_{V2} = \cdots = \Delta p_{Vn} \tag{32}$$

und für den Gesamtstrom $\qquad Q_{ges} = Q_1 + Q_2 + \cdots + Q_n \tag{33}$

Es sei noch darauf hingewiesen, daß diese Beziehungen bei nichtlinearen Kennlinien zeichnerisch besonders einfach ausgewertet werden können (siehe Kapitel 12).

2.3.8 Wirkungsgrad des Leitungs- und Steuerungssystems

Aus den Druckverlusten in geraden Rohrleitungen, Krümmern, Armaturen und Ventilen erhält man den Gesamtdruckverlust Δp_{Vges} des Systems. Bei Ventilen kann daneben je nach konstruktiver Gestaltung noch ein Leckverlust auftreten. Diesen darf man bei Energiebetrachtungen meistens vernachlässigen. Wird in ein System eine Leistung $P_1 = p_1 Q$ eingeleitet, so ist die Leistung, die das System am Verbraucher abgibt, $P_2 = p_2 Q = (p_1 - \Delta p_{Vges}) Q$. Also wird der Wirkungsgrad des Leitungs- und Steuerungssystems

$$\eta_L = \frac{P_2}{P_1} = \frac{p_2}{p_1} = \frac{p_1 - \Delta p_{Vges}}{p_1} = 1 - \frac{\Delta p_{Vges}}{p_1} \qquad (34)$$

Gl. (34) zeigt, daß der Wirkungsgrad um so besser wird, je höher das Druckniveau (Eingangsdruck p_1) ist.

2.4 Die Kompressibilität der Druckflüssigkeit und ihre Auswirkungen

Bis jetzt wurde stets die Druckflüssigkeit als inkompressibel betrachtet. Dies ist für die Berechnung der Strömungsverluste, Drücke und Kraftwirkungen bei statischer Betrachtungsweise zulässig. Es gibt aber auch Vorgänge in hydrostatischen Antrieben, die nur durch die an sich geringe Kompressibilität der Flüssigkeiten erklärt werden können.

2.4.1 Kompressibilitätsfaktor und Kompressionsmodul

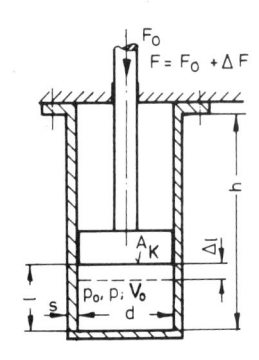

Bild 15 Einfluß der Kompressibilität

In Bild 15 wird der Zylinder als völlig starr und der Kolben als dicht und reibungsfrei geführt angenommen. Anfänglich wirkt auf das eingeschlossene Flüssigkeitsvolumen V_0 über den Kolben die Kraft F_0. Der Druck ist also $p_0 = F_0/A_K$. Wird nun die Kraft von F_0 auf F erhöht, so steigt der Druck in der

Flüssigkeit von p_0 auf $p = F/A_K$ an, und man stellt eine Verschiebung des Kolbens um Δl fest. Das Flüssigkeitsvolumen verkleinert sich also um das Kompressionsvolumen $\Delta V_F = \Delta l\, A_K$. Für diese Volumenänderung, die proportional dem Ausgangsvolumen V_0 und der Drucksteigerung $\Delta p = p - p_0$ ist, gilt

$$\Delta V_F = \beta\, V_0\, \Delta p = \frac{1}{K} V_0\, \Delta p = C_{hy}\, \Delta p \qquad (35)$$

Der Kompressibilitätsfaktor β und sein Kehrwert, der Kompressionsmodul K ($K = 1/\beta$), sind druck- und temperaturabhängig (siehe Kapitel 3). Wenn man Δp in *bar* einsetzt, folgt aus Gl. (35) für β die Einheit $1/bar$ und für K die Einheit *bar*. Bei Rechnung mit Gl. (35) ist zu beachten, daß V_0 stets das gesamte unter Druck stehende Volumen ist. Mit Zylindern verbundene Leitungsvolumen sind also zu berücksichtigen.

In Gl. (35) wird wieder in Analogie zur Elektrotechnik $C_{hy} = \beta\, V_0 = V_0/K$ als hydraulische Kapazität bezeichnet. Aus $C_{hy} = \Delta V_F/\Delta p$ erkennt man, daß die hydraulische Kapazität eines Systems das aufgenommene Flüssigkeitsvolumen bezogen auf die dafür notwendige Druckerhöhung darstellt.

2.4.2 Auswirkung der Kompressibilität auf die Bewegung eines Arbeitszylinders

2.4.2.1 Bewegungsgenauigkeit

Während einer Kraftänderung an dem bewegten Kolben eines Arbeitszylinders wird wegen der damit verbundenen Druckänderung eine Volumenänderung und damit eine Änderung der Bewegungsgeschwindigkeit entstehen. Dies ist eine Folge der Kompressibilität der Flüssigkeit und der elastischen Dehnungen des Zylinders und der Leitungen. Die Volumenänderung aufgrund der Kompressibilität folgt aus Gl. (35). Die Volumenänderung des Zylinders aufgrund der elastischen Dehnungen wird nun für einen dünnwandigen Zylinder ($s/d < 0{,}1$) angegeben. Bei ihm gilt bekanntlich für die Tangentialspannungen $\sigma_t = pd/(2s)$ und für die Axialspannungen $\sigma_a = pd/(4s) = \sigma_t/2$. Dabei ist p der Innendruck, d der Bohrungsdurchmesser und s die Wandstärke. Diese Spannungen ergeben nach dem Hookeschen Gesetz folgende Dehnungen

$$\Delta d = \frac{d}{E}(\sigma_t - \mu_q \sigma_a) = d \frac{\sigma_t}{E}\left(1 - \frac{\mu_q}{2}\right)$$

$$\Delta h = \frac{h}{E}(\sigma_a - \mu_q \sigma_t) = h \frac{\sigma_t}{2E}(1 - 2\mu_q)$$

Dabei ist μ_q die Poissonzahl (bei Stahl $\mu_q \approx 0{,}3$) und E der Elastizitätsmodul (bei Stahl $E \approx 2{,}1 \cdot 10^6$ bar). Das Zylindervolumen wird also um folgenden Betrag vergrößert

$$\Delta V_z = \frac{\pi}{4}(d + \Delta d)^2 (h + \Delta h) - \frac{\pi}{4}d^2 h$$

Bei Vernachlässigung der sehr kleinen Glieder $\Delta d \cdot \Delta h$, $\Delta d^2 \cdot \Delta h$ und $\Delta d^2 \cdot h$ ergibt dies näherungsweise

$$\Delta V_Z = \frac{\pi}{4} d^2 \left(\Delta h + 2\frac{\Delta d}{d} h\right) \tag{36}$$

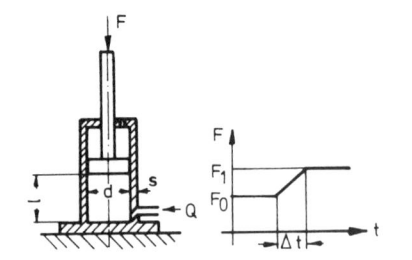

Bild 16 Abbildung zu Beispiel 9

Beispiel 9: Von einem einfachwirkenden, verlustlosen Zylinder aus legiertem Stahl ($E = 2{,}1 \cdot 10^6$ bar) sind bekannt: $d = 80$ mm, $l = 600$ mm, $s = 5$ mm. Auf den Kolben wirkt eine Kraft F, die anfänglich $F_0 = 30000$ N beträgt und in einem Zeitintervall von $\Delta t = 0{,}5$ s gleichmäßig auf $F_1 = 40000$ N ansteigt. Wie groß ist die Kolbengeschwindigkeit während des Druckanstieges, wenn sie anfänglich $v_0 = 0{,}3$ cm/s beträgt? Der zufließende Ölstrom soll konstant sein. Der Kompressibilitätsfaktor des Öles sei $\beta = 0{,}75 \cdot 10^{-4}$ bar^{-1}.

Lösung: Mit der Kolbenfläche $A_K = 50\ cm^2$ wird der Anfangsdruck $p_0 = F_0/A_K = 60\ bar$ und der Druck bei der Kraft F_1 $p_1 = F_1/A_K = 80\ bar$.
Der Druckanstieg beträgt $\Delta p = \Delta F/A_K = 20\ bar$ und damit wird die Spannungssteigerung $\Delta\sigma_t = \Delta p d/(2s) = 20 \cdot 8/(2 \cdot 0,5) = 160\ bar$. Eine Axialspannung tritt bei der in Bild 16 gezeigten Befestigung des Zylinders nicht auf. Somit wird die Dehnung des Zylinders $\Delta d = d\ \Delta\sigma_t/E = 609{,}5 \cdot 10^{-6}\ cm$ und die Änderung des genutzten Zylindervolumens mit $l = 600\ mm$

$$\Delta V_Z = \pi\, d\, l\, \Delta d/2 = \pi \cdot 8 \cdot 60 \cdot 609{,}5 \cdot 10^{-6}/2 = 0{,}46\ cm^3.$$

Mit $V_0 = A_K\, l = 3000\ cm^3$ wird die Änderung des Ölvolumens

$$\Delta V_F = \beta\, \Delta p\, V_0 = 0{,}75 \cdot 10^{-4} \cdot 20 \cdot 3000 = 4{,}5\ cm^3$$

Die gesamte Volumenänderung durch den Druckanstieg beträgt

$$\Delta V = \Delta V_Z + \Delta V_F = 4{,}96\ cm^3 \approx 5\ cm^3.$$

Auf die Zeit des Druckanstieges bezogen ergibt sich ein scheinbarer Verluststrom $\dot V = \Delta V/\Delta t = 5/0{,}5 = 10\ cm^3/s$. Der zufließende Ölstrom Q muß während des Druckanstieges diesen Verluststrom ersetzen und wird außerdem noch die Kolbengeschwindigkeit $\bar v$ erzeugen.

Es gilt also $Q = \Delta V/\Delta t + \bar v\, A_K$, und da der Ölstrom $Q = A_K\, v_0 = 15\ cm^3/s$
beträgt, wird $\bar v = \dfrac{1}{A_K}\left(Q - \dfrac{\Delta v}{\Delta t}\right) = 0{,}1\ \dfrac{cm}{s}.$

Dies bedeutet, daß die Kolbengeschwindigkeit im gerechneten Beispiel während des Kraftanstieges auf den dritten Teil ihres ursprünglichen Wertes abfällt, da der größte Teil des zufließenden Öles zum Ausgleich der Volumenänderung benötigt wird. Bei Vergleich der Anteile ΔV_F und ΔV_Z sieht man, daß die Änderung des Ölvolumens weit überwiegt. Da man den Anteil ΔV_Z durch entsprechende Wahl der Wandstärken auf unbedeutende Werte verringern kann, wird er meist vernachlässigt. Dagegen muß man bei einer genaueren Betrachtung das Ölvolumen in den angeschlossenen Leitungen mit berücksichtigen und beachten, daß der zufließende Ölstrom druckabhängig sein kann. Für die meisten Anwendungsfälle der Ölhydraulik sind die beschriebenen Geschwindigkeitsschwankungen ohne nachteiligen Einfluß. Bei Antrieben wie z.B. Werkzeugmaschinenvorschüben können jedoch Schwierigkeiten auftreten. Bei kleinen Geschwindigkeiten ist sogar Stillstand (in Beisp. 9 bei $v_0 = 0{,}2\ cm/s$) oder eine Umkehr der Bewegungsrichtung möglich.

2.4.2.2 Schwingungserscheinungen

Wirkt auf den Kolben eine nach Größe und eventuell auch nach ihrer Richtung veränderliche Kraft F, so kann dies wegen der Elastizität von Flüssigkeit, Zylinder und Leitungen zu erzwungenen Schwingungen führen. Bei Vernachlässigung der immer vorhandenen Dämpfung durch Reibungskräfte wird, wie aus der Mechanik bekannt ist, die Eigenkreisfrequenz eines Feder - Masse - Systems (Bild 17)

$$\omega_0 = 2\pi f_0 = \sqrt{\frac{c}{m}} \qquad (37)$$

In Gl. (37) ist m die Masse des Kolbens und der mit ihm verbundenen Last. Bei genauerer Rechnung müssen auch noch die auf den Kolben reduzierten bewegten Ölmassen berücksichtigt werden. Resonanz tritt auf, wenn die Erregerfrequenz durch die Kraft F mit der Eigenfrequenz des Systems zusammenfällt.

Eine Erregung kann z.B. durch die mit der Förderstromschwankung einer Pumpe (siehe 5.1.6) verbundene Druckschwankung erfolgen. Die theoretische Pulsationsfrequenz beträgt dann $f = n\, z\ [s^{-1}]$ (z = gerade) bzw. $f = 2\, n\, z$ (z = ungerade), wobei $n\ [s^{-1}]$ die Drehzahl und z die Anzahl der Verdrängerräume ist (vergleiche Bild 45).

Wie Messungen gezeigt haben, ist für die Erregung von Schwingungen auch die Druckpulsation durch die Kompressibilität der Druckflüssigkeit, wie sie durch Druckwechselvorgänge bei der Umsteuerung von Pumpen hervorgerufen wird, verantwortlich. Diese Pulsationsfrequenz ist für alle Pumpen $f = n\, z$.

Um nun die Eigenkreisfrequenz eines Systems aus Kolben, Flüssigkeit und Zylinder berechnen zu können, muß man die hydraulische Federkonstante c bestimmen.

a) Ein System nach Bild 16, bei dem der Kolben einseitig auf einem Ölpolster sitzt, kann man durch den mechanischen Schwinger nach Bild 17 ersetzen.

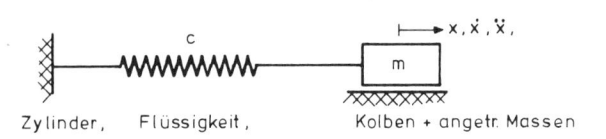

Bild 17 Mechanisches Ersatzsystem für einen Hydrozylinder

Für die Federkonstante des Systems gilt, wenn Zylinder, Leitungen und Kolben, einschließlich der Dichtungen, als starr angenommen werden

$$c = \frac{\Delta F}{\Delta l} = \frac{\Delta p\, A_K}{\frac{\Delta V}{A_K}} = \frac{\Delta p\, A_K^2}{\Delta V} \qquad \text{Mit } \Delta V \text{ nach Gl. (35) wird}$$

$$c = \frac{\Delta p\, A_K^2}{\beta\, V_0\, \Delta p} = \frac{A_K^2}{\beta\, V_0} = \frac{A_K^2\, K}{V_0} \tag{38}$$

Bei Vernachlässigung der Leitungen wird mit $V_0 = A_K\, l$

$$c = \frac{A_K}{\beta\, l} \tag{39}$$

Man muß besonders beachten, daß die Federkonstante und damit die Eigenfrequenz von der Kolbenstellung l abhängig ist.

Beispiel 10: Der Kolben in Beispiel 9 ist in der Stellung mit dem Hub $l = 60\ cm$ unter Last stillgesetzt. Das gehobene Werkstück wird durch einen Preßluftmeißel mit einer Frequenz von *15* Schlägen pro Sekunde bearbeitet. Bei welcher Gesamtmasse von Kolben und Werkstück tritt Resonanz auf, wenn $\beta = 0{,}75 \cdot 10^{-4}$ *1/bar* beträgt und das Volumen der angeschlossenen Leitungen vernachlässigt werden darf?
Lösung: $c = A_K/(\beta\, l) = 11{,}1 \cdot 10^4\ daN/cm = 11{,}1 \cdot 10^6\ N/m$.
Erregerkreisfrequenz: $\omega = 2\pi f = 2\pi \cdot 15 = 94{,}2\ s^{-1}$.
Resonanz tritt auf, wenn die Eigenkreisfrequenz $\omega_0 = \omega = 94{,}2\ s^{-1}$ beträgt. Dies ist nach Gl.(37) der Fall bei einer Gesamtmasse von Kolben und Werkstück von $m = c/\omega_0^2 = 11{,}1 \cdot 10^6/94{,}2^2\ N\, s^2/m = 1250\ kg$.

b) Bei einem Differentialzylinder nach Bild 18 liegt, wenn der Kolben zwischen zwei Ölpolstern mit dem Volumen V_1 und V_2 eingespannt ist, eine Parallelschaltung zweier Federn vor. Für die hydraulische Federkonstante gilt also

$$c = c_1 + c_2 = \frac{1}{\beta}\left(\frac{A^2}{V_1} + \frac{a^2}{V_2}\right) \tag{40}$$

A ist die volle Kolbenfläche und a die Ringfläche. Dabei werden wieder Zylinder, Leitungen und Kolben als starr betrachtet.

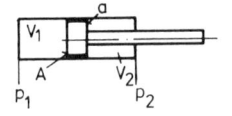

Bild 18 Differentialzylinder

c) Für einen Kolben mit beidseitiger Kolbenstange (Bild 19) gilt

$$c = \frac{a^2}{\beta}\left(\frac{1}{V_1} + \frac{1}{V_2}\right) \qquad (41)$$

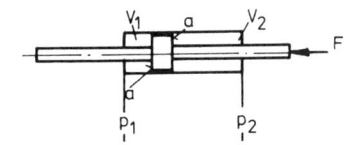

Bild 19 Gleichgangzylinder

Die kleinste Eigenfrequenz tritt beim Gleichgangzylinder auf, wenn sich der Kolben in seiner Mittellage befindet, also $V_1 = V_2$ ist.
Sollen mit einem hydrostatischen Antrieb sehr schnell wechselnde Bewegungen ausgeführt werden, so ist eine hohe, d.h. eine möglichst weit über der Betriebsfrequenz liegende Eigenfrequenz des Systems erwünscht. Dies bedeutet, daß man eine möglichst große Federkonstante anstrebt. Die Gl. (38) - (41) zeigen, daß dies erreicht wird durch:
– Vergrößerung der Kolbenflächen. Dies bedeutet, daß der Arbeitsdruck des Systems niedrig wird (Werkzeugmaschinen).
– Verkleinerung der eingeschlossenen Volumen, also Verwendung kurzer Leitungen, da deren Volumen mitberücksichtigt werden muß.
Da die Gl. (38) - (41) nur die Elastizität der Druckflüssigkeit berücksichtigen, muß man weiter beachten, daß die Leitungen möglichst starr sein müssen (keine Schläuche), da ihre Elastizität die Federkonstante verkleinert, und daß weiche Dichtungen und eine elastische Verbindung von Kolben und Masse eine nicht zu vernachlässigende Verkleinerung der Federkonstanten des Systems ergeben [11], [19].

2.4.3 Druckstöße als Folge von Schaltvorgängen

2.4.3.1 Druckstöße durch schlagartiges Abschließen einer Leitung

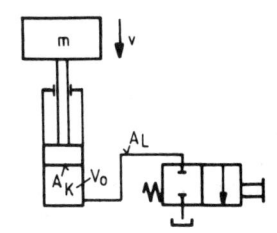

Bild 20 Abbremsen einer Masse

Bei einem System nach Bild 20 sinkt zunächst die äußere Masse m bei geöffnetem Ventil mit der Geschwindigkeit v ab. Der Flüssigkeitsstrom im Zylinder hat also ebenfalls die mittlere Geschwindigkeit v und der Flüssigkeitsstrom in der Rohrleitung die Geschwindigkeit $v_L = (A_K/A_L)$ v. Wird das Ventil plötzlich geschlossen, so muß die äußere Masse und die Flüssigkeit auf Null verzögert werden. Bei einer inkompressiblen Flüssigkeit wäre die Verzögerung unendlich groß, so daß auch ein unendlich großer Druckstoß entstehen würde. Infolge der Kompressibilität der Flüssigkeit und der Elastizität der Wandungen entsteht aber nur eine begrenzte Druckerhöhung Δp. Sie kann durch Gleichsetzen der kinetischen Energie der bewegten Massen (Masse m und Masse der Flüssigkeit) vor dem Ventilschluß mit der Änderung der Kompressibilitätsenergie der abgebremsten Flüssigkeit und der Deformationsenergie des Zylinders und der Rohrleitungen nach dem Ventilschluß errechnet werden.

$$W_{kin} = W_{kom} + W_{def} \tag{42}$$

Die kinetische Energie der Massen ist $W_{kin} = \frac{1}{2}\, m_{red}\, v^2$ mit der auf den Kolben reduzierten Gesamtmasse nach Gl.(9) $m_{red} = m + m_{FZ} + m_{FL}\, (v_L/v)^2$.

Dabei ist m_{FZ} die Masse der Flüssigkeit im Zylinder und m_{FL} die Masse der Flüssigkeit in den Leitungen. Die Änderung der Kompressibilitäts- oder potentiellen Energie der Flüssigkeitsfeder bei einer Druckerhöhung Δp ist

$$W_{kom} = \frac{1}{2} c f^2 = \frac{1}{2} \frac{A_K^2}{\beta V_0} \left(\frac{\beta V_0 \Delta p}{A_K} \right)^2 = \frac{1}{2} \beta V_0 \Delta p^2 = \frac{V_0 \Delta p^2}{2 K} \tag{43}$$

mit den Federkonstanten c aus Gl. (38) und dem Federweg $f = \Delta l = \Delta V_F / A_K = \beta V_0 \Delta p / A_K$, wobei V_0 das gesamte komprimierte Flüssigkeitsvolumen ist. Für die Änderung der Deformationsenergie eines dünnwandigen Hohlzylinders (Bild 15) ist aus der Technischen Mechanik bekannt

$$W_{def} = \frac{A_K \, d \, l \, \Delta p^2}{2 \, E \, s} \tag{44}$$

Da die Deformationsenergie gegenüber der Kompressibilitätsenergie klein ist (E » K), wird in den folgenden näherungsweisen Betrachtungen die Deformationsenergie vernachlässigt.

a) Druckerhöhung durch das Abbremsen von Massen bei plötzlichem Schließen eines Ventils

Mit Bild 20 und Gl. (42) und (43) und $W_{def} = 0$ gilt $½ \, m_{red} \, v^2 = ½ \, \beta V_0 \Delta p^2$. Daraus folgt

$$\Delta p = v \sqrt{\frac{m_{red}}{\beta V_0}} = v \sqrt{\frac{m_{red} \, K}{V_0}} \tag{45}$$

Beispiel 11: Die Last eines Gabelstaplers wird durch plötzliches Schließen eines Ventils beim Ablassen abgefangen. $m = 1000 \, kg$; $v = 50 \, cm/s$; $V_0 = 1000 \, cm^3$; $K_{öl} = 14000 \, bar$. Wie groß ist die entstehende Druckerhöhung bei starren Rohrleitungen?

Lösung: $\Delta p = v \sqrt{\dfrac{m K}{V_0}} = 0{,}5 \dfrac{m}{s} \sqrt{\dfrac{1000 \, kg \cdot 14000 \cdot 10^5 \, \frac{N}{m^2}}{1000 \cdot 10^{-6} \, m^3}} = 187{,}5 \, bar$

Diese Druckspitze kann durch Einbau eines Gas-Hydrospeichers (Kap. 9) wesentlich gesenkt werden, da Gase viel kompressibler als Öl sind.

b) Druckerhöhung durch das Nachlaufen einer Pumpe mit Antriebsmotor in einem geschlossenen System

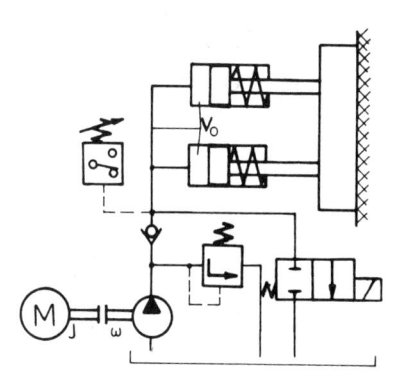

Bild 21 Hydraulische Spannvorrichtung mit Abschaltung durch Druckschalter

In manchen Anlagen fördert die Pumpe unmittelbar in den Verbraucher mit dem Gesamtvolumen V_0. Bild 21 zeigt als Beispiel eine Spannvorrichtung. Bei Erreichen des vorgeschriebenen Druckes wird die Pumpe über den Druckschalter abgeschaltet. Da die Pumpe mit Antriebsmotor wegen deren kinetischen Energie $\frac{1}{2} J \omega^2$ nach dem Abschalten nicht sofort zur Ruhe kommt, ergibt sich eine Drucksteigerung im System. Mit Gl. (42) und (43) gilt bei Vernachlässigung der kinetischen Energie der strömenden Flüssigkeit $\frac{1}{2} J \omega^2 = \frac{1}{2} \beta V_0 \Delta p^2$ und damit

$$\Delta p = \omega \sqrt{\frac{J}{\beta V_0}} = \omega \sqrt{\frac{JK}{V_0}} \qquad (46)$$

Die auftretende Druckspitze kann zum Ansprechen des nach der Pumpe eingebauten Druckbegrenzungsventils führen.

Beispiel 12: Wie groß ist der Druckanstieg in einem geschlossenen System beim Abschalten der Pumpe, wenn das Massenträgheitsmoment von Pumpe und E-Motor $J = 0,3 \ kg \ m^2$, die Drehzahl der Pumpe beim Abschalten $n = 1400 \ U/min$, das Verbrauchervolumen $V_0 = 60 \ l$ und der Kompressionsmodul des Öles $K = 14700 \ bar$ beträgt?

c) **Druckerhöhung durch die Masse der strömenden Flüssigkeit bei schlagartigem Verschließen einer Leitung**

Mit der Masse m_F der mit der Geschwindigkeit v strömenden Flüssigkeit gilt nach Gl. (45) $\Delta p = v\sqrt{m_F K/V_0}$. Da die Dichte der Flüssigkeit $\rho = m_F/V_0$ ist, wird $\Delta p = v\sqrt{\rho K}$. Berücksichtigt man noch, daß die Schallgeschwindigkeit in einer Flüssigkeit bei starren Wänden

$$c = \sqrt{\frac{K}{\rho}} \tag{47}$$

ist, so erhält man für die Druckerhöhung die bekannte Formel von Allievi:

$$\Delta p = \rho c v \tag{48}$$

Soll die Elastizität der Rohrwandungen, die ja bekanntlich die Schallgeschwindigkeit verkleinert, berücksichtigt werden, so berechnet man die Schallgeschwindigkeit nach Gl. (47) mit dem korrigierten Kompressionsmodul [10]

$$\overline{K} = \frac{K}{1 + \dfrac{K d}{E s}} \tag{49}$$

$\overline{K}$ ist der scheinbare Kompressionsmodul, der infolge der Deformation der Wände gemessen wird.

Beispiel 13: Durch ein Präzisionsstahlrohr ($E = 2,1 \cdot 10^6$ *bar*) mit *12 mm* Innendurchmesser und *3 mm* Wandstärke (zulässiger Druck *372 bar*) fließt Öl ($\rho = 0,9$ *g/cm³*) mit einer mittleren Geschwindigkeit von *8 m/s*. Wie groß ist die Schallgeschwindigkeit im Öl und die Druckerhöhung bei plötzlichem Abschluß, ohne und mit Berücksichtigung der Elastizität der Rohrwandungen, wenn für das Öl $K = 14000$ *bar* beträgt?

Lösung: $\quad \overline{K} = \dfrac{K}{1 + \dfrac{K d}{E s}} = \dfrac{14000\,bar}{1 + \dfrac{14000\,bar \cdot 12\,mm}{2,1 \cdot 10^6\,bar \cdot 3\,mm}} = 13636\,bar$

Die Elastizität der Wände verringert also den Kompressionsmodul um nur 2,6%!

Die Schallgeschwindigkeit wird

für starre Rohrwände $\qquad c = \sqrt{\dfrac{K}{\rho}} = \sqrt{\dfrac{14000 \cdot 10^5 \, \frac{N}{m^2}}{0{,}9 \cdot 10^3 \, \frac{kg}{m^3}}} = 1248 \dfrac{m}{s}$

für elastische Rohrwände $\qquad \bar{c} = \sqrt{\dfrac{\bar{K}}{\rho}} = \sqrt{\dfrac{13636 \cdot 10^5 \, \frac{N}{m^2}}{0{,}9 \cdot 10^3 \, \frac{kg}{m^3}}} = 1231 \dfrac{m}{s}$

Daraus folgt für die Druckerhöhung
für starre Rohrwände $\quad \Delta p = \rho\, c\, v = 900 \cdot 1248 \cdot 8 \; [N/m^2] = 89{,}8 \; bar$
für elastische Wände $\quad \Delta p = \rho\, \bar{c}\, v = 900 \cdot 1231 \cdot 8 \; [N/m^2] = 88{,}6 \; bar$

Die Elastizität der Wände verringert bei diesem Hochdruckrohr sowohl die Druckerhöhung als auch die Schallgeschwindigkeit nur vernachlässigbar wenig.

Ganz anders sind die Verhältnisse bei Schlauchleitungen. Nach Thoma [10] verringert sich aufgrund ihrer Elastizität die Schallgeschwindigkeit in Hochdruckschläuchen auf etwa *320 m/s* und in Niederdruckschläuchen auf etwa *51 m/s*.

Ähnliche Verhältnisse wie beim schlagartigen Abschließen einer Leitung treten auch auf, wenn ein unter Druck stehendes Volumen plötzlich mit einer Rücklaufleitung verbunden wird. Die in der Flüssigkeit gespeicherte Kompressionsenergie wird schlagartig frei und führt zu Druckerhöhungen - sogenannten Entspannungsschlägen - , die zu Schäden in den Ventilen, Lockern der Verschraubungen oder Platzen von Rücklauffiltern führen können. Man muß also bei großen Kompressionsvolumen, um Schäden zu vermeiden, die Kompressionsenergie über Drosselquerschnitte langsam abbauen.

2.4.3.2 Druckerhöhung bei langsamem Schließen einer Leitung

Erfolgt der Leitungsabschluß nicht schlagartig, so entsteht nicht die volle in Abschnitt 2.4.3.1 errechnete Druckerhöhung.

Die beiden folgenden Fälle kann man unterscheiden:

a) Druckerhöhung durch Abbremsen einer Flüssigkeitssäule

Gl. (48) gibt die Druckerhöhung bei schlagartigem Abschluß der Leitung mit der Länge *l* in dem Augenblick, in dem die Flüssigkeit zum Stillstand gekommen ist. Nun wird der erzeugte Druck die Flüssigkeit wieder rückwärts von der Abschlußstelle weg beschleunigen. Dadurch entsteht eine Expansionswelle, die sich auch mit Schallgeschwindigkeit fortpflanzt. Nach der Laufzeit $t_1 = l/c$ ist die Expansionswelle durch die Leitung gelaufen und es herrscht wieder derselbe Druck wie vor dem Leitungsabschluß, aber umgekehrte Strömungsrichtung. Nach einem weiteren Zeitabschnitt $t_1 = l/c$ kommt die rückwärtslaufende Welle wieder an der Abschlußstelle an. Da von hier keine weitere Flüssigkeit wegströmen kann, tritt eine Depressionswelle auf, also eine Druckerniedrigung nach Gl. (48). Dadurch kann, wenn der statische Druck vor Abschluß der Leitung kleiner war als die Druckerniedrigung, Kavitation in der Leitung auftreten.

Aus diesem Verlauf der Druckwellen kann man nun schließen, daß bei einem langsamen Leitungsabschluß nur derjenige Teil der Abnahme der Strömungsgeschwindigkeit zur Druckerhöhung beiträgt, der vor Ankunft der rückkehrenden Welle erfolgt. Damit bedeutet langsames Schließen, daß die Schließzeit τ größer als die doppelte Laufzeit der Welle sein muß, also $\tau > 2\ l/c$.

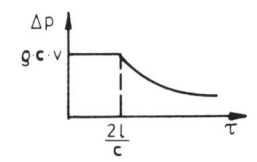

Bild 22 Höchstdruck in Abhängigkeit von der Schließzeit

Damit erhält man für die Druckerhöhung bei langsamem Schließen

$$\Delta p = \rho c \Delta v = 2\rho \frac{v l}{\tau} \tag{50}$$

da die Geschwindigkeitsänderung $\Delta v = \dfrac{2l}{c\tau} v$ ist.

Bemerkenswert an Gl. (50) ist, daß bei langsamem Schließen die Druckerhöhung unabhängig von der Schallgeschwindigkeit, aber abhängig von der Leitungslänge l wird. Bild 22 zeigt die Abhängigkeit der Druckerhöhung von der Schließzeit.

b) Druckerhöhung durch Abbremsen einer Flüssigkeitssäule und mit ihr verbundener Massen

Bei langsamem Leitungsabschluß, d.h. Schließzeit $\tau > 2\ l/c$, und Abbremsen von Flüssigkeit und bewegten Massen, wird die entstehende Druckerhöhung Δp schrittweise mit dem Impulssatz ermittelt.

$$\Delta F\ \Delta t = \Delta p\ A_L\ \Delta t = \sum (m\ \Delta v) \qquad (51)$$

In Gl.(51) bedeutet Δt die Zeit, in der sich die Geschwindigkeit einer bewegten Masse um Δv verringert und m die Flüssigkeitsmasse und die Massen von Kolben, Tisch, Last usw. Entsteht beim Leitungsabschluß eine gleichmäßig verzögerte Bewegung, so kann man den dabei entstehenden Verzögerungsdruck mit Gl. (10) berechnen, wenn man alle Massen auf die wirksame Fläche des Arbeitskolbens reduziert.

2.4.4 Anlaufzeit eines Hydromotors oder Zylinders

Bild 23 Zuschalten eines Arbeitszylinders über 2/2 - Wegeventil

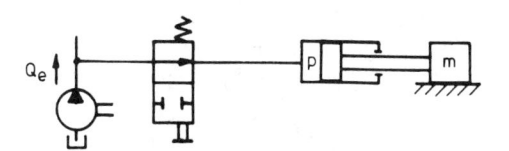

Wird eine Pumpe auf einen Arbeitszylinder (Bild 23) oder einen Motor geschaltet, so muß die Flüssigkeit in dem zugeschalteten Teil der Anlage vom Druck p_0 im Zuschaltmoment auf den für die Bewegung erforderlichen Druck p gebracht werden. Dafür ist die Anlaufzeit t_A erforderlich, für die unter Vernachlässigung der Leckverluste gilt

$$t_A = \frac{\Delta V}{Q_e} \qquad (52)$$

Q_e ist dabei der effektive Pumpenförderstrom und ΔV die Volumenänderung durch Kompressibilität der Flüssigkeit und elastische Aufweitung der Rohre bzw. Schlauchleitungen und Bauteile im zugeschalteten Anlagenteil bei der Druckdifferenz $\Delta p = p - p_0$.

Beispiel 14: Wie groß ist die auf die Kompressibilität des Öles zurückzuführende zeitliche Verzögerung eines großen Werkzeugmaschinenschlittens beim Anlaufen des Hydrauliksystems? $\Delta p = p - p_0 = 30$ bar; Zugeschaltetes Ölvolumen $V_0 = 10$ dm^3; $\beta_{Öl} = 0,000078$ cm^2/daN; Pumpenförderstrom $Q_e = 5$ l/min.

Bei der Berechnung der Anlaufzeit muß man beachten, daß Gl. (52) voraussetzt, daß die zugeschalteten Räume vollständig mit Flüssigkeit gefüllt sind. Ist dies nicht der Fall, so ist eine zusätzliche Füllzeit $t_z = V_z/Q_e$ für die Ergänzung des fehlenden Flüssigkeitsvolumens V_z notwendig.

2.5 Kraftwirkung eines Flüssigkeitsstromes

2.5.1 Kraft eines Flüssigkeitsstrahles auf eine ebene Platte bei stationärer Strömung

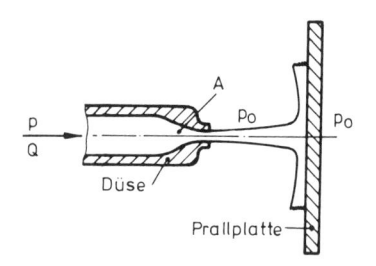

Bild 24 System Düse - Prallplatte

Bild 24 zeigt eine Düse, der der Flüssigkeitsstrom Q mit dem Druck p zugeführt wird, und eine Prallplatte im Umgebungsdruck p_0, auf die der aus der Düse austretende Flüssigkeitsstrahl auftrifft. Mit dem Düsenquerschnitt A gilt $Q = A$ v. Die mittlere Geschwindigkeit v in der Düse wird nach Gl. (25)

$$v = \sqrt{\frac{2\,\Delta p}{\zeta\,\rho}} = \alpha_D \sqrt{\frac{2\,\Delta p}{\rho}} \tag{53}$$

mit $\Delta p = p - p_0$ und dem Widerstandsbeiwert ζ bzw. dem Durchflußbeiwert α_D, der die Wandreibung und die Strahlkontraktion berücksichtigt. Bei guter Düsenform ist $\zeta \approx 1$ bzw. $\alpha_D \approx 1$.

Die Kraft, die beim Aufprall des Flüssigkeitsstrahles entsteht, ist gleich der Änderung seines Impulses

$$F = \frac{d}{dt}(m\mathrm{v}) = \dot{m}\mathrm{v} = \rho \frac{dV}{dt}\mathrm{v} = \rho Q \mathrm{v} = \rho A \mathrm{v}^2 \quad (54)$$

Daraus wird durch Einsetzen von Gl. (53)

$$F = \rho Q \mathrm{v} = Q\sqrt{\frac{2\rho \Delta p}{\zeta}} = Q \alpha_D \sqrt{2\rho \Delta p} \quad (55)$$

und

$$F = \rho A \mathrm{v}^2 = \frac{2A\Delta p}{\zeta} = 2\alpha_D^2 A \Delta p \quad (56)$$

Gl. (56) zeigt, daß bei $\zeta = 1$ die Strömungskraft $2 A \Delta p$ beträgt. Dies ist das doppelte der hydrostatischen Kraft $F' = A \Delta p$, die wirksam ist, wenn die Düse mit der Prallplatte verschlossen wird.

2.5.2 Kraftwirkung auf einen rotationssymmetrischen Steuerkolben

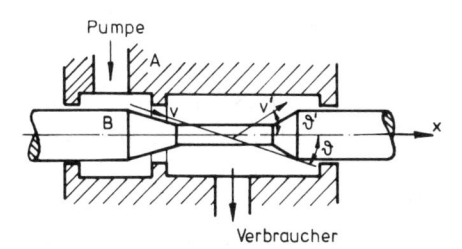

Bild 25 Strömungsablenkung in einem Steuerschieber

Bild 25 zeigt einen Steuerschieber (Wege - Kolbenventil), der dazu dient, den Durchfluß von der Pumpe zum Verbraucher freizugeben oder zu sperren. In dem Bild ist die Strömungsablenkung bei geöffnetem Schieber dargestellt. Damit wirkt auf den Steuerkolben B nach Gl. (54) folgende Strömungskraft in Achsrichtung

$$F_x = \dot{m}\mathrm{v}\cos\vartheta - \dot{m}\mathrm{v}'\cos\vartheta' = \rho Q(\mathrm{v}\cos\vartheta - \mathrm{v}'\cos\vartheta') \quad (57)$$

da von der gesamten Impulskraft des eintretenden bzw. ausströmenden Flüssigkeitsstrahles nur der in Achsrichtung wirkende Anteil den Steuerkolben verschieben will. Durch entsprechende Formgebung das Steuerkolbens kann man die Kraft F_x klein halten.

Aus Bild 25 ist weiter zu erkennen, daß der statische Druck der Flüssigkeit keine Kraftwirkung in Achsrichtung auf den Kolben B ergibt, da er zwei gleich große Flächen entgegengesetzt beaufschlagt. Der Ausgleich der Querkräfte auf den Kolben wird durch den rotationssymmetrischen Aufbau und die Lage der Anschlußkanäle in Ringnuten des Gehäuses erzielt. Durch die skizzierte Bauweise wird also eine hydraulische Entlastung, d.h. ein von statischen Druckkräften freier Steuerkolben erreicht.

2.5.3 Kraftwirkung auf einen Steuerkolben mit rechteckigen Kanten

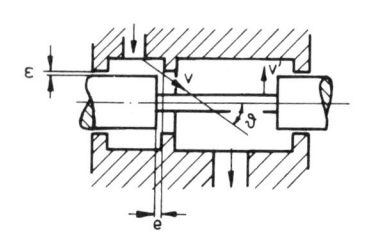

Bild 26 Strömungsablenkung bei rechtwinkligem Steuerprofil

Die meisten Steuerkolben in Ventilen (Wege-Kolbenventile) werden wegen der einfachen Herstellung mit rechteckigen Kanten (Bild 26) ausgeführt. Damit erhält man, da $\vartheta' \approx 90°$ wird

$$F_x = \rho Q \mathrm{v} \cos\vartheta = Q\sqrt{\frac{2\,\rho\,\Delta p}{\zeta}} \cos\vartheta = Q\,\alpha_D \sqrt{2\,\rho\,\Delta p}\,\cos\vartheta \tag{58}$$

Der Strahlwinkel ϑ hängt von der Öffnungshöhe e und dem Radialspiel ε des Steuerkolbens ab. Nach Guillon [4] gilt:
- $\vartheta = 69°$ für $e > \varepsilon$
- $\vartheta = 45°$ für $e = \varepsilon$
- $\vartheta = 21°$ für $e < \varepsilon$

Bei großer Öffnung ist also die Kraftwirkung mit $\cos 69° = 0{,}36$ und $\zeta \approx 2$

$$F_x = 0{,}36\, Q \sqrt{\rho\, \Delta p} \qquad (59)$$

Wenn die Richtung des Durchflusses umgekehrt wird, entsteht die gleiche Kraft nach Betrag und Richtung, da der Strahl nun den umgekehrten Impuls vom Steuerkolben wegfördert. Bei rechteckigen Steuerkanten versucht also die Strömungskraft F_x stets die Ventile zu schließen.

Beispiel 15: Wie groß ist die Kraft auf den Steuerkolben eines 4/3 Wege-Kolbenventils (siehe 1.4.2.5), durch das von P nach A und von B nach R jeweils ein Ölstrom $Q = 120$ l/min fließt? Der Druckabfall des Weges P - A beträgt *6 bar* und der des Weges B - R *5 bar*. Dichte des Öles: $\rho = 0{,}9$ g/cm³.

Lösung: Nach Gl. (59) wird für den Durchfluß von P nach A

$$F_{x1} = 0{,}36\, \frac{120}{60 \cdot 10^3}\, \frac{m^3}{s} \sqrt{900\, \frac{kg}{m^3}\, 6 \cdot 10^5\, \frac{N}{m^2}} = 16{,}74\, N$$

und von B nach R
$$F_{x2} = F_{x1} \sqrt{\frac{5}{6}} = 13{,}5\ N$$

Die gesamte Kraft, die den Schieber zu schließen versucht, wird somit
$$F_{x\,ges} = F_{x1} + F_{x2} = 32{,}04\, N$$

2.6 Strömung in Spalten

Spalte findet man in allen hydrostatischen Bauelementen, und sie sind für die einwandfreie Funktion der Geräte entscheidend. Der Spalt ist durch meist metallische Wände begrenzt, und seine Höhe ist gegenüber seine Länge und Breite gering. Während die Länge und Breite der Spalte meist über *5 mm* betragen, liegt ihre Höhe zwischen *0,5 µm* und *20 µm* (Mikrometer). Daraus folgt, daß in Spalten laminare Strömung vorherrschen wird, da die Reynoldsche Zahl sehr klein wird. Die Form der Spalte darf beliebig gekrümmt sein, solange der Krümmungsradius groß gegenüber der Spalthöhe bleibt.

Folgende Faktoren werden die Strömungs- und Druckverhältnisse im Spalt beeinflussen:

1. Die Wandbewegung, d.h. die Spaltwände können in Ruhe sein oder sich gegeneinander bewegen.
2. Die Spalthöhe, d.h. der Spalt kann konstante Höhe haben, oder es kann sich die Spalthöhe infolge nicht paralleler Wände verändern.

3. Der Druckabfall, d.h. am Anfang und am Ende des Spaltes herrscht derselbe Druck, oder es kann ein Druckunterschied bestehen. Im folgenden werden nur die beiden grundlegenden Fälle mit der Einschränkung konstanter Spalthöhe betrachtet. Damit kann auch die bei Hydrogeräten vorkommende Überlagerung beider Fälle beurteilt werden. Weitergehende Darstellungen der Spaltströmungen geben Thoma [10] und Guillon [4].

2.6.1 Spalte mit parallelen Wänden ohne äußeren Druck und Einführung des Viskositätsbegriffs

Die einfachste Form der Spaltströmung entsteht bei parallelen, bewegten Wänden ohne äußeren Druck.

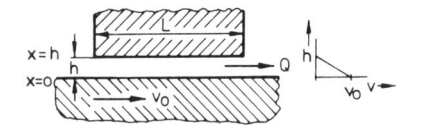

Bild 27 Schnitt und Geschwindigkeitsverlauf bei einem Spalt mit bewegter unterer Wand

Bild 27 zeigt den Spalt mit der Höhe h und der Länge L, die durch die obere, unbewegte Wand bestimmt wird. Die untere Wand wird mit der Geschwindigkeit v_0 nach rechts bewegt. Die Breite b des Spaltes liegt senkrecht zur Zeichenebene. Die Strömung in dem Spalt wird dadurch gekennzeichnet, daß die Flüssigkeit unmittelbar an den Wänden deren Geschwindigkeit hat, da sie aufgrund ihrer Viskosität an den Wänden haftet. Die Schubspannung, die zwischen den Flüssigkeitsschichten auftritt, ist proportional zum Geschwindigkeitsgefälle über der Spalthöhe.

Wie aus der Physik bekannt ist, wird der Proportionalitätsfaktor als dynamische Viskosität (Zähigkeit) bezeichnet. Mit den Bezeichnungen nach Bild 27 gilt für die Schubspannung

$$\tau = -\eta \frac{dv}{dx} \tag{60}$$

Die dynamische Viskosität η ist bei Ölen druck- und stark temperaturabhängig (3.1.3). Aus Gl. (60) folgt mit den Grundeinheiten des SI-Systems für die dynamische Viskosität die Einheit Ns/m^2. Benützt man als Druckeinheit nicht

N/m^2, sondern *bar*, dann ist es sinnvoller, die Einheit *bar s* einzuführen. Mit den in der Physik auch üblichen Einheiten *Poise* und *Centipoise* gelten folgende Umrechnungen

$$1 \, bar \, s = 10^5 \, Ns/m^2 = 10^6 \, P = 10^8 \, cP$$

Bei der Berechnung der Reynoldschen Zahl wird die kinematische Viskosität ν benützt, die das Verhältnis der dynamischen Viskosität η zur Massendichte ρ darstellt

$$\nu = \frac{\eta}{\rho} \qquad (61)$$

Aus Gl. (61) folgt für die kinematische Viskosität die Einheit m^2/s und damit folgende Umrechnungen

$$1 \, m^2/s = 10^4 \, cm^2/s = 10^6 \, mm^2/s = 10^6 \, cSt \, (Centistokes)$$

Die Angabe der kinematischen Viskosität in Grad Engler (°E) ist veraltet, und für Berechnungen nicht brauchbar.

Beispiel 16: Ein Öl mit der Dichte $\rho = 0{,}9 \, g/cm^3$ hat bei Betriebstemperatur eine kinematische Viskosität von *25 mm^2/s*. Wie groß ist die dynamische Viskosität?
Lösung: Mit $\rho = 0{,}9 \, g/cm^3 = 900 \, kg/m^3$ und $\nu = 25 \, mm^2/s = 25 \cdot 10^{-6} \, m^2/s$ wird $\eta = \nu \rho = 25 \cdot 10^{-6} \, m^2/s \cdot 900 \, kg/m^3 = 22500 \cdot 10^{-6} \, Ns/m^2 = 0{,}225 \cdot 10^{-6} \, bar \, s$

Herrscht an dem Spalt nach Bild 27 kein äußerer Druck, so ist die Schubspannung überall gleich groß. Damit bildet sich wie in Bild 27 rechts dargestellt ein linearer Geschwindigkeitsanstieg über der Spalthöhe aus und es gilt

$$\frac{d\mathrm{v}}{dx} = \frac{\mathrm{v}_0}{h} \qquad (62)$$

Die Schubspannungen erzeugen eine Kraft zwischen den Wänden, die die obere Wand mitzunehmen bzw. die untere Wand abzubremsen versucht. Diese Kraft, die das Produkt aus der Schubspannung und der Spaltfläche senkrecht zur Zeichenebene ist, wird

$$F = \tau L b = \eta \frac{v_0}{h} L b \tag{63}$$

Da die mittlere Geschwindigkeit gleich der halben Wandgeschwindigkeit v_0 ist, wird folgender Flüssigkeitsstrom im Spalt nach rechts mitgeschleppt

$$Q = \frac{hb}{2} v_0 \tag{64}$$

Den Mitschleppstrom nach Gl. (64) bezeichnet man auch als Scherstrom, da er wegen den Scherkräften in der Flüssigkeit zustande kommt. Die Flüssigkeit muß am Ende des Spaltes frei abfließen können, damit hier kein Druckaufbau entsteht. Wird ein Scherstrom in einen geschlossenen Raum gefördert, wie das z.B. bei einer Kolbenstangenführung geschieht, bei der die bewegte Kolbenstange in den Spaltraum vor der Stangendichtung fördert, so wird dort ein sehr hoher Druck entstehen. Dieser Druck, der nach Angaben eines Dichtungsherstellers mehrere hundert bar betragen kann, wird als Schleppdruck bezeichnet und kann zu Beschädigungen der Dichtungen führen. Der Schleppdruck kann durch richtige konstruktive Gestaltung, z.B. durch eine Entlastungsnut in der Kolbenstangenführung, vermieden werden.

Mit Gl. (63) und der Wandgeschwindigkeit v_0 wird der Leistungsverlust durch die Bremsung der unteren Wand

$$P = F v_0 = L b \eta \frac{v_0^2}{h} \tag{65}$$

Dieser Leistungsverlust wird in Wärme umgesetzt.

Beispiel 17: Ein Kolben von *25 mm* Durchmesser und *120 mm* Länge bewegt sich zentrisch in einem Zylinder. Das Durchmesserspiel beträgt $S = 20\ \mu m$ und die Kolbengeschwindigkeit $v_0 = 5\ m/s$. Wie groß ist die Bremskraft und der Förderstrom im Spalt bei einer dynamischen Viskosität des Öles von $0{,}22 \cdot 10^{-6}\ bar\ s = 0{,}22 \cdot 10^{-6}\ daNs/cm^2$?

Lösung: Dieser aufgewickelte Spalt hat als Breite den Kolbenumfang $b = \pi d = 7{,}85\ cm$ und die Spalthöhe $h = S/2 = 10\ \mu m = 1 \cdot 10^{-3}\ cm$.
Damit werden die Bremskraft

$$F = \eta \frac{v_0}{h} L b = 0{,}22 \cdot 10^{-6} \frac{daNs}{cm^2} \cdot 500 \frac{cm}{s} \cdot \frac{12\ cm \cdot 7{,}85\ cm}{1 \cdot 10^{-3}\ cm} = 10{,}37\ daN = 103{,}7\ N$$

und der Förderstrom $Q = b\,h\,v_0/2 = 1{,}96\ cm^3/s$

Bemerkenswert ist, daß bei der Kolbenfläche von *4,91 cm²* die Bremskraft einem Druck von etwa *2,1 bar* entspricht. Handelt es sich also um einen Pumpenkolben, so ist der erzeugte Druck um *2,1 bar* kleiner als der theoretisch bei einer bestimmten Antriebskraft erwartete Wert. Da die Förderung der Kolbenfläche $Q_K = A_K\,v_0 = 4{,}91\ cm^2 \cdot 500\ cm/s = 2455\ cm^3/s$ ist, beträgt die Spaltförderung etwa *1,96/2455 = 0,8 ‰* der Förderung der Kolbenfläche.

2.6.2 Spalt mit parallelen unbewegten Wänden unter Druck

Dieser Spalt ist bei hydrostatischen Bauelementen der wichtigste vorkommende Fall, da er an den meisten Dichtstellen als Dichtspalt benutzt wird. Infolge der Viskosität haftet die Flüssigkeit an den Wänden und die Strömung wird stark abgebremst. Deshalb wird auch bei hohem Druckgefälle die mittlere Geschwindigkeit und der Flüssigkeitsstrom klein bleiben.

Bild 28 Längs- und Querschnitt eines Spaltes mit ruhenden Wänden

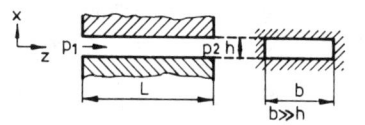

Bild 28 zeigt den Spalt mit der Höhe *h* und der Breite *b*. Dabei soll die Breite *b* sehr viel größer als die Höhe *h* sein -mehr als zehnmal größer- so daß man den Einfluß der Seitenwände vernachlässigen kann. Der vorhandene Druckunterschied $\Delta p = p_1 - p_2$ erzeugt einen Flüssigkeitsstrom von links nach rechts, der auch als Druckstrom bezeichnet wird. Dieser Strom wird mit der sogenannten Spaltformel berechnet. Denkt man sich eine Schicht von der Höhe *2x* und der Breite *b* herausgeschnitten, dann gilt für das Kräftegleichgewicht zwischen der Druckkraftdifferenz auf den Stirnflächen und den Schubkräften auf der oberen und unteren Fläche

$$F = \Delta p\,b\,2x = 2\tau\,L\,b = -2\eta\frac{dv}{dx}L\,b \tag{66}$$

daraus folgt

$$\frac{d\mathrm{v}}{dx} = -\frac{\Delta p}{L}\frac{x}{\eta} \tag{67}$$

Durch Integration erhält man die Geschwindigkeitsverteilung im Spalt

$$\mathrm{v} = -\int \frac{\Delta p}{L}\frac{x}{\eta} dx = -\frac{\Delta p}{L}\frac{x^2}{2\eta} + C$$

Damit wird

$$\mathrm{v} = \frac{\Delta p}{2\eta L}\left[\left(\frac{h}{2}\right)^2 - x^2\right] \tag{68}$$

da mit $x = h/2$ und $\mathrm{v} = 0$ $\;C = \dfrac{\Delta p}{2\eta L}\left(\dfrac{h}{2}\right)^2\;$ wird.

Gl. (68) beschreibt eine parabolische Geschwindigkeitsverteilung mit der maximalen Geschwindigkeit v_{max} in der Spaltmitte ($x = 0$).

$$\mathrm{v}_{max} = \frac{\Delta p\, h^2}{8\,\eta\, L} \tag{69}$$

Der Flüssigkeitsstrom wird durch Integration über die Spalthöhe

$$Q = \int_{-\frac{h}{2}}^{+\frac{h}{2}} b\,\mathrm{v}\,dx = b\left[\frac{\Delta p}{2\eta L}\left(\frac{h^2}{4}x - \frac{x^3}{3}\right)\right]_{-\frac{h}{2}}^{+\frac{h}{2}}$$

und damit lautet die **Spaltformel**:

$$Q = \frac{\Delta p\, b\, h^3}{12\,\eta\, L} = G_L\,\Delta p \tag{70}$$

$G_L = b\, h^3/(12\,\eta\, L)$ wird als Leckölbeiwert bezeichnet. Bei Gl. (70) ist bemerkenswert, daß die Spalthöhe mit der dritten Potenz eingeht, während alle anderen Größen nur linearen Einfluß haben. Mit dem Spaltquerschnitt $b\, h$ wird die mittlere Geschwindigkeit

$$\mathrm{v}_m = \frac{Q}{b\, h} = \frac{\Delta p\, h^2}{12\,\eta\, L} = \frac{2}{3}\mathrm{v}_{max} \tag{71}$$

Die durch den Flüssigkeitsstrom verbrauchte Leistung wird

$$P = Q\,\Delta p = \frac{\Delta p^2\,b\,h^3}{12\,\eta\,L} \qquad (72)$$

Der Leistungsverlust steigt also mit dem Quadrat des Druckgefälles. Die Verlustleistung nach Gl. (72) führt zu einer Erwärmung der durch den Spalt strömenden Flüssigkeit und damit zu einer Abnahme der Viskosität über die Spaltlänge. Damit ist die Annahme konstanter Viskosität in der Spaltformel nicht mehr richtig, und man kann deshalb von Gl. (70) keine sehr große Genauigkeit erwarten. Weiter muß beachtet werden, daß bei technischen Spalten oft eine kleine Schiefstellung einer Wand auftritt, die sicher einen großen Einfluß auf den Flüssigkeitsstrom hat, da die Spalthöhe in Gl. (70) mit der dritten Potenz steht.

Beispiel 18: Der Kolben eines Ventiles in Schieberbauart (Kolbenventil) hat den Durchmesser $d = 12$ mm. Die Überdeckungslänge zwischen Druck- und Rücklaufkammer beträgt $L = 3$ mm und der Druckunterschied *300 bar*.
Welcher kleinste und größte Leckölstrom ist bei zentrischer Lage des Kolbens und einer Ölzähigkeit von $\eta = 0{,}22 \cdot 10^{-6}$ *bar s* möglich, wenn als Passung zwischen Kolben und Bohrung H7/g6 gewählt wurde?
Lösung: Die Passung Ø *12* H7/g6 ergibt ein Größtspiel von *35 μm* und ein Kleinstspiel von *6μm*. Damit wird der größtmögliche Spalt $h_G = 17{,}5$ *μm* und der kleinstmögliche Spalt $h_K = 3$ *μm*. Mit der Spaltbreite $b = \pi d = 3{,}77$ *cm* und der Spaltlänge $L = 0{,}3$ *cm* wird der kleinstmögliche Leckölstrom

$$Q_{min} = \frac{\Delta p\,b\,h^3}{12\,\eta\,L} = \frac{300\,bar \cdot 3{,}77\,cm \cdot 0{,}3^3 \cdot 10^{-9}\,cm^3}{12 \cdot 0{,}22 \cdot 10^{-6}\,bar\,s \cdot 0{,}3\,cm} = 0{,}0386\,\frac{cm^3}{s}$$

und der größtmögliche Leckölstrom

$$Q_{max} = Q_{min}\left(\frac{h_G}{h_K}\right)^3 = 7{,}65\,\frac{cm^3}{s}$$

Das Verhältnis $Q_{max}/Q_{min} = (h_G/h_K)^3 \approx 198$ zeigt, wie stark die Leckölverluste von der Spalthöhe abhängig sind.

2.6.3 Korrekturen der Spaltformel

2.6.3.1 Exzentrischer Kolben

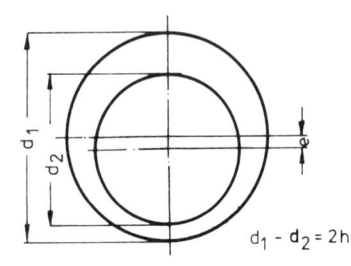

Bild 29 Exzentrizität eines Kolbens in einer Bohrung ($d_1 - d_2 = 2h$)

Bei Anwendung der Spaltformel Gl. (70) auf Kolben in Zylindern wird vorausgesetzt, daß das Spiel am Umfang konstant ist, d.h., daß der Kolben zentrisch im Zylinder liegt. Ist zwischen Zylinderachse und Kolbenachse eine Exzentrizität e (Bild 29) vorhanden, so wird mit der relativen Exzentrizität $\varepsilon = e/h$ nach Findeisen [19] der Flüssigkeitsstrom

$$Q = \frac{\Delta p\, b\, h^3}{12\, \eta\, L}\left(1 + 1{,}5\, \varepsilon^3\right) \tag{73}$$

Da die maximale relative Exzentrizität $\varepsilon_{max} = 1$ werden kann, kann der Leckstrom gegenüber der einfachen Spaltformel Gl. (70) um den Faktor 2,5 ansteigen.

Beispiel 19: Der größtmögliche Leckstrom des Ventils von Beispiel 18 wird dann bei maximaler Exzentrizität, d.h. bei einseitiger Anlage des Schiebers

$$Q_{max} = 2{,}5 \cdot 7{,}65 = 19{,}1\ cm^3/s$$

2.6.3.2 Spalte geringer Breite

Die Spaltformel Gl. (70) gilt nur dann, wenn die Spaltbreite wesentlich größer als die Spalthöhe ist, da sie für unendlich breite Spalte abgeleitet wurde. Bei kleiner Spaltbreite erfolgt ein zusätzliches Haften des Flüssigkeitsstromes an den Seitenwänden. Bei gleichem Druckgefälle wird der Flüssigkeitsstrom deshalb kleiner werden. Für Spalte geringer Breite wird in Gl. (70) ein Korrekturbeiwert k eingeführt. Es gilt dann

$$Q = \frac{\Delta p\, b\, h^3}{12\, \eta\, L} k \qquad (74)$$

Nach Thoma [10] gelten folgende k-Werte:

b/h	∞	10	5	3	2	1	kreisförmig
k	1	0,94	0,88	0,79	0,69	0,42	0,294

Tabelle 2 Korrekturbeiwerte für die Verminderung des Ölstromes bei Spalten geringer Breite

Die Tabelle zeigt, daß bei $b/h = 10$ eine Minderung des Flüssigkeitsstromes von nur 6% auftritt. Damit wird die Annahme, daß der Einfluß der Seitenwände für $b/h \gg 10$ vernachlässigt werden kann, bestätigt. Bei einem Kolben in einer Bohrung, also bei aufgerolltem Spalt, fehlt die bremsende Seitenwand, und der Spalt ist also unendlich breit. Den k-Wert für kreisförmigen Spalt kann man aus der, aus der Physik bekannten, Haagen - Poiseuilleschen Formel für laminare Strömung durch einen Kreisquerschnitt mit Durchmesser d ableiten.
Haagen - Poiseuillesche Formel:

$$Q = \frac{\pi\, d^4\, \Delta p}{128\, \eta\, L} \qquad (75)$$

Setzt man nun Gl. (75) und Gl. (74) gleich und beachtet außerdem, daß $b = d$ und $h = d$ gilt, so erhält man

$$k = \pi \cdot 12/128 = 0,294$$

2.6.4 Kräfte im Spalt – Hydrostatisches Lager

2.6.4.1 Kraft, mit der die Spaltwände auseinandergedrückt werden

Da die Schubspannung bei konstanter Spalthöhe gleichmäßig über die Spaltlänge verteilt ist, entsteht auch ein linearer Druckabfall, wie Bild 30 zeigt.

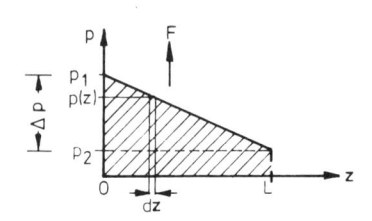

Bild 30 Verteilung des Druckes über die Spaltlänge

Die Kraft, die die Wände auseinanderdrückt, wird

$$F = b \int_0^L p(z)\,dz$$

Da das Integral die in Bild 30 schraffiert gezeichnete Fläche darstellt, gilt

$$F = b\left(p_2 L + \frac{p_1 - p_2}{2} L\right) = \frac{bL}{2}(p_1 + p_2) = bL\, p_m \qquad (76)$$

In Gl. (76) ist $p_m = (p_1+p_2)/2$ der mittlere Druck. Meist wirkt der Druck p_2 auch von außen auf die Wände und drückt damit die Wände mit der Kraft $F' = b L p_2$ zusammen. Damit wird die Kraft, die die Spaltwände auseinanderdrückt

$$F = \frac{bL}{2}(p_1 - p_2) = \frac{bL}{2}\Delta p \qquad (77)$$

Wichtig ist auch die Lage der Kraft. Sie wird mit dem Schwerpunkt der schraffierten Fläche in Bild 30 für Gl. (76) bzw. mit dem Schwerpunkt des Dreieckes mit der Höhe Δp für Gl. (77) ermittelt. Die Lage der Kraft ist für die richtige, d.h. für die kippmomentenfreie Aufhängung von Bauteilen wichtig.

2.6.4.2 Der Gleitschuh als Grundform des hydrostatischen Lagers

Die im vorigen Abschnitt gewonnene Kenntnis über die Kraft, die die Spaltwände auseinanderdrückt, kann für eine berührungsfreie Lagerung ausgenützt werden. Ein Lager, dessen Gleitflächen durch einen durch eine Pumpe erzeugten Flüssigkeitsdruck getrennt werden, wird als hydrostatisches Lager bezeichnet. Diese Lagerart ist für die Ölhydraulik besonders wichtig, da die schon vorhandene Druckflüssigkeit (Öl) verwendet werden kann. Von den sehr vielen möglichen Bauformen soll hier nur der einfache Gleitschuh betrachtet werden. Er zeigt aber das Grundprinzip von allen hydrostatischen Lagern. Weitere ausführliche Darstellungen geben Thoma [10] und Siebers [12].

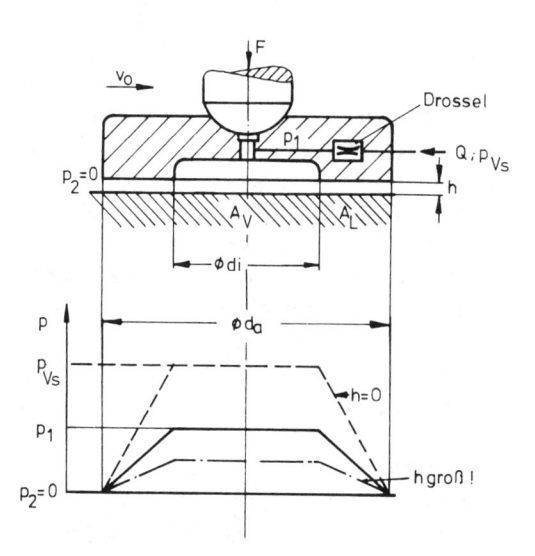

Bild 31 Gleitschuh und Druckverlauf bei verschiedenen Spalthöhen

Bild 31 zeigt den Querschnitt durch einen Gleitschuh, der von oben über eine kugelige, möglichst reibungsarme, also selbsteinstellbare Auflage mit der Kraft F belastet ist. Die Vertiefung auf der Unterseite des Gleitschuhs hat die Fläche A_V und wird von den Dichtlippen mit der Gesamtfläche A_L umgeben. Zwischen den ebenen Dichtlippen und der ebenen Unterlage ist der Spalt mit der Höhe h vorhanden, durch den das Öl aus der Vertiefung nach allen Richtungen ausströmt. Das Öl wird von einer Druckquelle mit dem Versorgungsdruck p_{Vs} über die eingezeichnete Drossel, in der der Druck auf p_1 abfällt, der Vertiefung zugeführt. Der Druckabfall in der Drossel hängt vom Ölstrom ab, und dieser wieder von der Spalthöhe h. Der Umgebungsdruck (Überdruck) p_2 wird als Bezugsdruck gleich Null gesetzt.

Bild 31 zeigt einen runden Gleitschuh. Die folgende Betrachtung gilt wegen des linear angenommenen Druckabfalles genaugenommen nur für einen rechteckigen Gleitschuh, kann aber näherungsweise auch für den runden Gleitschuh benutzt werden [10].

Unter dem Schnittbild ist in Bild 31 der Druckverlauf bei normaler Belastung als durchgehende Linie eingezeichnet. Wenn nun die Belastung steigt, wird die Spalthöhe kleiner werden, dadurch wird der Ölstrom und damit auch der Druckabfall in der Drossel sinken, so daß der Druck p_1 in der Vertiefung steigt und damit die erhöhte Last aufgenommen werden kann. Der Druck p_1 kann maximal auf den Versorgungsdruck ansteigen, dabei wird dann aber die Spalthöhe $h = 0$ (gestrichelte Linie). Bei sinkender Last wird dagegen der Druck p_1 in der Vertiefung (strichpunktierte Linie) absinken, da die Spalthöhe h wächst. Im theoretischen Extremfall (keine Last) würde $p_1 = 0$, wobei dann der ganze Versorgungsdruck in der Drossel abfallen müßte.

Die Drossel ist also für die Stabilität des hydrostatischen Lagers notwendig, d.h. sie sorgt dafür, daß es bei Kraftschwankungen weder zu einer metallischen Berührung kommt, noch daß der Gleitschuh ganz abhebt.

Die Drossel ist immer erforderlich, wenn das hydrostatische Lager aus einer Druckquelle gespeist wird. Geschieht die Versorgung aus einer Stromquelle, d.h. der Ölstrom ist dann, unabhängig vom Zulaufdruck, immer konstant, benötigt man keine Drossel. Bei abnehmender Spalthöhe wird in diesem Fall die Kraft unbegrenzt wachsen. Dies erfordert eine eigene Schmierpumpe und wird deshalb nur bei Großmaschinen angewandt.

Eine Kenngröße für hydrostatische Lager bei Verwendung einer Druckquelle ist der Belastungsgrad B. Er ist das Verhältnis vom Druck in der Vertiefung zum Versorgungsdruck bei normaler Last:

$$B = \frac{p_1}{p_{Vs}} \tag{78}$$

Der Belastungsgrad kann zwischen *0* und *1* liegen. Mit größer werdendem B trägt ein Gleitschuh mehr, aber seine Stabilität wird geringer. Bei $B = 1$ trägt der

Gleitschuh unabhängig von der Spalthöhe, da in der Vertiefung der Versorgungsdruck herrscht, und damit ist seine Stabilität gleich Null. Ein vernünftiger Belastungsgrad ist $B = 0,5$.

Die Tragkraft wird unter den Voraussetzungen, daß die Spalthöhe konstant ist, also keine Schiefstellung des Gleitschuhs auftritt, und daß die Viskosität über die Dichtlippen konstant bleibt, unter Verwendung von Gl. (77)

$$F = p_1 A_V + p_1 \frac{A_L}{2} \qquad (79)$$

Der Ölverbrauch errechnet sich mit der Spaltformel Gl. (70). Bei mit der Geschwindigkeit v_0 bewegtem Gleitschuh entsteht durch die Relativbewegung der Wände nach Gl. (63) die Tangentialkraft

$$F_{tan} = \tau A_L = \eta \frac{v_0}{h} A_L \qquad (80)$$

Der Leistungsverbrauch des hydrostatischen Lagers setzt sich aus den Anteilen infolge der Tangentialkraft nach Gl. (80) und infolge der Ölzufuhr mit dem Versorgungsdruck p_{Vs} zusammen.
Leistungsverbrauch infolge F_{tan}

$$P_V = F_{tan} v_0 = \eta A_L \frac{v_0^2}{h} \qquad (81)$$

Leistungsverbrauch infolge der Ölzufuhr

$$P_V = Q \, p_{Vs} \qquad (82)$$

Beispiel 20: Ein runder Gleitschuh nach Bild 31 mit $d_i = 20\ mm$ und $d_a = 30\ mm$ wird mit einem Versorgungsdruck $p_{Vs} = 120\ bar$ beaufschlagt. Bei einem Belastungsgrad $B = 0,5$ und einer Ölzähigkeit $\eta = 0,22 \cdot 10^{-6}\ bar\ s$ soll ein Spalt von $10\ \mu m$ erreicht werden. Gesucht ist die Tragkraft, der Ölstrom und der Leistungsverbrauch des Lagers bei einer Gleitgeschwindigkeit von $v_0 = 6\ m/s$.
Lösung: Es werden $\qquad A_V = \pi d_i^2/4 = 3,14\ cm^2$;
$A_L = \pi (d_a^2 - d_i^2)/4 = 3,93\ cm^2 \qquad$ und $\qquad p_1 = B\, p_{Vs} = 60\ bar$
Damit wird die Tragkraft $\qquad F = p_1 (A_V + A_L/2) = 306\ daN = 3060\ N$
Die Länge der Dichtlippen beträgt $\qquad L = (d_a - d_i)/2 = 0,5\ cm$,
die Breite der Dichtlippen ist gleich dem Umfang am mittleren Durchmesser
$$b = \pi (d_a + d_i)/2 = 7,85\ cm.$$

Damit wird der Ölstrom nach Gl. (70)

$$Q = \frac{p_1 b h^3}{12 \eta L} = \frac{60\, bar \cdot 7{,}85\, cm \cdot 1 \cdot 10^{-9}\, cm^3}{12 \cdot 0{,}22 \cdot 10^{-6}\, bar\, s \cdot 0{,}5\, cm} = 0{,}356\, \frac{cm^3}{s}$$

Der Ölverbrauch ist recht klein. Der vorgeschriebene Belastungsgrad $B = 0{,}5$ bedeutet, daß bei dem Ölstrom $Q = 0{,}356\ cm^3/s$ an der Drossel des Gleitschuhs ein Druckabfall von *60 bar* entstehen muß. Der gesamte Leistungsverbrauch des Gleitschuhs wird nach Gl. (81) und Gl. (82)

$$P_V = \eta A_L \frac{v_0^2}{h} + Q\, p_{Vs} = 354\, daN\, cm/s = 0{,}0354\, kW = 35{,}4\, W$$

Dabei beträgt der Anteil der Flüssigkeitsreibung [Gl. (81)] *31,1 W* und der Anteil durch den Ölverbrauch [Gl. (82)] *4,3 W*.

Folgende Hinweise sollen die Betrachtungen über das hydrostatische Lager abschließen:
1. Die Spalthöhe muß größer sein als die Summe aus den Oberflächenrauhigkeiten und den Verformungen der Gleitflächen. Sie muß aber auch größer als der größte im Schmiermittel vorhandene Fremdkörper sein. Außerdem zeigt Gl. (81), daß man, wenn man die Ölerwärmung klein halten will, bei steigenden Gleitgeschwindigkeiten und Dichtlippenflächen die Spalthöhe vergrößern muß. Die Spalthöhen liegen meist zwischen *8 µm* und *20 µm*.
2. Kippkräfte und Kippmomente ergeben eine Schiefstellung der Dichtlippen. Durch geeignete Maßnahmen bei der Lagergestaltung, z.B. mehrere Druckfelder, kann die Schiefstellung begrenzt werden.
3. Hydrostatische Lager gibt es als Axiallager (z.B. Gleitschuh) und Radiallager.
4. Reicht der Öldruck nicht aus, um die Belastung zu tragen, so muß ein Teil von ihr durch metallische Berührung der Lippen übernommen werden. Bei geeigneten Materialien wird dabei, wegen der guten Schmierung der Gleitflächen (Mischreibung), nur geringe Reibung und wenig Verschleiß auftreten. Eine derartige Lagerung bezeichnet man dann nicht mehr als hydrostatisches Lager, sondern als eine hydrostatische Entlastung. Die bei Pumpen und Hydromotoren verwendeten Gleitschuhe und die Gleitflächen an den Steuereinrichtungen sind meist mit hydrostatischer Entlastung ausgeführt.

5. Häufiger als das hydrostatische Lager werden in Maschinen und Geräten hydrodynamische Lager verwendet. Bei diesen wird durch einen Schmierkeil ein tragendes Ölpolster und somit Flüssigkeitsreibung erzeugt. Der erforderliche Keilspalt entsteht bei den Radialgleitlagern für rotierende Wellen infolge der gering exzentrischen Lage der Welle und bei einem hin- und her bewegtem Kolben durch dessen leicht verkantete Lage im Zylinder. Flüssigkeitsreibung wird nur bei ausreichender Gleitgeschwindigkeit erreicht, sonst herrscht Mischreibung.
6. Die Begriffe „Stromquelle" und „Druckquelle" sollen auf Hydropumpen (siehe 1.4.1.1 und Kap. 5) bezogen erläutert werden. Eine Konstantpumpe liefert einen fast konstanten Flüssigkeitsstrom bis zu dem am Druckbegrenzungsventil eingestellten Höchstdruck. Sie ist deshalb eine Stromquelle. Eine Verstellpumpe wird durch einen Druckregler (siehe 5.4.2) zu einer Druckquelle, da nun der Anlagendruck unabhängig vom Förderstrom konstant bleibt, solange $Q < Q_{max}$ ist.

3 Druckflüssigkeiten

Die wichtigste Aufgabe der Druckflüssigkeit (Hydraulikflüssigkeit) ist natürlich die Übertragung von Kräften und Bewegungen. Außerdem muß aber die Druckflüssigkeit eine gute Schmierwirkung haben, d. h. sie soll den Verschleiß aufeinander gleitender Teile mindern, sie muß vor Korrosion schützen und die anfallende Wärme abführen. Dazu kommen manchmal Zusatzforderungen wie Schwerentflammbarkeit (in Heißarbeitsbereichen wegen der erhöhten Brandgefahr oder in der Bühnentechnik und im Bergbau für einen erhöhten Personenschutz) oder hohe Umweltverträglichkeit (Baumaschinen in Wasserschutzgebieten), die von den überwiegend verwendeten Mineralölen nicht erfüllt werden können. Deshalb muß man drei Gruppen von Druckflüssigkeiten unterscheiden:
1. Mineralöle
2. Schwer entflammbare Druckflüssigkeiten
3. Umweltverträgliche Druckflüssigkeiten.

Die Druckflüssigkeit ist eine äußerst wichtige Komponente in hydraulischen Systemen, und störungsfreier Betrieb hängt oft entscheidend von der richtigen Wahl der Druckflüssigkeit ab. Deshalb sollen nun die wichtigsten Eigenschaften der Druckflüssigkeiten besprochen werden.

3.1 Mineralöle

Die Mineralöle, die einen Anteil von ca. 85 % bei den Druckflüssigkeiten haben, werden durch fraktionierte Destillation und Raffination aus Erdöl gewonnen. Die natürlichen Eigenschaften der Mineralöle können durch öllösliche Zusätze, sogenannte Additives, verbessert werden. Man erhält dann legierte Öle. Für die Öle der Hydraulik kommen Wirkstoffzusätze in Frage, die die Alterungsbeständigkeit oder das Viskositäts-Temperaturverhalten (VT-Verhalten) verbessern, Oxydation und Korrosion verhindern, oder die Schmierfähigkeit erhöhen.

Nach ihren Eigenschaften unterscheidet man (DIN 51524 und 51525):
1. Hydrauliköle H   ohne Wirkstoffzusätze (kaum noch benutzt)
2. Hydrauliköle HL   mit Wirkstoffzusätzen für Korrosionsschutz und Alterungsbeständigkeit
3. Hydrauliköle HLP   wie HL, jedoch zusätzlich mit Verschleißschutz

4. Hydrauliköle HV wie HLP, jedoch mit VT-Verbesserern
5. Hydrauliköle HLPD wie HLP, jedoch mit Zusätzen zur Lösung von Ablagerungen (detergierend) und schmutztragend und begrenzt wasserbindend (dispergierend)

Mineralöle werden in Viskositätsklassen (Viscosity Grade: VG) eingeteilt. Nach der ISO-Klassifizierung (ISO-VG...) werden Hydrauliköle mit den Nennviskositäten *10, 15, 22, 32, 46, 68, 100 mm²/s [cSt]* bei *40°C* empfohlen. Die zulässigen Grenzen jeder Klasse sind bei ± 10 %.

Die wichtigsten Eigenschaften der Mineralöle und sich daraus ergebende Folgerungen werden nun erläutert.

3.1.1 Dichte

Bei Hydraulikölen beträgt die Dichte bei *15°C* und *1 bar* absolutem Druck $\rho_{15} = 0{,}80 - 0{,}91$ g/cm³ (Herstellerangabe). Die Dichte ist temperatur- und druckabhängig.

Die Volumenänderung in Abhängigkeit von der Temperatur beträgt

$$\Delta V = \alpha_t \, V_0 \, \Delta t \tag{83}$$

In Gl. (83) bedeutet V_0 das Ausgangsvolumen und α_t ist der Ausdehnungskoeffizient, der im Mittel *0,00065 - 0,0007 K⁻¹* ($K = Kelvin$) beträgt. Aus Gl. (83) folgt, auf die Ausgangstemperatur von *15°C* bezogen, für die Dichte bei atmosphärischem Druck und der Temperatur t

$$\rho_t = \frac{\rho_{15}}{\left[1 + \alpha_t \left(t - 15°\right)\right]} \tag{84}$$

Die Druckabhängigkeit der Dichte wird nach Gl. (35)

$$\rho_p = \frac{\rho_{15}}{\left(1 - \beta \, \Delta p\right)} = \frac{\rho_{15}}{\left(1 - \dfrac{\Delta p}{K}\right)} \tag{85}$$

3.1.2 Kompressibilität

Der Kompressibilitätsfaktor β bzw. der Kompressionsmodul K sind stark druck- und etwas temperaturabhängig. Bild 32 zeigt β in Abhängigkeit vom Druck für den Temperaturbereich *20 bis 100°C*. Es handelt sich dabei um Mittelwerte von luftblasenfreien Ölen verschiedener Viskosität.

Enthält ein Öl Luftblasen, so wirken sich diese besonders im Bereich niedriger Drücke stark auf die Kompressibilität aus. Ein Zahlenwert soll das verdeutlichen. Bei einem Druck von *15 bar* und 0,5 Volumenprozent blasenförmiger Luft im Öl beträgt der Kompressibilitätsfaktor $\beta \approx 1,5 \cdot 10^{-4}\ bar^{-1}$, also etwa das Doppelte wie bei blasenfreiem Öl.

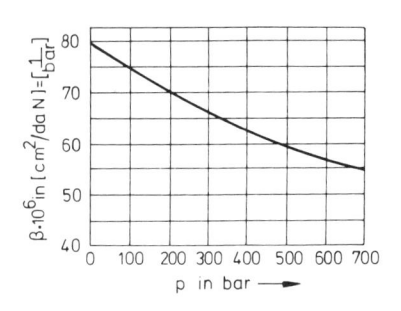

Bild 32
Mittelwert des Kompressibilitätsfaktors β für verschiedene luftblasenfreie Öle im Temperaturbereich *20 - 100°C*

Beispiel 21: Ein Ölbehälter mit *100 l* Füllung ist gegeben
a) Welche Volumenzunahme ist vorhanden, wenn sich das Öl von *15°C* auf *65°C* erwärmt? ($\alpha_t = 0,00065\ K^{-1}$)
b) Welche Druckzunahme im Ölbehälter wäre durch die Erwärmung vorhanden, wenn eine Volumenänderung nicht möglich ist?

Beispiel 22: Eine leere Aufzugbühne wird durch einen hydraulischen Zylinder mit der Kolbenfläche von *50 cm²*, $l = 2\ m$ hochgefahren und dann mit *150 000 N* belastet. Um wieviel sinkt die Bühne aufgrund der Ölkompressibilität ab?

3.1.3 Viskosität und Ölauswahl

Mit höheren Drücken nimmt die dynamische Viskosität (2.6.1) von Mineralölen merklich zu. Bis etwa *2000 bar* gilt der Zusammenhang:

$$\eta = \eta_0 \, e^{bp} \tag{86}$$

Der Druckviskositätskoeffizient *b* liegt bei Hydraulikölen zwischen *0,0015* und *0,003 bar^{-1}*.
Auch die kinematische Viskosität $v = \eta/\rho$ vergrößert sich mit zunehmendem Druck. Da die Dichte mit steigendem Druck ebenfalls zunimmt, ist der Anstieg bis etwa *200 bar* gering. Bei *350* bis *400 bar* hat sich die kinematische Viskosität fast verdoppelt und der Anstieg ist um so stärker, je geringer die Öltemperatur ist.

Wichtiger als die Druckabhängigkeit ist die Temperaturabhängigkeit der Viskosität. Bild 33 zeigt im VT-Blatt nach Ubbelohde (logarithmische Maßstäbe) die Abhängigkeit der kinematischen Viskosität von der Temperatur bei

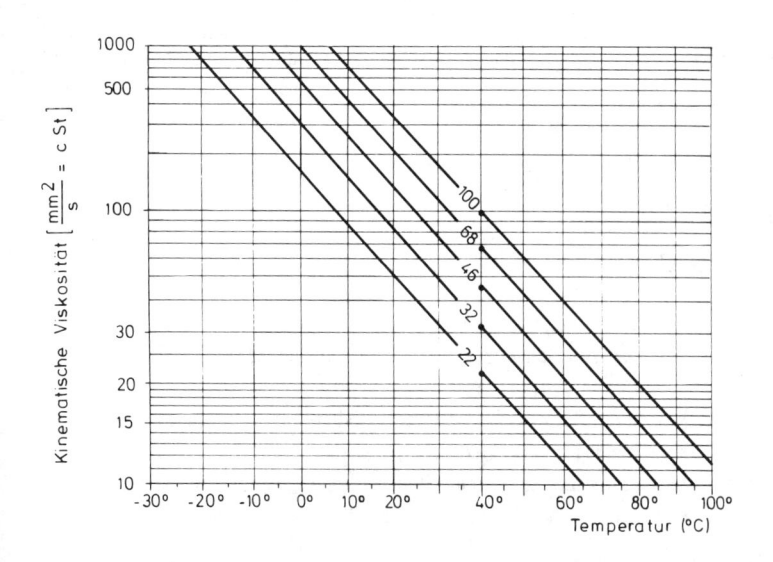

Bild 33 Viskositäts-Temperaturverhalten (VT) von Hydraulikölen

atmosphärischem Druck für Hydrauliköle nach ISO-Norm. Aus Bild 33 sieht man wie stark die Viskosität von der Temperatur abhängt. Daraus folgt, daß bei der Ölwahl der Temperaturbereich, in dem gefahren wird, berücksichtigt werden muß, damit bei dem gewählten Öl im gesamten Temperaturbereich ein einwandfreies Funktionieren der Pumpe, Ventile, Motoren und sonstiger Geräte gewährleistet ist. Da die Anlage noch nach längerem Stillstand sicher anlaufen soll, ergibt sich die größte Viskosität für die tiefste Umgebungstemperatur, da das Öl sich auf diese abkühlt. Die Höchstgrenze für die mögliche Viskosität wird durch die maximale Startviskosität der Pumpen festgelegt. Zu große Viskosität ergibt Kavitationserscheinungen und damit Füllungsverluste und Geräuschbildung bei der Pumpe. Außerdem verursacht das zähflüssigere Öl höhere Strömungsverluste. Die minimal zulässige Betriebsviskosität, die bei der höchsten Betriebstemperatur auftritt, wird durch die Pumpe oder den Hydromotor begrenzt. Zu geringe Viskosität hat je nach Art der Geräte ein unzumutbares Ansteigen des Verschleißes oder der Leckölverluste zur Folge, wobei letzteres sich durch abnormal hohe Öltemperatur und eventuell auch durch zu geringe Arbeitsgeschwindigkeit der Hydraulik bemerkbar macht.

Konstruktionsprinzip der Maschine	zulässige Viskosität $[mm^2/s]$	
	(max.) Start	(min.) Betrieb
Zahnrad ohne hydraulischen Spaltausgleich	1000 - 2000	25
Zahnrad mit hydraulischem Spaltausgleich	1000 - 2000	15
Flügel	850	20
Kolben mit Steuerspiegel oder -kanten	500 - 850	10 - 15
Kolben mit federbelasteten Ventilen	200 - 300	8 - 12

Tabelle 3 Anhaltswerte für maximal zulässige Startviskosität und minimal zulässige Betriebsviskosität bei Hydromaschinen

Mit den Werten der Tabelle 3 und dem VT-Blatt kann man für ein ausgewähltes Öl die tiefste zulässige Temperatur $t_{min\ zul}$ für kavitationsfreies Anlaufen der Pumpe und die maximal zulässige Öltemperatur $t_{max\ zul}$ für den Betrieb der Pumpe oder des Hydromotors bestimmen, wie Bild 34 zeigt.

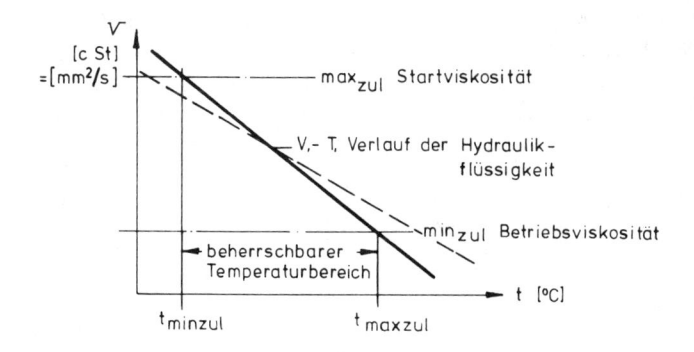

Bild 34 Ölauswahl aus dem VT-Blatt

Als optimale Viskosität für den Dauerbetrieb werden von den Geräteherstellern Werte zwischen *12 mm²/s* und *100 mm²/s* empfohlen.

Beispiel 23: Welcher beherrschbare Temperaturbereich ist nach Bild 33 für eine Drehflügelpumpe bei einem Öl mit *32 mm²/s* (HLP 32) und welcher bei einem Öl mit *68 mm²/s* (HLP 68) Nennviskosität bei *40°C* vorhanden?

Wie Bild 34 zeigt, ist ein möglichst flacher VT-Verlauf (gestrichelte Linie) erwünscht, um einen großen beherrschbaren Temperaturbereich zu erreichen. Bei den Hydraulikölen wird dies durch spezielle Wirkstoffzusätze, sogenannte Viskositätsindexverbesserer, versucht. Ein Nachteil dieser Wirkstoffe ist jedoch, daß sie dazu neigen, ihren Aufbau bei den auftretenden Scherbeanspruchungen zu ändern, so daß sich das VT-Verhalten der legierten Öle wieder dem der Grundöle nähert.

Heute wird für die Stationärhydraulik vorwiegend ISO VG 32 und für die Mobilhydraulik ISO VG 46 oder ISO VG 68 empfohlen.

3.1.4 Spezifische Wärme

Die spezifische Wärme hängt vom Druck und der Temperatur ab. In grober Näherung gilt $c_{Öl} = 2\ kJ/kgK$

Beispiel 24: Über ein Druckbegrenzungsventil fließt ein Ölstrom $Q = 20 \ l/min$ ab. Das Druckgefälle beträgt *320 bar*. Um wieviel Grad erwärmt sich dabei das Öl ($\rho_{Öl} = 0,9 \ g/cm^3$), wenn keine Wärme an die Umgebung abgegeben wird?
Lösung: Die Verlustleistung $P_V = Q \ \Delta p$ ist gleich dem vom Öl aufgenommenen Wärmestrom $\Phi = \dot{m} \ c_{Öl} \ \Delta t = Q \ \rho_{Öl} \ c_{Öl} \ \Delta t$. Also wird die Temperaturerhöhung:

$$\Delta t = \frac{Q \Delta p}{Q \rho_{Öl} c_{Öl}} = \frac{320 \cdot 10^5 \ \frac{N}{m^2}}{900 \ \frac{kg}{m^3} \ 2000 \ \frac{J}{kgK}} = 17,8 K = 17,8 °C$$

Wenn die gesamte hydrostatische Leistung durch Drosselung in Wärme umgewandelt wird, ergibt sich eine Temperaturerhöhung des Öls von ca. *5,5 °C* pro *100 bar* Druckabfall. Bei genauerer Betrachtung müßte die anfallende Expansionskälte, die etwa *1,4 °C* pro *100 bar* beträgt, wieder abgezogen werden. Dies wird meist unterlassen, um auf der sicheren Seite zu liegen.

3.1.5 Stockpunkt

Der Stockpunkt ist die Temperatur, bei der das Öl bei bestimmten Versuchsbedingungen zu fließen aufhört. Der Stockpunkt muß natürlich unter der niedrigsten Betriebstemperatur liegen.

3.1.6 Flammpunkt

Als Flammpunkt wird die Öltemperatur bezeichnet, bei der ein über dem Flüssigkeitsspiegel sich bildendes Öldampf-Luftgemisch zündbar ist.

3.1.7 Alterung

Die Reaktion des Öls mit Sauerstoff (Oxydation) und die Polymerisation des Öls wird Alterung genannt. Dieser Vorgang wird durch Metalle, insbesondere Kupfer, die als Katalysator wirken, beschleunigt. Weiterhin ist die Alterung stark temperaturabhängig. Als Faustregel kann gelten, daß etwa oberhalb *60 °C* jede Temperaturerhöhung um *10 °C* die Alterungsgeschwindigkeit verdoppelt. Die Alterungsprodukte sind teilweise unlöslich und setzen sich als Schlamm ab.

Durch Vermeiden hoher Betriebstemperaturen und durch luftfreies Öl kann die Alterung vermindert werden.

3.1.8 Wasserabscheidevermögen

Durch Schwitzwasser gelangt laufend Feuchtigkeit in ein hydraulisches System. Frische Hydrauliköle trennen sich schnell vom eingedrungenen Wasser. Gealterte und mit Fremdstoffen vermischte Öle emulgieren mit Wasser. Dadurch wird die Schmierwirkung des Öls verschlechtert und Korrosion begünstigt. Im ruhenden Öl (Ölbehälter) wird sich das spezifisch schwerere Wasser absetzen.

3.1.9 Luftlösevermögen und der Einfluß von Luft in Hydrauliksystemen

Mineralöle lösen wie andere Flüssigkeiten gewisse Mengen von Gasen. Im Sättigungszustand enthält Öl bei atmosphärischem Druck ($\sim$ *1 bar*) ungefähr 9 Volumenprozent molekular gelöste Luft. Bis etwa *300 bar* ist die gelöste Luftmenge proportional dem absoluten Druck (Henry-Daltonsches Gesetz).

Beispiel 25: Wieviel *l* auf *1 bar* reduzierte Luft enthält *1 l* Öl im Sättigungszustand bei *1 bar, 10 bar, 100 bar* und *300 bar* absolutem Druck?
Lösung:

Druck in *bar* (absolut)	1	10	100	300
Luftvolumen in *l* auf Atmosphärendruck bezogen	0,09	0,9	9	27

Bei *300 bar* beträgt also das Luftlösevermögen das 27fache des Ölvolumens!

Beispiel 25 zeigt deutlich, daß das Öl bei Druckanstieg das Bestreben hat, sofern ihm Luft angeboten wird, diese bis zum Sättigungszustand zu lösen. Dagegen wird bei Drucksenkung das Öl Luft ausscheiden und es bilden sich Luftblasen im Öl. So kann es besonders in Saugleitungen der Pumpen, wie Bild 35 zeigt, zu zusätzlicher Luftblasenbildung kommen. Diese Luftbläschen werden dann zusammen mit den schon vom Ölbehälter her vorhandenen Luftblasen in der Pumpe adiabatisch verdichtet und dadurch stark erhitzt. Ein Druck von *70 bar* bewirkt etwa *710°C* Verdichtungstemperatur. Diese Temperaturspitzen sind zwar örtlich begrenzt, so daß kein merklicher Einfluß auf die Gesamtöltemperatur auftritt, aber sie werden ein schnelleres Altern des unmittelbar umgebenden Öls bewirken. Auf der Druckseite der Pumpe geht die blasenförmige Luft, wenn genügend Zeit vorhanden ist, wieder in Lösung.

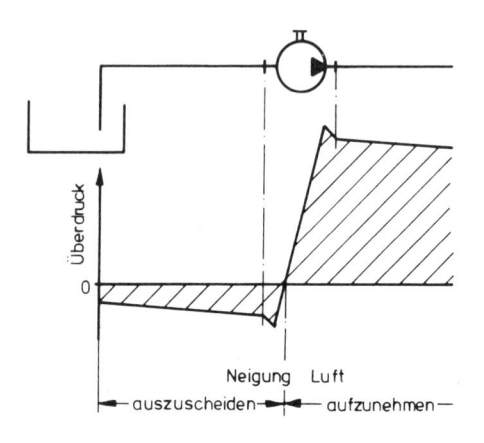

Bild 35
Ausscheiden und in Lösung-Gehen von Luftblasen vor und hinter der Pumpe

Das in Lösung-Gehen geht allerdings langsamer als das Ausscheiden. Auch auf der Hochdruckseite des Kreislaufes kann es zu Luftausscheidungen kommen und zwar dort, wo durch Turbulenz örtlicher Unterdruck entsteht, wie im Bereich von Drosseln oder Steuerkanten von Ventilen.

Es sollen nun die Erscheinungen betrachtet werden, die auf Lufteinschlüsse im Hydrauliköl zurückzuführen sind:
1. Kavitation in Pumpen und Ventilen, da durch plötzliche Druckschwankungen die Luftblasenausscheidung erhöht wird.
2. Schnelleres Altern des Öls, da durch das Verdichten der Luft hohe Temperaturen entstehen.
3. Größere Kompressibilität des Öls (siehe 3.1.2). Dadurch wird die Genauigkeit der Bewegung und das Schwingungsverhalten ungünstig beeinflußt.
4. Zerstörung von Dichtungen in Arbeitszylindern.

Bei Arbeitszylinderdichtungen kann besonders bei größeren Gleitgeschwindigkeiten eine Schmierkeilbildung auftreten, die die Dichtlippe geringfügig abhebt. Wenn sich nun vor der Dichtlippe, bevor der Druckanstieg einsetzt, eine kleine Luftblase befindet, so wird diese durch die Drucksteigerung komprimiert und verkleinert sich z. B. bei *200 bar* auf etwa 1/45 ihres Ausgangsvolumens. Sie kann nun unter die Dichtlippe gezogen werden, gelangt dort in eine Zone niedrigen Druckes, expandiert wieder recht schnell und zerreißt die umgebende Dichtungspartie. Da die komprimierte Luftblase eine sehr hohe Temperatur hat, kann es in manchen Fällen zu einer Selbstzündung kommen. Dieser sogenannte Dieseleffekt wird nicht nur die Dichtung örtlich zum Verschmoren bringen, sondern kann sogar zur Beschädigung der umliegenden Metallteile führen.

Eine Beschädigung der Dichtung kann auch dadurch auftreten, daß die Luft in den Dichtungswerkstoff eindiffundiert und dann bei Entspannung der Zylinderkammer die Dichtung auftreibt oder aufreißt.

Bei der Beurteilung der durch Luftblasen verursachten Dichtungsschäden ist noch zu beachten, daß oft nicht nur der Betriebsdruck auf die Dichtung wirkt, sondern bei engen Spalten vor der Dichtung (z. B. Kolbenstangenführungen) auch der in 2.6.1 beschriebene Schleppdruck.

Abschließend kann festgestellt werden, daß immer dann, wenn Dichtungen nach kurzer Zeit ausfallen und auf der Dichtspaltseite (Gleitseite) aufgerissen oder gar angeschmort sind, Luft die Ausfallursache war.

Es stellt sich nun die Frage, wie kann unerwünschte Luftblasenbildung im Öl verhindert werden. Als erste Maßnahme muß vor Inbetriebnahme die Hydraulikanlage gut entlüftet werden, d. h. daß überall dort, wo sich Luftreste ansammeln können, also an Zylindern, Motoren und hochgelegenen Leitungsteilen, eine Entlüftungsmöglichkeit vorhanden sein muß.

Da jedoch immer gelöste Luft im Öl sein wird, die im Betrieb nach dem Druckabfall im Verbraucher blasenförmig in den Ölbehälter gespült wird, muß dieser so ausgebildet werden, daß die Luft aufsteigen kann, bevor das Öl wieder von der Pumpe angesaugt wird. Die sehr langsam aufsteigenden Luftbläschen werden immer zu einer gewissen Schaumbildung auf der Oberfläche führen. Ein gutes Hydrauliköl darf deshalb bei gutem Luftabscheidevermögen keine zu große Schaumbildung aufweisen.

3.2 Schwerentflammbare Druckflüssigkeiten

Alle schwer entflammbaren Druckflüssigkeiten (Bild 36) haben zum Teil von Mineralölen abweichende Eigenschaften. Dies muß bei der Konstruktion oder bei der Umrüstung bestehender Anlagen berücksichtigt werden (Einheitsblatt

VDMA 24 317). Bild 37 zeigt einen Vergleich des wichtigen Viskositäts-Temperaturverhaltens verschiedener Druckflüssigkeiten.

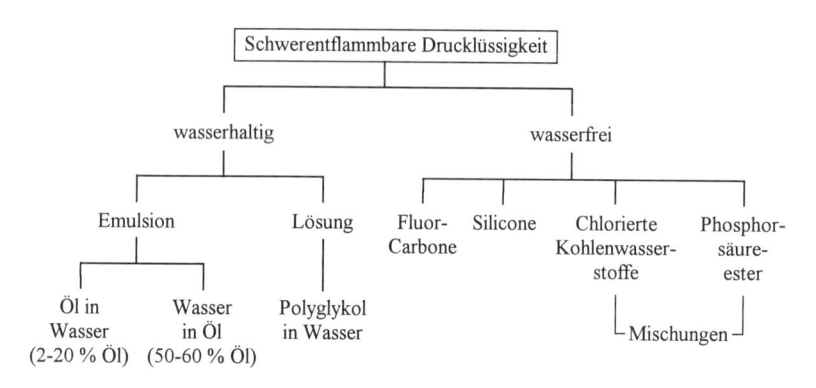

```
                    Schwerentflammbare Drucklüssigkeit
                    ┌──────────────────┴──────────────────┐
               wasserhaltig                           wasserfrei
           ┌────────┴────────┐           ┌────┬────┬────────┬─────────┐
       Emulsion            Lösung     Fluor-  Silicone  Chlorierte  Phosphor-
       ┌───┴───┐             │        Carbone         Kohlenwasser-  säure-
    Öl in    Wasser       Polyglykol                    stoffe       ester
    Wasser   in Öl        in Wasser                  └── Mischungen ──┘
  (2-20 % Öl) (50-60 % Öl)
```

Bild 36 Schwerentflammbare Druckflüssigkeiten

3.2.1 Wasserhaltige Druckflüssigkeiten (HFA, HFB, HFC)

Der jeweilige Wasseranteil beeinflußt die Entflammbarkeit. Wegen der Gefahr von Wasserverlusten ist die obere Temperaturgrenze bei *60°C*, und es ist außerdem eine ständige Überwachung notwendig.

Öl in Wasser Emulsion (HFA), auch Druckwasser genannt, enthält über 80 %, meist ca. 95%, Wasseranteil. Dem Vorteil geringer Kosten (10 - 15 % von Mineralöl) und niedriger Kompressibilität stehen die Nachteile der geringen Schmierfähigkeit und der niedrigen Viskosität (Leckverluste) gegenüber. In ihrem Anwendungsgebiet der sogenannten Wasserhydraulik sind deshalb spezielle Geräte erforderlich, wobei nicht alle in der Ölhydraulik möglichen Geräte ausführbar sind.

Wasserpolyglykol-Lösungen (HFC), die fast doppelt so teuer wie Mineralöle sind, haben einen Wasseranteil von 40 - 60 %. Ihre Schmiereigenschaft - besonders bei Wälzlagern - ist schlechter, das Viskositäts-Temperaturverhalten dagegen besser als bei Mineralölen (Bild 37).

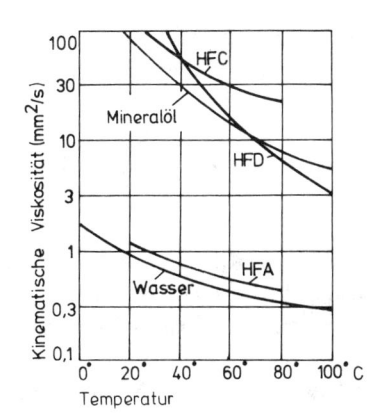

Bild 37
VT-Verhalten verschiedener
Druckflüssigkeiten

Wasser in Öl Emulsionen (HFB) sind wegen ihres nicht ausreichenden Brandschutzes in Deutschland nicht üblich.

Alle wasserhaltigen Druckflüssigkeiten (Hydraulikflüssigkeiten) haben eine etwa 20 % größere Dichte als Mineralöl, was zu erhöhten Strömungsverlusten in der Anlage führt und besonders die Kavitationsgefahr bei Pumpen erhöht. Die üblichen Dichtungswerkstoffe mit Ausnahme von Kork und Vulkollan werden nicht angegriffen.

3.2.2 Wasserfreie Druckflüssigkeiten (Kennbuchstaben HDF)

Die Schwerentflammbarkeit ist bei diesen Flüssigkeiten durch ihren chemischen Aufbau bedingt. In der Anwendung sind in der Stationärhydraulik chlorierte Kohlenwasserstoffe, Phosphorsäureester und Mischungen aus beiden. Die obere Temperaturgrenze liegt bei ihnen etwa bei *150°C* und genügt damit den üblichen Anforderungen. Die Schmiereigenschaften sind mit denen der Mineralöle vergleichbar. Das Viskositäts-Temperaturverhalten ist dagegen schlechter (siehe Bild 37). Die höhere Dichte, die je nach Flüssigkeitstyp 45 bis 57 % über der des Mineralöls liegt, muß besonders beachtet werden, damit die Pumpe sicher ansaugen kann und die Druckverluste in der Anlage nicht zu groß werden. Die Mehrzahl der üblichen Dichtungswerkstoffe werden angegriffen. Als Dichtungswerkstoffe kommen deshalb bevorzugt Teflon, Viton und Silikonkautschuk in Frage. Der Preis ist 2 - 4mal höher als bei Mineralölen.

Wegen ihres hohen Preises kommen Silikone, die ein sehr gutes VT-Verhalten haben, und Fluor-Carbone nur für besondere Einsatzfälle in Frage.

3.3 Umweltverträgliche Druckflüssigkeiten

In der **Ölhydraulik** werden, wenn Umweltverträglichkeit gefordert ist, an Stelle von Mineralöl Druckflüssigkeiten eingesetzt, die schnelle biologische Abbaubarkeit und geringe Giftwirkung auf Flora und Fauna aufweisen. Es werden drei Gruppen umweltverträglicher Druckflüssigkeiten unterschieden.

3.3.1 Polyglykole (Kennbuchstaben HEPG)

Es werden besonders Polyethylenglykole (PEG) und Polyalkylenglykole (PAG) verwendet. Ihre Schmierfähigkeit, Alterungsbeständigkeit, Korrosionsschutz und Viskositätsklassen entsprechen den Mineralölen. Das VT-Verhalten ist günstiger, die Dichte höher (*1,1 kg/dm³*) und die Verträglichkeit mit Dichtungswerkstoffen eingeschränkt. Sie werden wegen des hohen Preises selten eingesetzt.

3.3.2 Native (pflanzliche) Öle (HETG)

Es wird vor allem Rapsöl verwendet. Dieses weist im Vergleich mit Mineralölen eine bessere Schmierfähigkeit, günstigeres VT-Verhalten und etwa gleiche Dichte auf. Seine Nachteile sind die geringe Alterungsbeständigkeit und die höheren Kosten (Faktor 1,5 bis 3). Rapsöl findet hauptsächlich in der Land- und Forstwirtschaft Einsatzbereiche.

3.3.3 Synthetische Ester (HEES)

Hier sind besonders Carbonsäureester zu nennen. Ihre Schmierfähigkeit und ihr VT-Verhalten ist besser als bei Mineralölen. Alterungsbeständigkeit, Korrosionsschutz und Dichte entsprechen den Mineralölen, die biologische Abbaubarkeit den nativen Ölen. Geringe Wasseranteile in der Flüssigkeit zerstören viele

Dichtungswerkstoffe durch Quellung und Hydrolyse. Ihr Einsatzgebiet sind Mobil- und Stationärhydrauliken in wassergefährdenden Anlagen.

Wenn Umweltverträglichkeit gefordert ist, kommt natürlich auch der Einsatz der **Wasserhydraulik** in Frage. Dabei wird in der Regel die Druckflüssigkeit HFA (siehe 3.2.1) mit biologisch abbaubarem Schmiermittelanteil verwendet, aber es gibt in neuester Zeit auch Versuche mit dem Einsatz von reinem Wasser.

3.4 Pflege und Wechsel der Druckflüssigkeit

Das Einfüllen der Druckflüssigkeit soll über ein Filter erfolgen, um vorhandene Verschmutzungen abzufangen. Nach sorgfältiger Entlüftung (siehe 3.1.9) kann die Anlage in Betrieb genommen werden. Die im System eingebauten Filter (siehe 4.1) reduzieren die Verschmutzung der Druckflüssigkeit im Betrieb auf ein zulässiges Maß und müssen deshalb regelmäßig, also auch zwischen den Flüssigkeitswechseln, ausgetauscht bzw. gereinigt werden. Während des Betriebs vermindert sich die Qualität der Druckflüssigkeit infolge von Alterung und Verschmutzung. Deshalb ist nach auf Erfahrung basierenden Betriebszeiten ein Wechsel der Druckflüssigkeit erforderlich.

Von den Herstellern ölhydraulischer Anlagen werden bei der Verwendung von Mineralöl und bei normalen Betriebsbedingungen (Dauertemperatur unterhalb *70°C*) bei nicht überwachten Ölfüllungen Wechselintervalle zwischen 1000 und 5000 Betriebsstunden empfohlen.

Bei großen Anlagen sollte die Druckflüssigkeit regelmäßig überprüft werden und der Wechsel nach deren Zustand erfolgen. Dadurch lassen sich die Wechselintervalle oft erheblich verlängern.

4 Filter, Flüssigkeitsbehälter, Wärmeanfall und Kühlung

4.1 Filter

Filter dienen zur Beseitigung unlöslicher, fester Fremdstoffe (Montageschmutz, Verschleiß im Betrieb und Schmutzeinzug aus der Umgebung durch Zylinderantriebe) aus der Druckflüssigkeit. Diese Fremdstoffe schaden der Anlage zweifach:

a) Metallischer Abrieb und Faserteilchen können die Funktion eines Hydraulikbauelementes schlagartig stören (Klemmen), wenn sie größer sind als die kleinste vorkommende Spalthöhe.

b) Metallischer Abrieb wirkt im Hydrostrom wie Schmirgel. Er führt deshalb in Hydrobauelementen besonders an engen Spalten und scharfen Umlenkungen zu schnellem Verschleiß.

Zur Beurteilung der Filterfeinheit mißt man mit dem Multipass-Test (ISO 4572) das Filtrationsverhältnis β_x.

Für den β-Wert für eine bestimmte Partikelgröße x gilt:

$$\beta_x = \frac{Partikelzahl \geq x\,(\mu m)\ vor\ dem\ Filter}{Partikelzahl \geq x\,(\mu m)\ nach\ dem\ Filter}$$

$E = 100 \cdot (\beta_x - 1)/\beta_x$ [%] ist dann die prozentuale Rückhalterate. Da sich oberhalb von $\beta_x = 75$, dies bedeutet $E = 98{,}7$ %, keine wesentliche Verbesserung der Filtereffizienz ergibt, wird meist mit $\beta_x \geq 75$ die absolute Filterfeinheit festgelegt. (z. B. wird die absolute Filterfeinheit $x = 10\ \mu m$ absolut mit einem Filter, der $\beta_{10} \geq 75$ hat, erreicht)

Hersteller empfehlen folgende absolute Filterfeinheit:

Allgemeine Hydraulikanlagen	*10 - 20 μm*
Anlagen mit erhöhter Funktionssicherheit	*5 - 10 μm*
Servoanlagen (Servoventile)	*1 - 3 μm*

Der Druckabfall in einem Filter läßt sich wieder mit Gl. (25) berechnen. Da der Durchflußwiderstand sehr stark vom Verschmutzungsgrad abhängt, sind Zahlenangaben für die Widerstandsziffer ζ_{Fi} sehr unsicher. Die Abhängigkeit des Druckabfalls von der Verschmutzung wird für die Verschmutzungsanzeige ausgenützt, indem wie in Bild 38 gezeigt, ein By-Pass-Ventil (Kurzschlußventil) dem Filter parallel geschaltet wird. Dieses Ventil öffnet bei einem durch die Federvorspannung einstellbaren Druckabfall und löst dabei eine optische oder akustische Anzeige aus. Das By-Pass-Ventil schützt das Filterelement auch vor Beschädigungen durch zu hohe Druckbelastung.

4.1.1 Filteranordnung

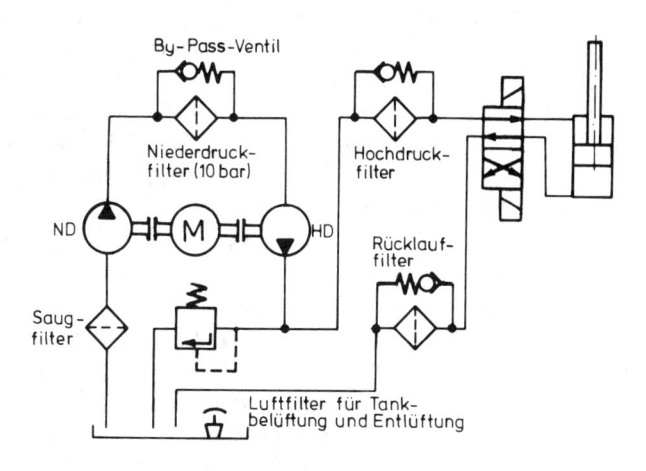

Bild 38 Anordnung von Filtern in einem Hydrokreislauf

Je nachdem, ob der ganze oder nur ein Teil des Hydrostromes gefiltert wird, spricht man von Hauptstrom- oder Nebenstromfiltern. Bei Großanlagen findet man auch einen getrennten Filterkreislauf, in den dann auch die eventuell notwendigen Kühler eingebaut werden.

Bild 38 zeigt für Hauptstromfilter die Anordnungsmöglichkeiten, deren Vor- und Nachteile nun betrachtet werden.

a) <u>Saugfilter:</u> Die Pumpe wird vor Fremdkörpern geschützt. Der Druckabfall und damit die Filterfeinheit sind jedoch begrenzt, da sonst Kavitationsgefahr für die Pumpe besteht. Deshalb werden meist nur grobe Drahtsiebkörbe (Maschenweite *60 - 100 µm*) verwendet.

b) <u>Niederdruckfilter:</u> Die teure Hochdruckpumpe (HD) wird vor Schmutzteilchen geschützt. Dabei ist große Filterfeinheit (< *10 µm*) möglich. Die Anwendung erfolgt vorwiegend bei geschlossenen Kreisläufen (siehe 13.1), da bei offenen Kreisläufen eine zusätzliche Niederdruckpumpe (ND) erforderlich ist.

c) Hochdruckfilter: Empfindliche Bauelemente werden vor den Abriebteilchen der Pumpe geschützt. Das Filtergehäuse muß den Maximaldruck der Anlage aushalten. Hochdruckfilter werden bei Servosteuerungen und Regelungen benützt, jedoch selten in Hydraulikanlagen des allgemeinen Maschinenbaus.

d) Rücklauffilter: Die Druckflüssigkeit kommt sauber in den Tank zurück. Schmutzteilchen werden aber erst am Ende des Kreislaufes ausgefiltert und können deshalb auf ihrem Weg durch die Anlage Schäden verursachen. Es ist ein größerer Druckabfall als bei den Saugfiltern möglich. Die Druckbelastung des Gehäuses ist jedoch gering, da sie nur aus den Strömungsverlusten des zurückfließenden Hydrostromes resultiert.

Nebenstromfilter können ebenfalls entsprechen Bild 38 angeordnet werden. Sie haben den Nachteil, daß bei einem Durchlauf nur ein Teil des Hydrostromes gefiltert wird und damit Schmutzteilchen mehrmals durch die Anlage laufen können, ehe sie ausgefiltert werden. Ihr Vorteil ist, daß sie kleiner bauen und deshalb billiger sind als Hauptstromfilter.

Da eine Belüftung des Flüssigkeitsbehälters erforderlich ist, um bei Flüssigkeitsstandschwankungen den atmosphärischen Druck aufrecht zu erhalten, dabei aber kein Schmutz eindringen darf, ist ein Luftfilter im Tank (Bild 38) erforderlich.

4.1.2 Bauarten von Filterelementen

Bei den Filterelementen unterscheidet man Oberflächenfilter, Tiefenfilter und Magnetfilter. Selbstverständlich sind auch Kombinationen möglich.

4.1.2.1 Oberflächenfilter

Bei ihnen sind alle etwa gleich großen Poren auf einer Oberfläche verteilt. Die Vorteile sind genaue, absolute Filterung, kleine Baugröße, leichte Reinigung und kein Ablösen oder Herausschwemmen von Filterwerkstoffteilchen. Dagegen haben sie die Nachteile eines niedrigeren Schmutzaufnahmevermögens, d. h. , daß sie schneller verstopfen sowie höherer Kosten als Tiefenfilter. Zu den Oberflächenfiltern gehören die Maschen- oder Siebfilter und die Spaltfilter (Tabelle 4).

4.1.2.2 Tiefenfilter

Faserstoffilter bestehen aus faserigen Materialien (Zellstoff-, Kunststoff-, Glas-, Metallfasern), die regellos zu einem Vlies (Matte) gepreßt werden. Das Vlies wird durch einen Stützkörper gehalten sowie durch Draht- und Abstützgewebe verstärkt. Sinterfilter werden aus Metallkügelchen gesintert, deren Durchmesser die Porengröße bestimmen. Sie werden nur für kleine Durchflüsse hergestellt. Tiefenfilter haben großes Schmutzaufnahmevermögen, niedriges Druckgefälle, geringe Kosten und die Fähigkeit, längliche Verschmutzungen (Fasern) zurückzuhalten. Ihre Nachteile sind großes Bauvolumen, schlechte Reinigungsmöglichkeiten und die Neigung von Filterwerkstoffteilchen sich abzulösen.

Filterart	Filtermittel	Filterfeinheit	Bemerkung
Spaltfilter	Stahllamellen	*25 - 500 µm*	Reinigungskamm
Siebfilter	Drahtgewebe	*30 - 100 µm*	Rohr-, Stern-, Kreisringform
Sinterfilter	Sintermetall	*1 - 65 µm*	druckfest
Faserstoffilter	Faserige Materialien	*1 - 40 µm*	Stützkörper notwendig

Tabelle 4 Filterarten

4.1.2.3 Magnetfilter

Sein starker Permanentmagnet zieht ferritische Teilchen an. Die Druckflüssigkeit muß nahe und mit kleiner Geschwindigkeit am Magneten vorbeifließen. Magnetfilter werden ausschließlich in Kombination mit anderen Filterarten verwendet.

4.2 Flüssigkeitsbehälter

Der Flüssigkeitsbehälter, im Folgenden kurz Ölbehälter genannt, dient in erster Linie als Vorratstank für das Öl. Er hat aber auch die Aufgabe, dafür zu sorgen, daß sich mitgeführte Schmutzteilchen absetzen und daß sich das Öl im Behälter abkühlt. Deshalb wird in den Ölbehälter eine Trennwand eingebaut, die ihn in einen Ansaug- und einen Rücklaufraum unterteilt. Dadurch wird verhindert, daß heißes Rücklauföl sofort wieder angesaugt wird. Das Öl hat Zeit, Schmutz abzusetzen und sich abzukühlen. Der Ölbehälter muß natürlich Reinigungsöffnungen, Einfüll- und Entleerungsmöglichkeiten, einen Luftfilter und eine Ölstandsanzeige besitzen. Sämtliche Leitungen - außer Lecköllleitungen - müssen unter dem niedrigsten Ölstand einmünden.

Um die maximale Betriebstemperatur von üblicherweise *50 - 80°C* nicht zu überschreiten, wäre oft ein unwirtschaftlich großer Ölbehälter erforderlich, wenn die ganze anfallende Wärme über ihn abgegeben werden sollte. In diesen Fällen ist es dann wirtschaftlicher, einen kleineren Ölbehälter vorzusehen und einen zusätzlichen Kühler in die Anlage einzubauen.

4.3 Wärmeanfall und Kühlung

4.3.1 Verluste in einem Hydraulik-System

Alle Geräte zur Umformung, Übertragung und Steuerung der Leistung arbeiten mit Verlusten. Bild 39 zeigt schematisch den Leistungsfluß und die entstehenden Verluste. Die gesamte Verlustleistung P_V wird in Wärme umgesetzt.

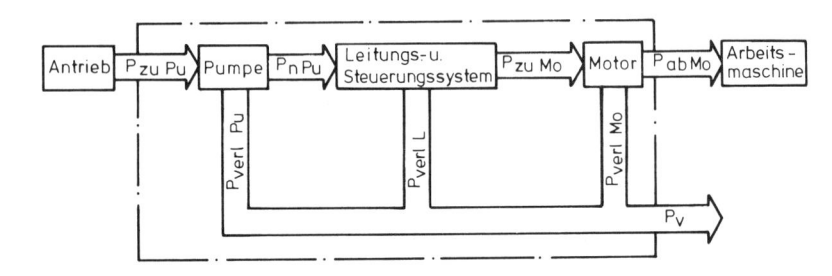

Bild 39 Verluste in einem Hydraulik-System

Die Verlustleistung wird nach Bild 39

$$P_V = P_{zu\,Pu} - P_{ab\,Mo} \tag{87}$$

Mit dem Gesamtwirkungsgrad der Anlage

$$\eta_{tA} = \frac{P_{abMo}}{P_{zuPu}} \qquad (88)$$

wird dann $\quad P_V = P_{zuPu}\left(1 - \eta_{tA}\right) = P_{abMo}\left(\dfrac{1}{\eta_{tA}} - 1\right) \qquad (89)$

Der Gesamtwirkungsgrad der Anlage ergibt sich aus den Einzelwirkungsgraden der Pumpe η_{tPu}, des Motors η_{tMo} und des Leitungs- und Steuerungssystems η_L (Gl. 34) zu

$$\eta_{tA} = \eta_{tPu}\, \eta_L\, \eta_{tMo} \qquad (90)$$

Damit wird der anfallende Wärmestrom

$$\Phi = P_V \qquad (91)$$

Die in der Zeit Δt anfallende Wärmemenge wird

$$Q_W = \Phi\, \Delta t \qquad (92)$$

4.3.2 Erwärmungsvorgang einer ölhydraulischen Anlage

Die gesamte anfallende Wärmemenge wird zuerst teilweise in der Anlage gespeichert und teilweise an die Umgebung abgeführt. Mit zunehmender Erwärmung der Anlage wird der an die Umgebung abgegebene Teil anwachsen, bis schließlich nach Erreichen der maximalen Endtemperatur $\vartheta_{e\,max}$ der ganze Wärmestrom an die Umgebung abgegeben wird. Bild 40 zeigt den Erwärmungsvorgang und die anschließende Abkühlung nach Abschalten der Anlage von der Endtemperatur $\vartheta_{e\,max}$ aus. Mit gestrichelter Linie ist die Abkühlungskurve gezeichnet, die sich ergibt, wenn bei der Temperatur ϑ_e vor Erreichen der maximalen Endtemperatur $\vartheta_{e\,max}$ abgeschaltet wird.

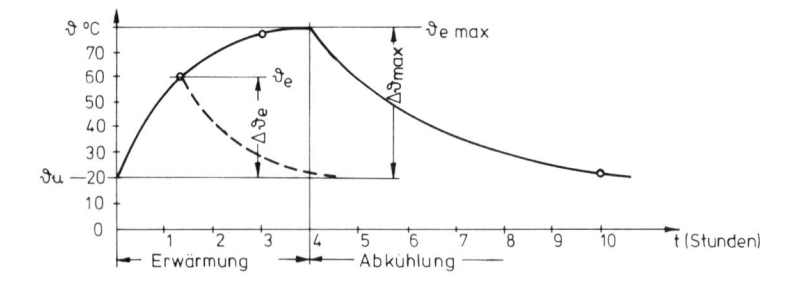

Bild 40 Erwärmungs- und Abkühlungsverlauf einer Hydro-Anlage

Für die Wärmemenge (Wärmespeichervermögen der Anlage), die die Temperaturerhöhung $\Delta\vartheta$ der Öl- und Materialmassen bewirkt, gilt

$$Q_{w1} = \sum (m\,c)\,\Delta\vartheta \qquad (93)$$

Für die über die Anlagenoberflächen A in der Zeit Δt abgegebene Wärmemenge (Wärmeabgabevermögen der Anlage) gilt mit den Wärmedurchgangszahlen k, der Momentantemperatur ϑ und der Umgebungstemperatur ϑ_u

$$Q_{w2} = \sum k\,A\,(\vartheta - \vartheta_u)\,\Delta t \qquad (94)$$

Damit ergibt sich für ein Zeitintervall dt, in dem die Temperaturerhöhung $d\vartheta$ beträgt, folgende Wärmebilanz

$$\Phi\,dt = \sum (m\,c)\,d\vartheta + \sum k\,A\,(\vartheta - \vartheta_u)\,dt \qquad (95)$$

Gl. (95) ist die Differentialgleichung der über der Zeit t veränderlichen Temperatur ϑ ausgehend von der Umgebungstemperatur ϑ_u. Für die Erwärmungsperiode lautet die Lösung der Gl. (95)

$$\Delta\vartheta = \vartheta - \vartheta_u = \frac{\Phi}{\sum (k\,A)}\left(1 - e^{\frac{-\sum (k\,A)\,t}{\sum (m\,c)}}\right) \qquad (96)$$

Die maximale Temperaturerhöhung folgt aus Gl. (96) für $t = \infty$, oder direkt aus Gl. (95) mit $\Sigma(m\ c)\ d\vartheta = 0$, da die ganze Wärme an die Umgebung abgegeben wird. Da außerdem nach Gl. (91) $\Phi = P_V$ ist, gilt

$$\Delta\vartheta_{max} = \vartheta_{e\,max} - \vartheta_u = \frac{\Phi}{\Sigma(k\ A)} = \frac{P_V}{\Sigma(k\ A)} \qquad (97)$$

Damit wird die maximale Endtemperatur (Beharrungstemperatur)

$$\vartheta_{e\,max} = \vartheta_u + \frac{P_V}{\Sigma(k\ A)} \qquad (98)$$

Da das Wärmespeichervermögen der Anlagenbauteile gegenüber dem der Druckflüssigkeit (Öl) relativ klein ist, wird bei praktischen Berechnungen in Gleichung (96) nur mit der Masse der Druckflüssigkeit gerechnet. Dies führt rechnerisch zu einem etwas schnellerem Ansteigen der Temperatur als es in Wirklichkeit der Fall ist.

Für den Abkühlungsvorgang wird mit $\Phi = 0$ in Gl. (95), da die Anlage abgeschaltet ist, und der Temperaturerhöhung $\Delta\vartheta_e$ zum Abschaltzeitpunkt die verbleibende Temperaturerhöhung

$$\Delta\vartheta = \vartheta - \vartheta_u = \Delta\vartheta_e\ e^{\frac{-\Sigma(k\ A)\ t}{\Sigma(m\ c)}} \qquad (99)$$

4.3.3 Wärmeabgabe über den Ölbehälter und zusätzliche Kühlung

Für eine überschlägige Berechnung der Wärmeabgabe werden nur die benetzten Seitenflächen des Behälters berücksichtigt, um auf der sicheren Seite zu liegen. Die Wärmeabgabe der Rohre und Bauelemente der Anlage ist sehr schwer zu erfassen, da sie von der Rohrverlegung und dem Einbauort der Elemente abhängt.

Für die Wärmedurchgangszahl gelten bei Ölbehältern etwa die Werte der Tabelle 5 [6].

Führt die alleinige Wärmeabgabe über den Ölbehälter und die Leitungen zu einer zu hohen Betriebstemperatur (in stationären Anlagen sollte *50°C* nicht überschritten werden), so ist in der Anlage ein zusätzlicher Öl-Wasser- oder Öl-

Luftkühler erforderlich. Diese können nach den Kühlleistungsdiagrammen der Hersteller ausgewählt werden.

Behälter in nicht bewegter Luft	$k \approx 11 - 15\ W/m^2K$
Behälter in Luft mit $v \approx 2\ m/s$	$k \approx 23\ W/m^2K$
Behälter in Luft mit $v > 5\ m/s$	$k \approx 7{,}5 \cdot v^{0{,}75}\ W/m^2K$

Tabelle 5 Wärmedurchgangszahlen bei Ölbehältern

Beispiel 26: Eine Hydraulikanlage mit einer Leistungsaufnahme von *12 kW* hat einen Gesamtwirkungsgrad von *70 %*. Die benetzte Behälteroberfläche beträgt *2,5 m²*. Der Behälter befindet sich neben der angetriebenen Maschine in einem geschlossenen Raum mit *20°C* Lufttemperatur. Die maximale Betriebstemperatur ist mit $\vartheta_{e\,max} = 45°C$ vorgeschrieben.
a) Welche Endtemperatur tritt ohne zusätzliche Kühlung auf?
b) Welche Kühlleistung muß der Ölkühler haben?

Lösung: a) Verlustleistung $P_V = 12 \cdot (1 - 0{,}7) = 3{,}6\ kW = 3600\ W$

Wärmedurchgangszahl nach Tabelle 5: $k = 15\ W/m^2K$

$$\text{Temperaturerhöhung}\ \Delta\vartheta_{max} = \frac{3600\ W}{\left(15\ \frac{W}{m^2K} \cdot 2{,}5\ m^2\right)} = 96°\ C$$

Dies bedeutet eine Endtemperatur von *116°C*!

b) Der vom Behälter abgegebene Wärmestrom bei

$\Delta\vartheta = \vartheta_{e\,max} - \vartheta_u = (45 - 20)°C = 25°C$ ist

$\Phi = k\ A\ \Delta\vartheta = 15 \cdot 2{,}5 \cdot 25 = 938\ W = 0{,}938\ kW$

Damit muß der Ölkühler eine Kühlleistung von
$P_K = P_V - \Phi = 3{,}6 - 0{,}938 = 2{,}662\ kW$ haben.

4.3.4 Vorwärmer (Heizer)

Im Abschnitt 3.1.3 wurde gesagt, daß eine Hydraulikanlage wegen der Ölviskosität nur in einem bestimmten Temperaturbereich betrieben werden kann. Liegt nun die Öltemperatur unter der tiefsten zulässigen Anlauftemperatur, so muß vorgewärmt werden, um die Betriebsbereitschaft herzustellen. Auch wenn die Verlustwärme nicht ausreicht, um in angemessener Zeit die Betriebstemperatur zu erreichen, und ein Aufheizen des Öls über eine zuschaltbare Drossel oder Blende nicht möglich ist, werden Vorwärmer erforderlich. Die Vorwärmung kann mit Heißluft, Dampf, Warmwasser oder elektrisch erfolgen.

Um die vorhandenen Massen m (Öl, Rohre, Bauelemente) mit den spezifischen Wärmen c um die Temperaturdifferenz $\Delta\vartheta$ in der Zeit t zu erwärmen, wird die benötigte Heizleistung

$$P = \frac{\sum (m\,c)\,\Delta\vartheta}{t} \tag{100}$$

Gl. (100) vernachlässigt die Wärmemenge, die während des Vorwärmvorganges von der Anlage an ihre Umgebung abgegeben wird.

5 Hydropumpen

Hydrostatische Pumpen, in DIN-ISO 1219 Hydropumpen genannt, wandeln die bereitgestellte machanische Energie in hydraulische Energie um. Wegen den in der Ölhydraulik üblichen hohen Betriebsdrücken (meist über *50 bar*), und kleinen Förderströmen (meist unter *5 l/s*) eignen sich die sonst so erfolgreichen hydrodynamischen Pumpen (Kreiselpumpen) nicht, sondern es werden Pumpen benutzt, die nach dem Verdrängerprinzip arbeiten. Die wichtigsten Begriffe und Symbole wurden bereits in 1.4.1.1 erläutert. Die Verdrängerpumpen - auch volumetrische Pumpen genannt - arbeiten wie folgt: Ein Verdrängerraum, z.B. in einem Zylinder mit bewegtem Kolben, ist während er sich vergrößert, mit der Ansaugleitung verbunden und füllt sich auf. Wenn er sich wieder verkleinert wird er auf die Ausstoßleitung umgeschaltet und verdrängt dann die Flüssigkeit. Die notwendigen Umschaltungen werden je nach Bauart durch federbelastete Ventile (Rückschlagventile) oder häufiger durch Schlitze oder Kanäle in bewegten Wänden gesteuert. In Tabelle 6 sind die wichtigsten Pumpenbauarten, nach der Ausbildung der für die Flüssigkeitsverdrängung maßgebenden Elemente, zusammengestellt. Außerdem ist angegeben, welche Pumpenkonstruktionen eine Veränderung des Förderstroms bei konstanter Antriebsdrehzahl erlauben (Q_{var}) und welche nicht (Q_{konst}).

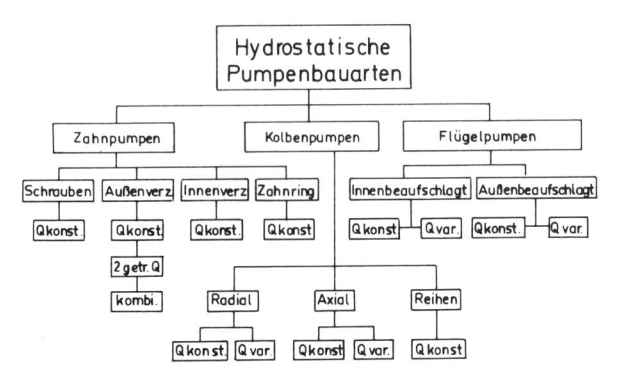

Tabelle 6 Bauarten von hydrostatischen Pumpen

5.1 Berechnungsgrundlagen

5.1.1 Förderdruck und Leistung

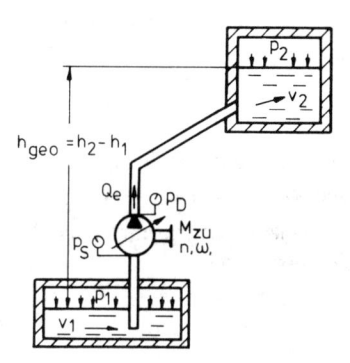

Bild 41 Berechnung der Förderhöhe und des Förderdruckes

Bild 41 zeigt die prinzipielle Anordnung einer hydrostatischen Pumpe. Sie fördert Flüssigkeit aus dem Behälter mit dem Druck p_1 und der Zulaufgeschwindigkeit v_1 in den um die Höhe h_{geo} höher liegenden Arbeitsraum, in dem die Flüssigkeit gegen den Arbeitsdruck p_2 mit der Arbeitsgeschwindigkeit v_2 abfließt. Mit dem Druckverlust $\Delta p_{V1\text{-}2}$, der bei der Strömung der Flüssigkeit vom Behälter 1 in den Arbeitsraum 2 entsteht, gilt für den Förderdruck p der Pumpe nach Gl. (12)

$$p = \rho g h_{geo} + (p_2 - p_1) + \frac{\rho}{2}\left(v_2^2 - v_1^2\right) + \Delta p_{V1\text{-}2} \qquad (101)$$

da die Pumpe die Flüssigkeit vom Energieniveau des Behälters 1 auf das Energieniveau des Arbeitsraumes 2 bringen und außerdem die Strömungsverluste ersetzen muß.

Wie bereits in Beispiel 4 gezeigt wurde, sind die Glieder $\rho g h_{geo}$ und $\left(v_2^2 - v_1^2\right)\rho/2$ meist vernachlässigbar klein. Damit gilt für den Förderdruck

$$p \approx p_2 - p_1 + \Delta p_{V1\text{-}2} \qquad (102)$$

Mit Gl. (102) wird der erforderliche Förderdruck einer Pumpe aus den Daten der Anlage berechnet. Da stets Überdrücke angegeben werden, ist für Pumpen, die aus einem entlüfteten Flüssigkeitsbehälter ansaugen $p_1 = 0$.

Für eine in Betrieb befindliche Pumpe wird der Förderdruck durch Messen des erzeugten Druckes am Druckstutzen p_D und des Zulaufdruckes am Saugstutzen p_S ermittelt.

$$p = p_D - p_S = p_2 - p_1 + \Delta p_{V1-2} \qquad (103)$$

Die Gültigkeit von Gl. (103) sieht man aus $p_D = p_2 + \Delta p_{VD-2}, p_S = p_1 - \Delta p_{V1-S}$ und $\Delta p_{V1-2} = \Delta p_{V1-S} + \Delta p_{VD-2}$.

Die Nutzleistung oder hydraulische Leistung der Pumpe wird mit dem effektiven Förderstrom Q_e

$$P_n = Q_e\, p \qquad (104)$$

Die Antriebsleistung, die der Pumpe zugeführt wird, wird

$$P_{zu} = M_{zu}\, \omega = \frac{P_n}{\eta_t} = p\frac{Q_e}{\eta_t} \qquad (105)$$

In Gl. (105) bedeuten M_{zu} das Antriebsdrehmoment, ω die Antriebswinkelgeschwindigkeit und η_t der Gesamtwirkungsgrad der Pumpe.

Beispiel 27: Eine Hydropumpe mit $Q_e = 7,5\ l/min$ und $\eta_t = 0,8$ wird von einem Elektromotor mit $3\ kW$ Wellendauerleistung angetrieben. Welchen Förderdruck kann die Pumpe im Dauerbetrieb erzeugen?

Lösung: $\quad p = p_D - p_S = \dfrac{P_{zu}\,\eta_t}{Q_e} = \dfrac{30000 \cdot 0,8 \cdot 60\, daNcm \cdot s}{7,5 \cdot 1000\, s \cdot cm^3} = 192\, bar$

5.1.2 Grundgleichungen ohne Verluste

Für die verlustlose Pumpe sollen nun die Beziehungen zwischen Flüssigkeitsstrom und Betriebsdruck einerseits und Drehzahl und Drehmoment andererseits ermittelt werden. Dabei wird die Druckflüssigkeit als inkompressibel betrachtet. Die grundlegende Größe einer hydrostatischen Pumpe ist ihr Fördervolumen (Verdrängungsvolumen) V_{th}. Das ist das pro Umdrehung der Welle drucklos geförderte Flüssigkeitsvolumen. Es kann meßtechnisch bestimmt werden. Meistens genügt es, wenn man es gleich dem aus den Verdrängerräumen ermittelbaren geometrischen Verdrängungsvolumen V_g setzt. Bei genauerer Betrachtung muß man beachten, daß V_{th} wegen der Viskosität der Flüssigkeit (siehe 2.6.1) um ein Mitschleppvolumen V_m geringfügig von V_g abweichen kann.

Bei Pumpen mit einstellbarem Fördervolumen (Verstellpumpen) gilt mit der Volumeneinstellung α für das Fördervolumen pro Umdrehung

$$V_{th} = \alpha V_{tho} \tag{106}$$

Dabei ist $V_{tho} \approx V_{gmax}$ das größtmögliche Fördervolumen, das mit $\alpha = 1$ entsteht. Die Volumeneinstellung α hat bei einer Fördereinrichtung der Pumpe Werte von 0 bis 1. Bei Pumpen, die ohne Drehrichtungsänderung die Förderrichtung ändern können, gilt $-1 \leq \alpha \leq +1$. Die Volumeneinstellung α kann einer Exzentrizität oder einem Schwenkwinkel entsprechen.

Mit Gl. (106) und der Antriebsdrehzahl n wird der theoretische Förderstrom (Volumenstrom)

$$Q_{th} = n V_{th} = n \alpha V_{tho} \tag{107}$$

Da bei verlustlosem Betrieb die mechanische und hydraulische Leistung gleich sind, gilt

$$P_{th} = Q_{th} p = \omega M_{th} = 2 \pi n M_{th} \tag{108}$$

Aus Gl. (108) folgt das theoretische Antriebsmoment

$$M_{th} = \frac{p Q_{th}}{2 \pi n} = \frac{p V_{th}}{2 \pi} = \frac{p \alpha V_{tho}}{2 \pi} \tag{109}$$

Die Gl. (106) bis (109) gelten auch für Hydromotoren (siehe 1.4.1.2), wobei V_{th} dann das Schluckvolumen ist. Dabei ist besonders bemerkenswert, daß das theoretische abgegebene Moment drehzahlunabhängig ist und somit schon im Stillstand zur Verfügung steht.

5.1.3 Wirkungsgrade und Grundgleichungen mit Verlusten

Die in 5.1.2 ermittelten Zusammenhänge stellen theoretische Beziehungen dar, da die immer vorhandenen Verluste vernachlässigt wurden. Die bei inkompres-

sibler Flüssigkeit an der Pumpe auftretenden Verluste lassen sich in zwei Gruppen einteilen:
1. Die Leckverluste infolge unerwünschter Flüssigkeitsströme durch Spalte (2.6) z.B. zwischen Kolben und Zylinderbohrung.
2. Die Drehmomentenverluste infolge der Reibung an den Gleitflächen (2.6.1) und infolge des Druckabfalls innerhalb der verschiedenen Kanäle (2.3).

a) Leckstrom Q_L und volumetrischer Wirkungsgrad η_{vol}

Mit der Spaltformel Gl. (70) berechnet man für die Dichtspalte in der Pumpe einen zum Betriebsdruck proportionalen Leckstrom. Daß der Leckstrom in Wirklichkeit rascher ansteigt liegt daran, daß die Spalte sich mit steigendem Druck aufweiten und daran, daß bei großem Druckgefälle die mittlere Temperatur in den Spalten steigt und damit die mittlere Viskosität der Flüssigkeit im Spalt abfällt. Beide Einflüsse erhöhen den Leckstrom. Die Drehzahl hat dagegen auf den Leckstrom wenig Einfluß.

Der effektive Pumpenförderstrom Q_e wird bei inkompressibler Flüssigkeit

$$Q_e = Q_{th} - Q_L \tag{110}$$

Damit wird der volumetrische Wirkungsgrad

$$\eta_{vol} = \frac{Q_e}{Q_{th}} = \frac{Q_{th} - Q_L}{Q_{th}} = 1 - \frac{Q_L}{Q_{th}} \tag{111}$$

Die Definition des volumetrischen Wirkungsgrades nach Gl. (111) wird auf Vorschlag der CETOP (Comité Européen des Transmissions Oléohydrauliques et Pneumatiques) auch für kompressible Flüssigkeiten benutzt, da die Kompressibilitätseffekte der Flüssigkeit (5.1.5) nicht der Pumpe angelastet werden sollen.

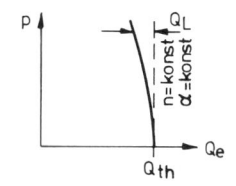

Bild 42 Pumpenkennlinie

Bild 42 zeigt die Pumpenkennlinie, d.h. die Abhängigkeit des effektiven Förderstromes vom Druck bei konstanter Antriebsdrehzahl und konstanter Volumeneinstellung der Pumpe.

b) Verlustmoment M_V und mechanisch-hydraulischer Wirkungsgrad η_{mh}
Das auftretende Verlustmoment kann folgende Ursachen haben:
1. Die trockene Reibung an Gleitflächen.
2. Die flüssige Reibung zwischen Gleitflächen (Scherkräfte im Ölfilm).
3. Die hydrodynamischen Verluste durch den Druckverlust des Flüssikeitsstromes in den Kanälen der Pumpe (Strömungsverluste).
4. Ein konstantes Verlustmoment durch Reibung ohne Last (Dichtung).

Das gesamte Verlustmoment muß an der Antriebswelle zusätzlich aufgebracht werden. Somit wird das Antriebsdrehmoment

$$M_{zu} = M_{th} + M_V \tag{112}$$

Und damit wird der mech.-hydr. Wirkungsgrad

$$\eta_{mh} = \frac{M_{th}}{M_{zu}} = \frac{M_{th}}{M_{th} + M_V} \tag{113}$$

c) Gesamtwirkungsgrad η_t
Für den Gesamtwirkungsgrad erhält man

$$\eta_t = \frac{P_n}{P_{zu}} = \frac{Q_e\, p}{M_{zu}\, \omega} = \frac{Q_{th}\, \eta_{vol}\, p\, \eta_{mh}}{M_{th}\, 2\pi n} = \frac{n V_{th}\, p\, \eta_{vol}\, \eta_{mh}}{\dfrac{p V_{th}}{2\pi}\, 2\pi n}$$

$$\eta_t = \eta_{vol}\, \eta_{mh} \tag{114}$$

also das Produkt der Einzelwirkungsgrade (siehe Bild 65).

d) Grundgleichungen mit Verlusten
Aus den Wirkungsgraddefinitionen ergeben sich folgende Grundgleichungen

$$Q_e = Q_{th}\, \eta_{vol} = n\, \alpha\, V_{tho}\, \eta_{vol} = n V_{th}\, \eta_{vol} \tag{115}$$

$$M_{zu} = \frac{M_{th}}{\eta_{mh}} = \frac{p\, \alpha\, V_{tho}}{2\pi\, \eta_{mh}} = \frac{p V_{th}}{2\pi\, \eta_{mh}} \tag{116}$$

$$P_{zu} = M_{zu}\,\omega = M_{zu}\,2\pi n = \frac{p\,V_{th}\,n}{\eta_{mh}} = \frac{Q_{th}\,p}{\eta_{mh}} = \frac{Q_e\,p}{\eta_t} \qquad (117)$$

$$P_n = p\,Q_e = P_{zu}\,\eta_t \qquad (118)$$

5.1.4 Saugverhalten

Der Förderstrom Q_e nach Gl. (115) wird nur bei guter Füllung erreicht, d.h. beim Ansaugen muß der Verdrängerraum vollständig mit Flüssigkeit gefüllt werden. Dazu ist am Sauganschluß der Pumpe ein bestimmter Druck p_S erforderlich. Der erforderliche Druck p_S hängt von der Pumpenkonstruktion, der Zähigkeit der Flüssigkeit und der Antriebsdrehzahl ab. Es gibt Pumpen, die besonders bei hoher Drehzahl einen Überdruck am Sauganschluß erfordern. Ihnen muß die Flüssigkeit unter Druck. z.B. durch eine Hilfspumpe oder einen höher liegenden Ölbehälter zugeführt werden. Pumpen, die einen Unterdruck vertragen, werden als selbstansaugende Pumpen bezeichnet. Bild 43 zeigt die Anordnung einer selbstansaugenden Konstantpumpe. Nach Gl. (12) wird somit der absolute Druck p_{aS} am Sauganschluß

$$p_{aS} = p_L - \rho\,g\,h_{gS} - \Delta p_{VS} - \frac{\rho}{2}\mathrm{v}_S^2 \qquad (119)$$

und der Unterdruck am Sauganschluß

$$p_S = \rho\,g\,h_{gS} + \Delta p_{VS} + \frac{\rho}{2}\mathrm{v}_S^2 \qquad (120)$$

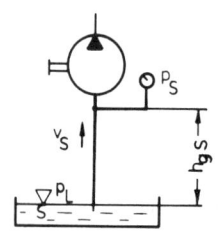

Bild 43 Selbstansaugende Pumpe

In Gl. (120) bedeuten: h_{gS} die Saughöhe der Pumpe, Δp_{VS} die Druckverluste und v_S die Strömungsgeschwindigkeit in der Saugleitung. Liegt die Pumpe unter dem Flüssigkeitsspiegel, so muß die Höhe h_{gS}, die jetzt eine Zulaufhöhe ist, mit negativem Vorzeichen eingesetzt werden. Bei Verstellpumpen ist bei Vergrößerung der Volumeneinstellung auch der in der Saugleitung notwendige Beschleunigungsdruck (2.2.3) zu beachten. Bei den in Abschnitt 5.2 besprochenen Pumpen gibt es bei allen Bauarten selbstansaugende Konstruktionen. Kolbenpumpen erfordern jedoch bei höheren Drehzahlen oft einen Zulaufdruck.

5.1.5 Einfluß der Kompressibilität auf den effektiven Förderstrom

Die Definition des volumetrischen Wirkungsgrades nach Gl. (111) berücksichtigt nur die Leckverluste der Pumpe, da nach CETOP nur diese der Pumpe angelastet werden sollen. Gl. (115) gibt also den effektiven Förderstrom, der sich bei einer inkompressiblen Flüssigkeit ergeben würde.

Bei einer kompressiblen Flüssigkeit hängt aber, da nach Gl. (35) die Flüssigkeit bei Druckanstieg ihr Volumen verringert, der volumenmäßige Förderstrom bei gegebenem Massendurchsatz ein wenig vom Druck ab. Da der bei Hochdruck vorhandene Volumenstrom für die Geschwindigkeit von belasteten Arbeitszylindern oder Hydromotoren verantwortlich ist, muß die Kompressibilität der Flüssigkeit bei sehr genauer Betrachtung berücksichtigt werden.

Anhand des Arbeitsdiagramms eines Verdrängerraumes (Bild 44) soll nun der Einfluß der Kompressibilität erläutert werden. Bild 44 zeigt ein Arbeitsspiel mit idealer Steuerung, d.h. mit einer Steuerung, die die Verbindung mit Ansaug- und Ausstoßkanal immer im richtigen Moment herstellt

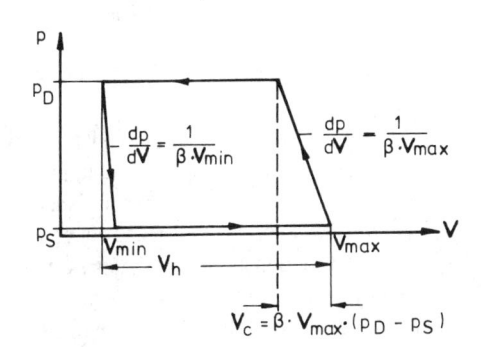

Bild 44 Arbeitsdiagramm eines Verdrängerraumes

Für die weitere Erläuterung soll eine Kolbenpumpe dienen. Der Ansaugvorgang erfolgt beim Druck p_S (Niederdruck) bis das Volumen V_{max} vollständig gefüllt ist. Dabei bewegt sich der Kolben nach rechts bis zu seinem äußeren Totpunkt. Jetzt wird die Verbindung zum Ansaugkanal unterbrochen und der Kolben bewegt sich nach links und komprimiert die Flüssigkeit im Arbeitsraum des Zylinders. Der Druck steigt in Abhängigkeit von der Kompressibilität. Wenn der Betriebsdruck p_D (Hochdruck) im Verdrängerraum erreicht ist, wird die Verbindung mit dem Ausstoßkanal hergestellt und die Flüssigkeit verdrängt. Beim Volumen V_{min} hat der Kolben seinen inneren Totpunkt erreicht, der Ausstoßkanal wird verschlossen, und der Kolben bewegt sich wieder nach rechts. Das verbleibende Volumen V_{min} entspannt sich. Ist der Ansaugdruck erreicht, so wird der Ansaugkanal geöffnet und der Kolben zieht bei seiner weiteren Bewegung Flüssigkeit in den Zylinder bis das Volumen V_{max} wieder gefüllt ist.

Bild 44 zeigt nun, daß unter Druck das effektive Fördervolumen des Verdrängerraumes um das Kompressionsvolumen V_c kleiner ist als das geometrische Fördervolumen V_h des Verdrängerraumes. Man kann auch sagen, daß V_c das Flüssigkeitsvolumen ist, das pro Hub und Verdrängerraum gebraucht wird, um die im Arbeitsraum enthaltene Flüssigkeit vom Niederdruck p_S auf den Hochdruck p_D zu komprimieren. Es gilt nach Bild 44

$$V_c = \beta V_{max}(p_D - p_S) \tag{121}$$

Damit wird bei z Verdrängerräumen und der Drehzahl n der Kompressibilitätsstrom

$$Q_c = nz\beta V_{max}(p_D - p_S) \tag{122}$$

wobei V_{max} das Volumen des Verdrängerraumes und der dazugehörigen Kanäle am Umschaltpunkt bedeutet.

Der Kompressibilitätsstrom Q_c muß also von dem mit Gl. (115) berechneten effektiven Förderstrom abgezogen werden, um den wirklichen unter Hochdruck vorhandenen Volumenstrom zu erhalten. Nach Thoma [9] ist bei guten Axialkolbenpumpen bei voller Volumeneinstellung ($\alpha=1$) $V_{min} = \frac{1}{4} V_h$. Damit ergibt sich, daß bei blasenfreiem Öl der Kompressibilitätsstrom bei *150 bar* ungefähr *1,25 %* des theoretischen Förderstromes beträgt.

Bei Motorbetrieb derselben Einheit wird das Arbeitsdiagramm nach Bild 44 in umgekehrter Richtung durchlaufen. Dabei erfolgt also der Wechsel von Niederdruck auf Hochdruck bei V_{min}, und deshalb beträgt dann der Kompressibilitätsstrom bei *150 bar* nur etwa *0,25%* des theoretischen Motorschluckvolumens. Man muß noch beachten, daß der Kompressibilitätsstrom von der Volumeneinstellung abhängt und zwar so, daß er mit kleiner werdender Volumeneinstellung prozentual größer wird. Es sei hier noch bemerkt, daß der Kompressibilitätsstrom durch Abweichungen von der idealen Steuerung wie sie in Bild 44 vorausgesetzt wird, nicht beeinflußt wird, und daß bei hydrostatischen Pumpen mit zwangsläufiger Steuerung eine ideale Steuerung nur schwer zu erreichen ist, da die Umschaltpunkte sowohl vom Druck, als auch von der Volumeneinstellung abhängen.

5.1.6 Ungleichförmigkeitsgrad

Der nach Gl. (107) bzw. (115) berechnete Förderstrom einer Pumpe stellt das Flüssigkeitsvolumen dar, das in einer vorgegebenen Zeiteinheit gefördert wird. Dabei ist nicht zu erkennen, welche Schwankungen (Pulsation) bei der Förderung auftreten. Betrachtet man einen einzelnen Verdrängerraum während einer Umdrehung der Antriebswelle, so stellt man fest, daß dieser während einem bestimmten, durch die Pumpenbauart festgelegten Winkel Flüssigkeit aufnimmt (Ansaugen) und über einen weiteren Winkel diese Flüssigkeit wieder herausdrückt (Ausstoßen). Dabei hängt die Form des Förderstroms während des Ausstoßens von der geometrischen Formgebung der Verdrängerteile ab. So entsteht z.B. bei Kolbenpumpen eine fast sinusförmige Förderung. Der Förderstrom eines Verdrängerraumes schwankt also zwischen

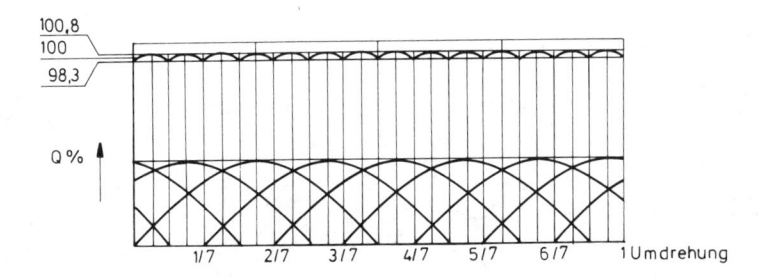

Bild 45 Förderstromschwankung einer Kolbenpumpe mit 7 Kolben

Null und einem Maximalwert. Zur Verringerung der Schwankungen werden mehrere Verdrängerräume gleichmäßig über eine Umdrehung verteilt angeordnet. Die einzelnen Förderstromanteile überlagern sich dann zum Gesamtförderstrom.Bild 45 zeigt diese Überlagerung für eine Kolbenpumpe mit 7 Kolben. Bezeichnet man die Größe des mittleren Förderstromes, der dem theoretischen Förderstrom Q_{th} gleich ist, mit 100 %, so erhält man hier einen Maximalwert von 100,8 % und einen Minimalwert von 98,3 %. Die Förderstromschwankung, die als Ungleichförmigkeitsgrad δ bezeichnet wird, beträgt in diesem Fall also 2,5 %.

Für den Ungleichförmigkeitsgrad in % gilt

$$\delta = \frac{Q_{max} - Q_{min}}{Q_{th}} \cdot 100 \quad [\%] \tag{123}$$

Je kleiner der Ungleichförmigkeitsgrad ist, umso glatter wird der Flüssigkeitsstrom und desto geringer sind die Kraft- und damit Geräuschanregungen, die die Pumpe auf das Hydrosystem ausübt.

Die Größen Q_{th}, Q_{max}, Q_{min} und damit δ können rechnerisch oder graphisch bestimmt werden. Es folgen hier noch einige Angaben über den theoretischen Ungleichförmigkeitsgrad der in 5.2 beschriebenen Pumpen. Tabelle 7 zeigt die Zahlenwerte für Kolbenpumpen. Dabei sieht man, daß ungerade Kolbenzahlen günstiger sind als gerade, da z.B. 3 Kolben denselben Ungleichförmigkeitsgrad wie 6 Kolben ergeben.

Kolbenzahl z	1	2	3	4	5	6	7	8	9	10	11
δ in %	314	157	14	32,5	5	14	2,5	7,8	1,5	5	1

Tabelle 7 Ungleichförmigkeitsgrad bei Kolbenpumpen

Tabelle 8 gibt die ungefähren Werte für Außenzahnradpumpen mit 2 gleichen Rädern an.

Zähnezahl z	7	8	9	10	11	12	13
δ in %	31	27	24	22	20	18	16

Tabelle 8 Ungleichförmigkeitsgrad bei Außenzahnradpumpen

Für Innenzahnradpumpen ergibt sich wegen des günstigeren Zahneingriffes ein Ungleichförmigkeitsgrad von etwa 3 %.

Für Flügelzellenpumpen gibt Tabelle 9 Werte an

Flügelzahl z	6	7	8	9	10	11	12
δ in %	60	23,4	32,5	14,2	20,3	8,3	14

Tabelle 9 Ungleichförmigkeitsgrad bei Flügelzellenpumpen

Bei Drehflügelpumpen und Sperrflügelpumpen ist es möglich, die Geometrie der Hubkurve bzw. des Drehkolbens so zu gestalten, daß praktisch keine Förderstromschwankung auftritt.

Die Schraubenpumpen haben als einzige Bauart einen völlig pulsationsfreien Förderstrom.

Messungen haben gezeigt, daß die wirkliche Förderstromschwankung einer Pumpe deutlich größer als die angegebene theoretische ist. Dies ist als Folge der Kompressibilität der Druckflüssigkeit bei Umsteuervorgängen zu erklären. So wird zum Beispiel, wenn ein Verdrängerraum mit Niederdruck (Saugdruck) mit der Hochdruckseite verbunden wird, das dabei auf die Niederdruckseite zurückströmende Kompressionsvolumen den momentanen Förderstrom verringern.

5.2 Bauarten hydrostatischer Pumpen

In diesem Abschnitt soll die Funktion der wichtigsten industriell hergestellten motorgetriebenen hydrostatischen Pumpen betrachtet werden. Tabelle 10 (5.2.4) enthält Angaben über übliche Drücke, Drehzahlen, günstigste Viskositäten und Gesamtwirkungsgrade. Einige Konstruktionsdarstellungen sollen dem interessierten Leser einen Eindruck von industriell ausgeführten Maschinen vermitteln, ohne daß konstruktive Details erläutert werden.

5.2.1 Zahnpumpen

Zu den Zahnpumpen gehören nach Tabelle 6 Außen- und Innenzahnradpumpen sowie Zahnring- und Schraubenpumpen. Alle diese Pumpen besitzen ein konstantes geometrisches Verdrängungsvolumen.

5.2.1.1 Außenzahnradpumpe

Die Außenzahnradpumpe (Bild 46) stellt vom Aufbau her die einfachste Lösung dar. Das in einer Zahnlücke eingeschlossene Flüssigkeitsvolumen wird durch die Drehung des Rades von der Saugseite S auf die Druckseite D gefördert, an der Eingriffsstelle der Räder verdrängt und in den Druckanschluß gepreßt. Der Druckanstieg von S nach D kann vereinfacht linear angenommen werden. Die Folge dieser Druckverteilung ist eine hohe Wellen- und Lagerbelastung. Das geometrische Verdrängervolumen V_g ist konstant. Bei einer Pumpe mit unkorrigierter gerader Stirnverzahnung ist das Volumen einer Zahnlücke näherungsweise

$$V_0 = \frac{\pi d m b}{z} \tag{124}$$

Damit gilt für Außen- und Innenzahnradpumpen

$$V_g = 2 z V_0 \approx 2 \pi d m b \tag{125}$$

Es bedeuten: d = Teilkreisdurchmesser des angetriebenen Rades, m = Modul
z = Zähnezahl des angetriebenen Rades, b = Zahnbreite

Leckströme entstehen durch das Spiel zwischen Rad und Gehäuse. Bei einfachen Zahnradpumpen (Dreiplattenpumpe) ist dieses Spiel von der Fertigung, der Betriebstemperatur und der Verformung der Pumpenteile abhängig. Das auftretende Lecköl beschränkt den Betriebsdruck auf max. 100 bar.

Um höhere Betriebsdrücke zu ermöglichen, wurden die druckkompensierten Zahnradpumpen (Bild 47) entwickelt. Bei ihnen werden durch entsprechende Druckbeaufschlagung der beweglich angeordneten seitlichen Lagerplatten - auch Lagerbuchsen genannt - die Spalte mit steigendem Betriebsdruck verkleinert und somit auch bei hohen Drücken die Leckströme klein gehalten und damit ein guter volumetrischer Wirkungsgrad erzielt.

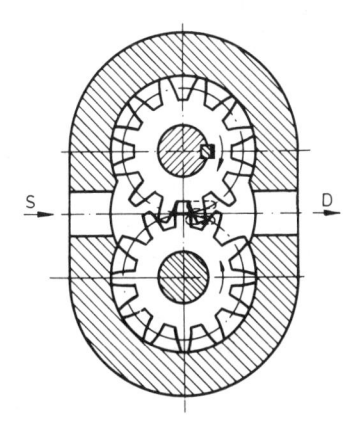

Bild 46 Außenzahnradpumpe

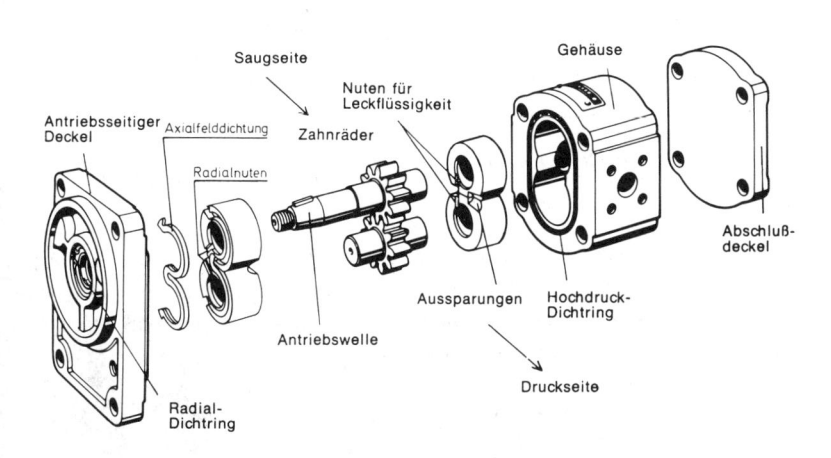

Bild 47 Druckkompensierte Außenzahnradpumpe (Bosch)

Wie Bild 46 zeigt, wird der Druckraum vom Saugraum durch die kämmenden Zähne getrennt. Dabei schließt der Zahn die Zahnlücke ab, bevor diese ganz entleert ist. Um nun einen hohen Druckanstieg in dem Restraum zu vermeiden, sind in den Seitenflächen des Gehäuses bzw. in den Lagerbuchsen Entlastungsnuten oder Aussparungen vorhanden, die das entstehende Quetschöl zum Druckraum ableiten.

Beispiel 28: Eine Außenzahnradpumpe soll bei einer Antriebsdrehzahl von *1450 U/min* und einem Förderdruck von *25 bar* effektiv *30 l/min* Öl fördern.
a) Welche Zahnbreite ist bei einer geraden 20°-Nullverzahnung mit *d = 50 mm* und *m = 2,5 mm* erforderlich, wenn der volumetrische Wirkungsgrad mit *90 %* angenommen werden kann?
b) Welche Antriebsleistung ist mit einem Gesamtwirkungsgrad von *75 %* erforderlich?

Lösung:
a) Theoretischer Förderstrom $Q_{th} = Q_e/\eta_{vol} = 33,3$ *l/min*.
Damit ist das erforderliche geometrische Verdrängungsvolumen
$V_g \approx V_{th} = Q_{th}/n = 33,3/1450 = 0,02295\ l = 22,95\ cm^3$.
Aus Gl. (125) folgt
$$b = \frac{V_g}{2\pi d m} = \frac{22,95}{2 \cdot \pi \cdot 5 \cdot 0,25} = 2,92 cm$$
Die Zahnräder werden dann mit *b = 29 mm* ausgeführt werden.

b) Aus Gl. (118) folgt
$$P_{zu} = \frac{pV_{th}n}{\eta_{mh}} = \frac{pV_{th}n\eta_{vol}}{\eta_t} = \frac{25 \cdot 22,95 \cdot 1450 \cdot 0,9}{0,75 \cdot 60 \cdot 10000} = 1,66\ kW$$

Zu bemerken ist noch, daß durch mehrere in einer Ebene angeordnete und miteinander im Eingriff stehende Zahnräder Pumpen mit mehreren Förderströmen gebaut werden können. Diese Förderströme können einzeln oder beliebig miteinander kombinierte abgenommen werden.

5.2.1.2 Innenzahnradpumpe

Wie Bild 48 zeigt, wird das angesaugte Öl in den Zahnkammern entlang der eingelegten und meist mit dem Gehäuse verstifteten Sichel auf die Druckseite gefördert. Das außenverzahnte Innenrad ist angetrieben und nimmt das innenverzahnte Außenrad mit.
Innenzahnradpumpen haben einen wesentlich längeren Zahneingriff als Außen-

zahnradpumpen. Dadurch erhält man, wie schon erwähnt, einen kleinen Ungleichförmigkeitsgrad und geringere Geräuschbildung. Druckkompensierte Innenzahnradpumpen sind für Betriebsdrücke bis *300 bar* geeignet.

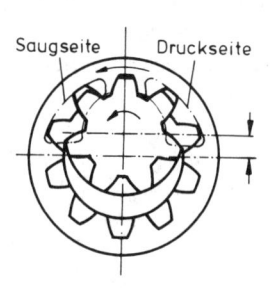

Bild 48 Innenzahnradpumpe

5.2.1.3 Zahnringpumpe

Bei der Zahnringpumpe, die Bild 49 zeigt, ist die Zähnezahl des innenverzahnten Rades stets um einen Zahn größer als die des treibenden Ritzels. Die spezielle Zahnausbildung ermöglicht eine Abdichtung zwischen Saug- und Druckraum durch den Spalt zwischen je einem Zahnkopf von Innen- und Außenrad. Da diese Abdichtung nicht sehr gut ist, beschränkt sich die Anwendung solcher Pumpen auf Drücke unter *120 bar*.

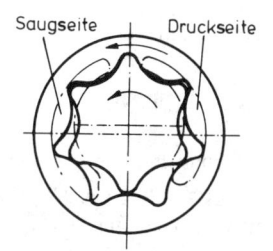

Bild 49 Zahnringpumpe

5.2.1.4 Schraubenspindelpumpe

Die Pumpen bestehen aus zwei oder mehreren rotierenden Schraubenspindeln mit Rechts- oder Linksgewinde. Bild 50 zeigt eine Schraubenspindelpumpe mit

2 Spindeln. Die ineinandergreifenden Spindeln bilden zusammen mit dem Gehäuse die Verdrängerkammern. Diese wandern als abgeschlossener Raum beim Drehen der Spindel axial ohne Volumenänderung weiter, d.h. die eingeschlossene Flüssigkeit wird von der Saug- zur Druckseite gefördert. Maßgebend für die Abdichtung zwischen Saug- und Druckraum ist die Anzahl der Gewindegänge der Spindeln. Dies zeigt, daß für höhere Drücke mehr Gänge erforderlich sind als bei reinen Niederdruckpumpen.

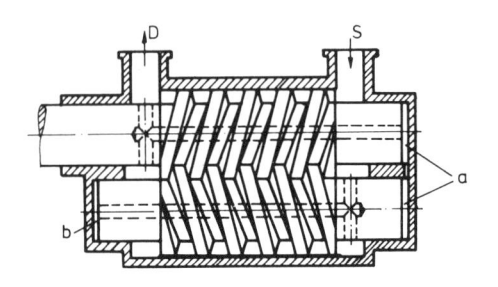

Bild 50 Schraubenspindelpumpe

Hydraulische Radialkräfte treten nicht auf, da die Druckkammern die Spindel umschließen. Die vorhandenen Axialkräfte lassen sich durch Beaufschlagung richtig dimensionierter Spindelstirnflächen a mit dem Förderdruck ausgleichen. Der Raum b muß zum Saugraum entlastet sein.

Da die rotierenden Teile ausgewuchtet sind und kein Quetschen der Flüssigkeit auftritt, können mit diesen Pumpen sehr hohe Drehzahlen (bis *30 000 U/min*) erzielt werden. Dadurch können bei kleinen Pumpenabmessungen große Förderströme erreicht werden.

5.2.2 Flügelpumpen

Diese Pumpen können sowohl mit variablem, als auch mit konstantem Förderstrom gebaut werden. Die Pumpen, bei denen eine Veränderung des Verdrängungsvolumens möglich ist, sollen hier als Flügelzellenpumpen bezeichnet werden. Die Bauarten mit konstantem Verdrängungsvolumen sind die hier als Drehflügelpumpe bezeichnete Konstruktion und die Sperrflügelpumpe. Je nach Flüssigkeitszuführung bzw. -abführung unterscheidet man außenbeaufschlagte und innenbeaufschlagte Pumpen. Bei der letzteren Bauart erfolgt die Flüssigkeitszufuhr und -abfuhr durch eine Hohlwelle von innen. Bei der häufigeren

Bauart, der außenbeaufschlagten Pumpe erfolgt diese durch entsprechende Leitungen am Gehäuse von außen. Im Folgenden werden nur die außenbeaufschlagten Bauarten betrachtet, da sie fast ausschließlich angeboten werden.

5.2.2.1 Flügelzellenpumpe (einhubig)

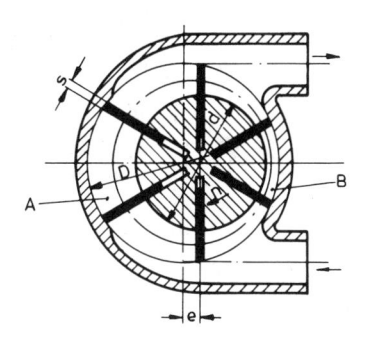

Bild 51 Flügelzellenpumpe

Bild 51 zeigt Aufbau und Funktion einer Flügelzellenpumpe. In dem Rotor sind in radialen Schlitzen gleitende Flügel angebracht, die infolge der Fliehkraft, Federn oder durch Druckbeaufschlagung nach außen gegen die Lauffläche des exzentrisch angeordneten Gehäuses gepreßt werden. Dadurch entstehen zwischen den Flügeln einzelne gegeneinander abgedichtete Zellen. Diese sind bei der Drehung des Rotors, während sie sich vergrößern, mit der Saugöffnung im Gehäuse, und während sie sich wieder verkleinern mit der Drucköffnung des Gehäuses verbunden.

Das geometrische Verdrängungsvolumen läßt sich aus dem Volumenunterschied der Zelle A und der Zelle B berechnen.

Unter Berücksichtigung der Flügeldicke s und der Flügelzahl z wird

$$V_g = 2eb\left[\pi(R+r) - sz\right] \qquad (126)$$

In Gl. (126) bedeuten weiter: e die Exzentrizität zwischen Rotor und Gehäuse, b die Flügelbreite, $R = D/2$ Radius der Gehäusebohrung und $r = d/2$ Radius des Rotors. Werden die Räume auf den Flügelrückseiten zur Förderung mit ausgenützt, so entfällt in Gl. (126) das Glied $s\,z$.

Da bei dieser Pumpe die Exzentrizität e und damit das geometrische Verdrängungsvolumen verändert werden kann, ist es möglich, eine Verstellpumpe zu bauen. Die Änderung der Exzentrizität geschieht dabei durch Verschieben eines in das eigentliche Pumpengehäuse eingelegten Hubringes.

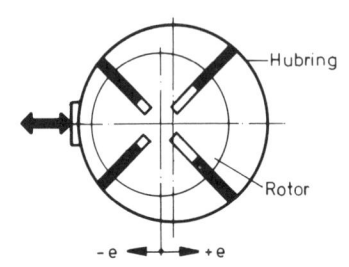

Bild 52 Flügelzellenpumpe mit Hubring

Bild 52 zeigt dieses Prinzip, bei dem durch Änderung der Exzentrizität von $+e$ auf $-e$ auch Förderrichtungsumkehr bei gleichbleibender Drehrichtung möglich ist. Wie aus Bild 51 zu erkennen ist, wird wegen des einseitigen Flüssigkeitsdruckes eine hohe Rotor- und Lagerbeanspruchung auftreten. Dadurch ist der Betriebsdruck begrenzt. Bild 54 zeigt eine ausgeführte Pumpe.

5.2.2.2 Drehflügelpumpe (zweihubige Flügelzellenpumpe)

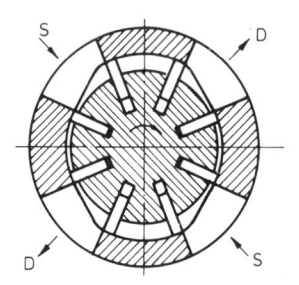

Bild 53 Drehflügelpumpe

Bei dieser Pumpe sind wie Bild 53 zeigt, je zwei Saug- und Druckzonen einander gegenüberliegend angeordnet. Jeder Flügel fördert also zweimal pro Umdrehung und die auf den Rotor wirkenden Druckkräfte heben sich gegenseitig auf. Die beiden Saug- bzw. Druckzonen werden im Pumpengehäuse wieder zusammengefaßt. Der Rotor läuft in einer ellipsenähnlichen Bohrung des Gehäuses um. Die Form der Hubkurve im Gehäuse bestimmt bei dieser Pumpe das geometrische Verdrängungsvolumen und die Förderstrompulsation. Eine Änderung des geometrischen Verdrängungsvolumens ist nicht möglich. Wegen des Druckausgleiches können diese Pumpen für wesentlich höhere Drücke als die Flügelzellenpumpen gebaut werden.

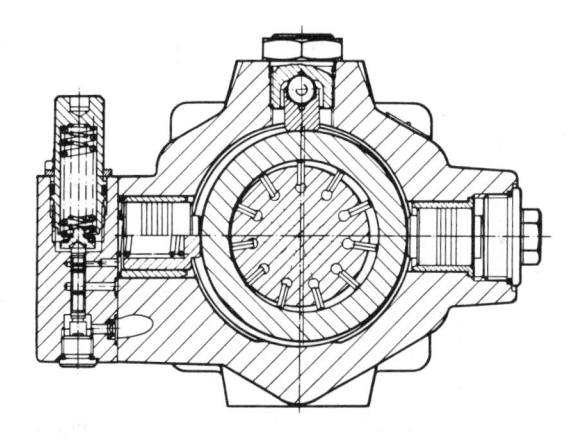

Bild 54 Flügelzellenpumpe mit hydraulisch gesteuertem Druckregler (5.4.2.2)
(Sperry-Vickers)
oben: Querschnitt
unten: Längsschnitt

(Merkmale: Zweiteilige Flügel, Hubring, seitliche Anlaufscheiben, Höhenverstellschraube)

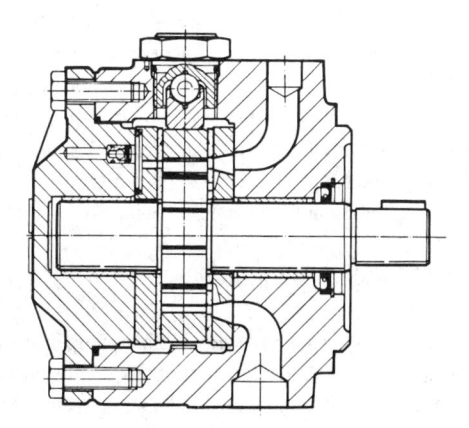

5.2.2.3 Sperrflügelpumpe

Die kinematische Umkehr des Flügelzellenprinzips wird als Sperrflügelpumpe oder auch Sperrschieberpumpe bezeichnet.
Bild 55 zeigt, daß es sich um eine zweihubige Pumpe handelt. Der Drehkolben (Rotor) bildet mit den um 180° versetzten im Gehäuse verschiebbar angeordneten Flügeln je zwei einander gegenüberliegende Saug- und Druckräume, so daß er radial entlastet ist. Der Drehkolben ist mit geringem Spiel in das Gehäuse eingepaßt und die Flügel werden durch Federn und meist zusätzlich durch

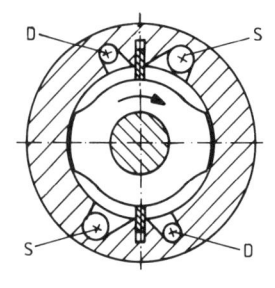

Bild 55 Sperrflügelpumpe
S Saugbohrung, D Druckbohrung

Betriebsdruckbeaufschlagung auf der Flügelrückseite an ihn angepreßt. Das geometrische Verdrängungsvolumen ist konstant und hängt von der Kurvenform des Drehkolbens ab. Der Druckbereich reicht bis ca. *200 bar*.
Bei der industriell angebotenen Ausführung dieser Pumpe (Deri-Pumpe) werden zwei Drehkolben um 90° zueinander versetzt auf einer Welle angeordnet. Die Kurvenform der Drehkolben ist so gestaltet, daß sich nach Summierung der von den beiden Rotoren geförderten Volumenströmen theoretisch ein über den Drehwinkel konstanter Förderstrom ergibt. Die trotzdem vorhandene Ungleichförmigkeit ist auf Kompressionseinflüsse zurückzuführen.

5.2.3 Kolbenpumpen

Für höhere Drücke werden Kolbenpumpen verwendet, da es bei ihnen möglich ist, an den Dichtspalten Fertigungstoleranzen von wenigen Mikrometern einzuhalten. Damit kann noch bei Drücken von *350 bar* ein volumetrischer Wirkungsgrad von über *95 %* erreicht werden. Auch im Gesamtwirkungsgrad sind die Kolbenpumpen allen anderen Pumpen bei hohen Drücken überlegen.

Die wichtigsten Bauformen sind Radial- und Axialkolbenpumpen, wobei in beiden Gruppen sowohl Verstell-, bzw. Regel-, als auch Konstantpumpen gebaut werden.

5.2.3.1 Radialkolbenpumpen

Das Merkmal dieser Pumpenart ist die sternförmige Anordnung der Zylinder in einer oder mehreren Ebenen um die Pumpenachse. Es gibt Bauarten mit außenliegender Hubkurve (Bild 56) - meist Verstellpumpen - und solche mit innenliegender Hubkurve (Bild 57), die als Konstantpumpen gebaut werden.

Außerdem findet man innen- und außenbeaufschlagte Pumpen, wobei die Steuerung durch Schlitze oder Ventile erfolgt. Die zwei wichtigsten Bauarten werden nun erläutert.

a) Radialkolbenpumpe mit Hubring (Verstellpumpe)

Bei dieser Radialkolbenpumpe wird wie Bild 56 zeigt, der Hub der Kolben durch einen exzentrisch angeordneten feststehenden Ring erzwungen, gegen den die in einem rotierenden Zylinderblock liegenden Kolben anlaufen. Die Hohlwelle, auf der der Zylinderblock umläuft, ist feststehend und durch einen Steg in Saug- und Druckseite aufgeteilt. Der Kolbenhub h ist gleich der doppelten Exzentrizität e. Damit wird mit dem Kolbendurchmesser d und der Kolbenzahl z das geometrische Verdrängungsvolumen

$$V_g = z\frac{\pi}{4}d^2 h = z\frac{\pi}{4}d^2 2e = \frac{1}{2}z\pi d^2 e \qquad (127)$$

Durch Verändern der Exzentrizität kann das Verdrängungsvolumen wieder stufenlos verändert und auch die Förderrichtung umgekehrt werden.

Neuere Konstruktionen nach diesem Prinzip sind, trotz relativ kleiner Querschnitte der Kanäle in der Hohlwelle, bis zu hohen Drehzahlen selbstansaugend, da die Fliehkraft das Ansaugen begünstigt.

Die Kolben laufen natürlich nicht wie in Bild 56 vereinfacht dargestellt direkt am Hubring an, sondern stützen sich wie Bild 57 zeigt über Gleitschuhe ab.

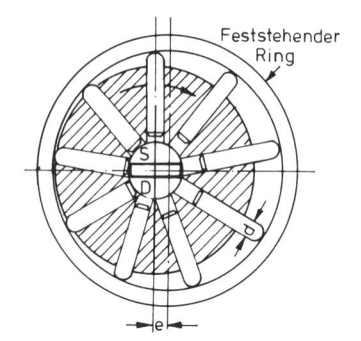

Bild 56 Radialkolbenpumpe

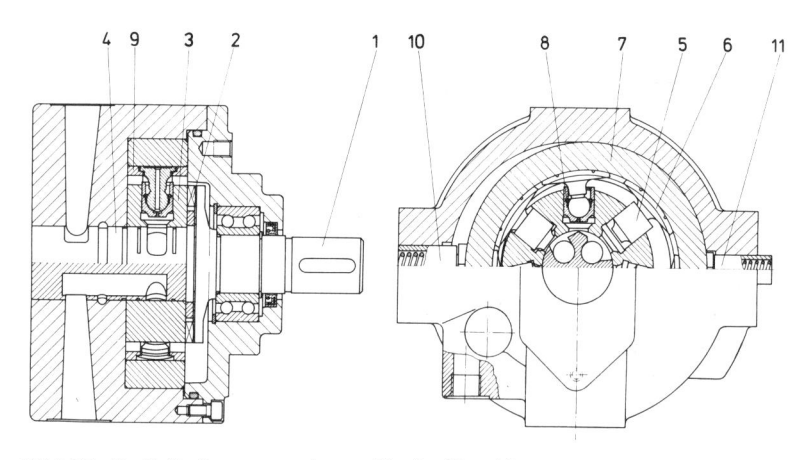

Bild 57 Radialkolbenpumpe (verstellbar) (Bosch)
Innenbeaufschlagt, schlitzgesteuert. 1 Welle, 2 Kreuzscheibenkupplung, 3 Zylinderstern, 4 Steuerzapfen, 5 Kolben (7 Stück), 6 Gleitschuh, 7 Hubring, 8 u. 9 Ring, 10 u. 11 Stellkolben

b) Radialkolbenpumpe mit Exzenterantrieb (Konstantpumpe)

Bei dieser Bauart sind die Kolben raumfest um die rotierende Exzenterwelle angeordnet. Die Kolben liegen am Exzenter an und machen einen konstanten Hub von der Größe der doppelten Exzentrizität. Die Pumpe ist immer mit Druckventilen (selbsttätige Federventile) ausgerüstet. Das Ansaugen kann über Saugventile (Bild 58) oder Saugschlitzen im Exzenter (Bild 59) erfolgen.

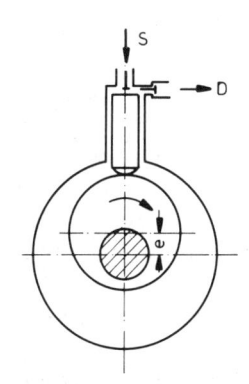

Bild 58 Exzenterradialkolbenpumpe

Bild 59 Radialkolbenpumpe (Wepuko)

A Druckventil
B Hohlkolben
C Kolbenfeder
D Füll- und Entlüftungsschraube
E Gleitschuh
F Hubexzenter
G Sauganschluß
H Druckanschluß
J Druckkanal
K Lagerdeckel mit Wellendichtung
L Kegelrollenlager
M Pumpenfuß

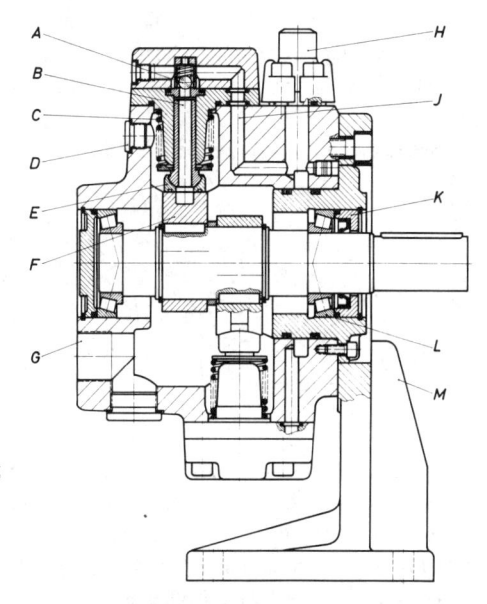

Die Förderrichtung ist von der Drehrichtung unabhängig. Praktisch ausgeführte Pumpen haben mindestens 3 Zylinder und sind besonders für hohe Drücke bei kleinen Förderströmen geeignet. Für das unveränderliche geometrische Verdrängungsvolumen V_g gilt wieder die Gl. (127).

Beispiel 29: Eine außenbeaufschlagte, ventilgesteuerte Radialkolbenpumpe hat 7 Kolben mit einem Durchmesser von *16 mm*. Die Exzentrizität beträgt *8 mm*, die Antriebsdrehzahl *1440 U/min* und der Pumpenförderdruck *300 bar*.
a) Wie groß ist der volumetrische Wirkungsgrad der Pumpe, wenn der Leckstrom $Q_L = 1,62\ l/min$ beträgt?
b) Wie groß ist der mechanisch hydraulische Wirkungsgrad der Pumpe, wenn das Antriebsmoment *114,2 Nm* beträgt?
c) Wie groß ist der Gesamtwirkungsgrad und die Antriebsleistung?

5.2.3.2 Axialkolbenpumpen

Das Merkmal dieser Pumpenbauart ist die achsparallele Anordnung der Kolben in einer Zylindertrommel um die Drehachse. Die Kolben stützen sich dabei auf eine schräg zur Drehachse der Zylindertrommel liegende Ebene ab, wodurch ihr Hub erzeugt wird. Man unterscheidet zwei hauptsächliche Ausführungsformen, die Schrägscheibenpumpen und die Schrägachsenpumpen.

a) Schrägscheibenpumpe (Schiefscheibenpumpe)

Bild 60
Schrägscheibenpumpe

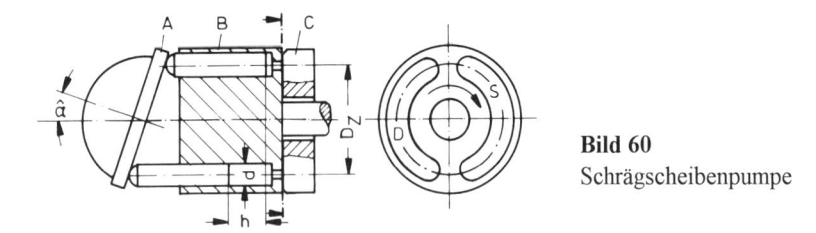

Bild 60 zeigt das Prinzip dieser Pumpe. Die Schrägscheibe A rotiert nicht und ist bei Verstellpumpen im Pumpengehäuse schwenkbar angeordnet. Die Kolben stützen sich meist über Gleitschuhe (Bild 61) auf der Schrägscheibe ab. Bei der Rotation der Zylindertrommel B ergibt sich somit mit dem Teilkreisdurchmesser D_Z der Zylindertrommel ein Kolbenhub

$$h = D_Z \tan \hat{\alpha} \qquad (128)$$

Die Zu- (S) und Abführung (D) der Flüssigkeit erfolgt über Bohrungen in der rotierenden Zylindertrommel und die nierenförmigen Steueröffnungen (Schlitze)

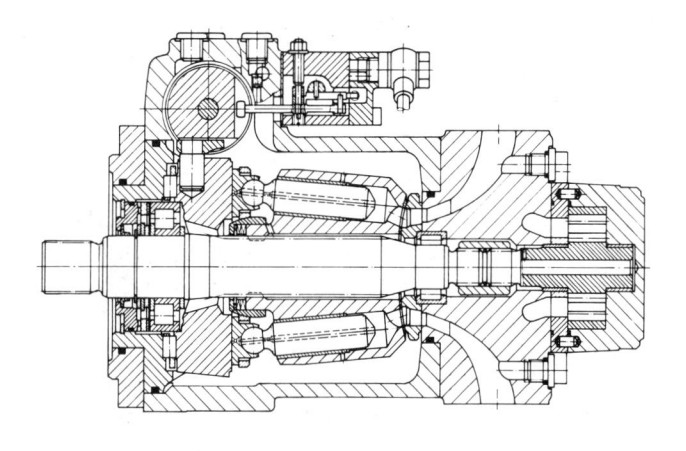

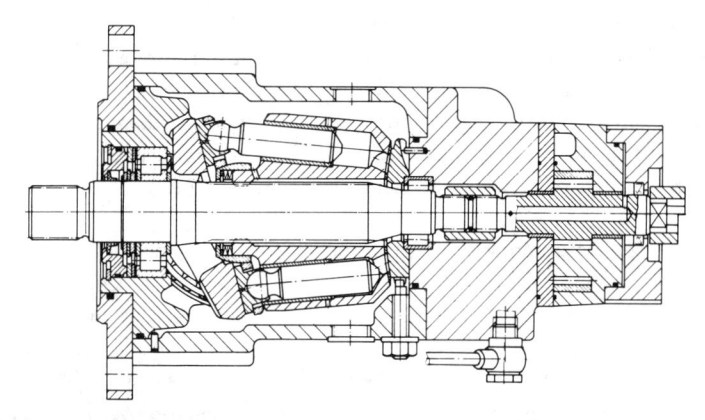

Bild 61 Axialkolbenpumpe (verstellbar) in Schrägscheibenausführung mit aufgebauter hydraulischer Verstelleinrichtung und angebauter Hilfspumpe (Hydromatik)
oben: Längsschnitt in Schwenkachse, ohne Durchtrieb
unten: Längsschnitt senkrecht zur Schwenkachse, mit Durchtrieb
(Schrägkolbenanordnung, 9 Kolben, ebene Gleitschuhe, selbstzentrierende sphärische Steuerfläche, maximaler Schwenkwinkel 15°, hydraulische Verstelleinrichtung, Welle radial und axial belastbar)

in der im Pumpengehäuse sitzenden Steuerfläche C (Steuerspiegel). Das geometrische Verdrängungsvolumen wird mit dem Kolbendurchmesser d, der Kolbenzahl z und Gl. (128)

$$V_g = z \frac{\pi}{4} d^2 h = z \frac{\pi}{4} d^2 D_Z \tan \hat{\alpha} \qquad (129)$$

Gl. (129) zeigt, wie sich das Verdrängungsvolumen mit dem Schwenkwinkel $\hat{\alpha}$ ändert. Bei negativem Schwenkwinkel wird auch das Verdrängungsvolumen negativ, dies bedeutet, daß bei derselben Antriebsdrehrichtung sich die Förderrichtung umkehrt.

Die aus dem Betriebsdruck entstehende Kolbenkraft stützt sich an der Schrägscheibe ab. Dabei entsteht eine Kraftkomponente senkrecht zur Schrägscheibe und eine Komponente senkrecht zur Kolbenachse. Letztere kippt den Kolben und erzeugt damit Seitenkräfte zwischen Kolben und Zylinderbohrung. Um diese Seitenkräfte klein zu halten, ist eine lange Kolbenführung erwünscht und der maximale Schwenkwinkel auf etwa 18° begrenzt.

Es sei hier noch bemerkt, daß es auch noch eine Bauform gibt, bei der die Schrägscheibe, die dann als Taumelscheibe bezeichnet wird, rotiert und die Zylindertrommel mit den Kolben stillsteht. Diese **Taumelscheibenpumpe** hat zur Steuerung des Flüssigkeitsstromes entweder Saug- und Druckventile oder eine mit der Antriebswelle verbundene mitrotierende Steuerscheibe.

b) Schrägachsenpumpe (Schrägtrommel-, Schwenkkopfpumpe)
Bei dieser Pumpe (Bild 62) rotieren sowohl die Triebwelle, in deren Flansch A die Kolbenstangen mit Kugelgelenken befestigt sind, als auch die Zylindertrommel B, die über die Kolbenstangen und Kolben zwangsläufig mitgenommen wird. Für den Kolbenhub ist der Schwenkwinkel $\hat{\alpha}$ zwischen Triebwelle und Zylindertrommel maßgebend. Mit dem Teilkreisdurchmesser D_T an der Triebwelle wird der Kolbenhub

$$h = D_T \sin \hat{\alpha} \qquad (130).$$

Zu- und Abführung der Flüssigkeit erfolgt wieder über eine feststehende Steuerfläche C mit nierenförmigen Steueröffnungen. Bei Verstellpumpen wird die Zylindertrommel samt Steuerfläche in einem schwenkbaren Gehäuseteil gelagert und somit wieder durch Verstellen des Schwenkwinkels $\hat{\alpha}$ eine stufenlose Änderung des Verdrängungsvolumens erreicht. Es ist selbstverständlich auch wie-

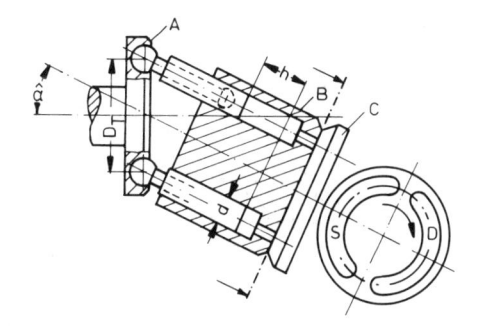

Bild 62 Schrägachsenpumpe

der Förderrichtungsumkehr möglich. Mit Gl.(130) wird das geometrische Verdrängungsvolumen

$$V_g = z\frac{\pi}{4}d^2 h = z\frac{\pi}{4}d^2 D_T \sin\hat{\alpha} \qquad (131)$$

Im Gegensatz zur Schrägscheibenbauweise treten hier keine Seitenkräfte in der Kolbenführung auf. Der Kolben drückt hier über Kolbenstange und Kugelgelenk auf den Triebflansch, wodurch eine Axialkraft und eine Radialkraft auf die Triebwelle entsteht. Wegen der fehlenden Seitenkräfte können die Schrägachsenpumpen mit größerem Schwenkwinkel gebaut werden. Der maximale Schwenkwinkel beträgt in Abhängigkeit konstruktiver Details 25° bis 40°. Nachteilig gegenüber der Schrägscheibenbauweise ist der aufwendigere Aufbau, das größere Trägheitsmoment der Schwenkteile und, daß es nicht möglich ist, die Schrägachsenpumpe mit durchgehender Welle also mit zwei Wellenanschlüssen zu bauen. Dafür hat die Schrägachsenbauweise bessere Wirkungsgrade und ist weniger schmutzempfindlich als die Schrägscheibenbauart.

Beispiel 30: Für die Auslegung einer Axialkolbenpumpe in Schrägachsenbauart sind vorgegeben: Maximaler Schwenkwinkel $\hat{\alpha}$ = *25°*; D_T/d = *3*; 7 Kolben.
Der effektive Förderstrom bei voller Ausschwenkung soll $Q_e \approx 24 l/min$ bei der Antriebsdrehzahl *n = 1800 U/min* betragen. Bei dem vorgesehenen Förderdruck von *300 bar* beträgt der volumetrische Wirkungsgrad *95 %*.
a) Welcher Kolbendurchmesser *d* ist erforderlich?
b) Wie groß wird der effektive Förderstrom, wenn der Kolbendurchmesser aus der Durchmesserreihe *10, 12, 16, 18, 20, 25, 32, 40, 50 mm* gewählt wird?

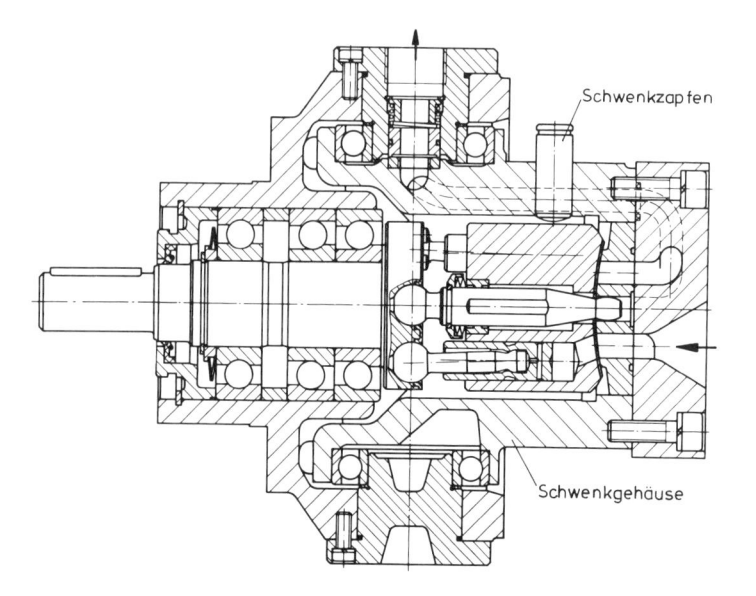

Bild 63 Axialkolbeneinheit (verstellbar) in Schrägachsenbauart (Längsschnitt) (Hydromatik). Diese Einheit wird meist als Verstellpumpe verwendet.
(Sphärische Steuerfläche, maximaler Schwenkwinkel 25°, 7 Kolben)

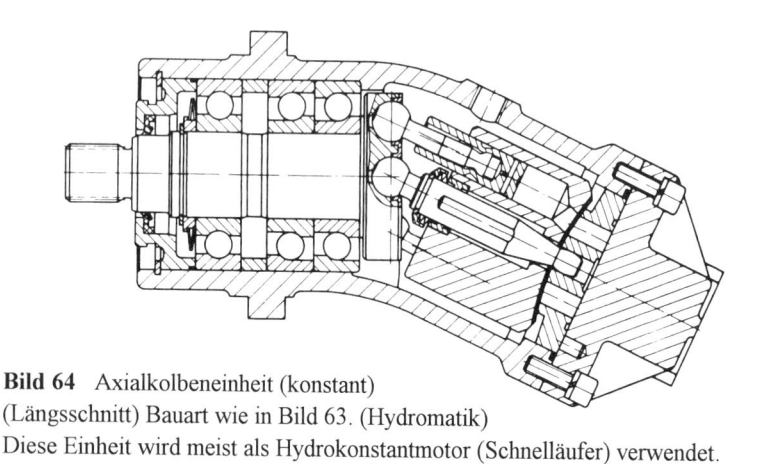

Bild 64 Axialkolbeneinheit (konstant)
(Längsschnitt) Bauart wie in Bild 63. (Hydromatik)
Diese Einheit wird meist als Hydrokonstantmotor (Schnelläufer) verwendet.

c) Wie groß ist das erforderliche Antriebsdrehmoment mit $\eta_{mh} = 0{,}9$?
d) Wie groß ist die hydraulische Leistung und die Antriebsleistung der Pumpe?

5.2.4 Betriebsgrößen hydrostatischer Pumpen

Bauart	Üblicher Betriebsdruck bar	Übliche Drehzahlen U/min	Günstigste Viskosität $\frac{mm^2}{s}(cSt)$	Günstigster Gesamtwirkungsgrad η_t
Einfache Außenzahnradpumpe	≤ 100	500 - 3000	40 - 80	0,6 - 0,8
Druckkompensierte Außenzahnradpumpe	≤ 250	500 - 3000	40 - 80	0,8 - 0,9
Druckkompensierte Innenzahnradpumpe	≤ 300	500 - 3500	40 - 80	0,8 - 0,9
Schraubenspindelpumpe	≤ 160	500 - 5000	80 - 200	0,7 - 0,8
Flügelzellenpumpe	70 - 175	500 - 2000	30 - 50	0,7 - 0,8
Drehflügelpumpe	≤ 230	500 - 3000	30 - 50	0,7 - 0,9
Sperrflügelpumpe	70 - 175	500 - 3000	30 - 50	0,8 - 0,9
Axialkolben- Schrägscheibenpumpe	150 - 400	500 - 3000	30 - 50	0,85 - 0,9
Axialkolben- Schrägachsenpumpe	250 - 400	500 - 3000	30 - 50	0,85 - 0,9
Radialkolbenpumpe	300 - 700	1000 - 2000	20 - 50	0,85 - 0,9

Tabelle 10 Betriebsgrößen gebräuchlicher hydrostatischer Pumpen

Die Tabellenwerte der Tabelle 10 sind Mittelwerte. Sie können bei Druck und Drehzahl manchmal wesentlich überschritten werden. Dies hat aber dann trotz konstruktiver Vorkehrungen meist einen schlechteren Gesamtwirkungsgrad zur Folge.

5.3 Kennlinien

Bild 65 zeigt die Abhängigkeit der Wirkungsgrade und der Antriebsleistung einer Pumpe mit konstanter Volumeneinstellung vom Förderdruck bei konstanter Antriebsdrehzahl und vorgegebener Betriebstemperatur und Zähigkeit des Öls.

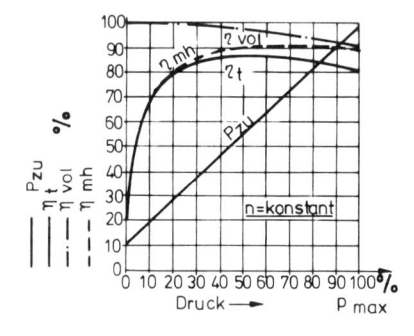

Bild 65 Kennlinien einer Pumpe bei konstanter Drehzahl

Man sieht, daß der volumetrische Wirkungsgrad mit steigendem Druck abfällt, während der mechanisch-hydraulische Wirkungsgrad von Null ausgehend zuerst stark ansteigt, um dann bei höheren Drücken wieder etwas abzufallen. Dadurch ergibt sich bei dieser Pumpe für den Gesamtwirkungsgrad bei ca. 50 bar das Maximum.

Für die Drehzahlabhängigkeit derWirkungsgrade, die Bild 65 nicht zeigt, gilt, daß der volumetrische Wirkungsgrad mit sinkender Drehzahl, also sinkendem Förderstrom, abnimmt, da die absoluten Leckverluste fast drehzahlunabhängig sind. Der mechanisch-hydraulische Wirkungsgrad wird mit steigender Drehzahl zuerst etwas ansteigen, dann aber wieder leicht abfallen, da die Strömungsverluste in der Pumpe mit steigender Drehzahl stark zunehmen.

Im Kennlinienfeld (p-Q-Diagramm) nach Bild 66 sind die Kurven für einen konstanten Gesamtwirkungsgrad, der je nach Betriebspunkt stärker von η_{vol} oder von η_{mh} bestimmt wird, eingetragen. Es ergeben sich muschelförmige Kurven. Aus dem Kennlinienfeld ist auch ersichtlich, daß der Leckstrom praktisch unabhängig von der Drehzahl ist, da die Linien für den Förderstrom bei konstanter Drehzahl zueinander parallel verlaufen. Mit steigendem Druck fallen diese Linien natürlich wieder. Linien konstanter Antriebsleistung sind ebenfalls eingezeichnet.

Kennlinien werden für eine bestimmte Viskosität - meist *36 mm²/s* bei *50 °C* - ermittelt. Bei geringerer Viskosität steigt η_{mh} an, andererseits fällt aber η_{vol} wegen der größer werdenden Leckverluste, so daß es für den Gesamtwirkungsgrad bei jeder Pumpe eine günstigste Viskosität gibt.

Bei Verstellpumpen verschlechtern sich sämtliche Wirkungsgrade mit geringer werdender Volumeneinstellung erheblich.

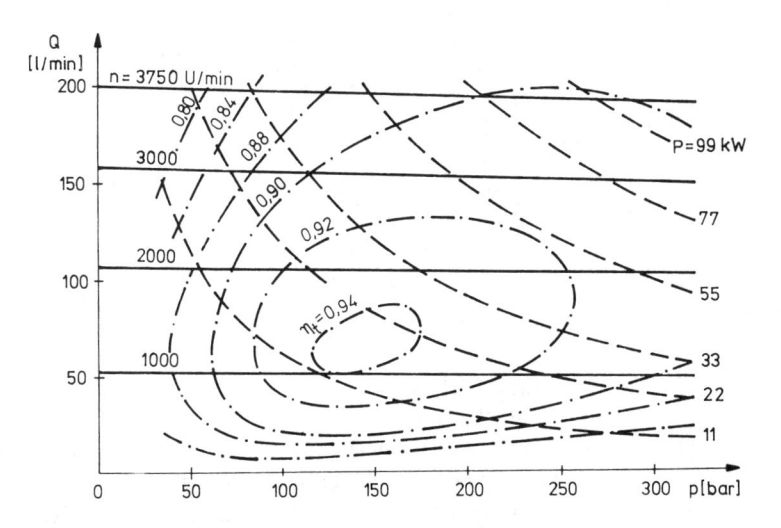

Bild 66 Kennlinienfeld einer Pumpe bei $\vartheta = 50°C$ und $v = 36\ mm^2/s$.

Bei Hydromotoren gelten für die Wirkungsgrade dieselben Abhängigkeiten wie bei den Pumpen. Deshalb gibt ein Hydromotor beim Anfahren aus dem Stillstand sein kleinstes Drehmoment (Losbrechmoment) ab.

5.4 Verstell- und Regeleinrichtungen für Hydropumpen

Die Änderung der Volumeneinstellung von Hydropumpen erfolgt entweder durch willkürlich zu betätigende Verstelleinrichtungen (Verstellpumpen) oder durch selbsttätig arbeitende Regeleinrichtungen (Regelpumpen). Dabei ist zu beachten, daß oft erhebliche Verstellkräfte (bis *10 000 N*) erforderlich sind. Die gebräuchlichsten Ausführungsarten werden nun besprochen.

5.4.1 Verstelleinrichtungen

5.4.1.1 Handverstellung

Für gelegentliches Verstellen des Förderstroms wird im allgemeinen der Verstellweg s durch ein Handrad mit selbsthemmender Gewindespindel erzeugt.

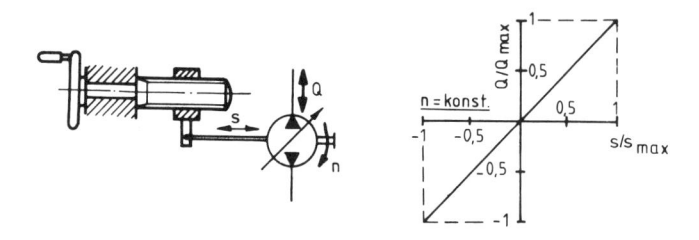

Bild 67 Grundsätzlicher Aufbau und Kennlinie einer Handverstellung

5.4.1.2 Elektromotorische Verstellung

An Stelle des Handrades kann ein Elektromotor mit Zwischengetriebe angebaut werden. Damit ist auch eine automatische Verstellung nach einem vorgegebenen Programm, allerdings nur für langsame Programmabläufe, möglich. Die Verstellzeiten für den gesamten Verstellbereich betragen *10 s* bis *60 s*.

5.4.1.3 Mengen- oder druckabhängige hydraulische Verstellung

Es wird durch eine Steuerdruckdifferenz Δp_{st} (Bild 68) der Stellzylinder gegen eine Federkraft verschoben, bis die Steuerölzufuhr (mengenabhängig) gesperrt wird, bzw. bis Kräftegleichgewicht (druckabhängig) herrscht. Zur Steuerung sind also Wegeventile oder Druckregelventile notwendig. Es lassen sich Verstellzeiten unter 1 Sekunde erreichen. Die druckabhängige hydraulische Verstellung ist für Fernsteuerungen besonders vorteilhaft. Dabei ist für jede Stellung außer für die max. Volumeneinstellung, die durch mechanischen Anschlag bestimmt ist, eine bestimmte Steuerdruckdifferenz erforderlich.

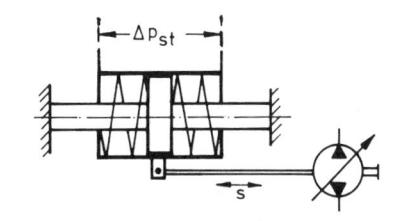

Bild 68 Hydraulische Verstellung

5.4.1.4 Mechanisch-hydraulische Verstellung (Folgekolbenprinzip)

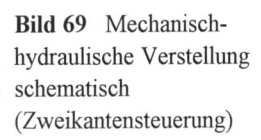

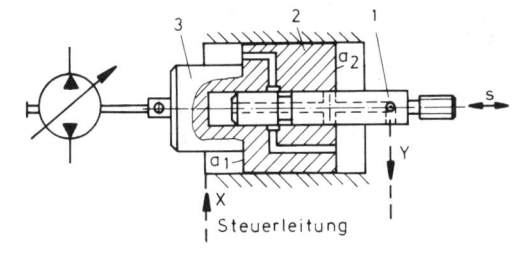

Bild 69 Mechanisch-hydraulische Verstellung schematisch (Zweikantensteuerung)

Für schnelles Verstellen und bei großen Verstellkräften werden mechanisch-hydraulische Verstellungen eingesetzt, bei denen die notwendigen Verstellkräfte an einem Folgekolben hydraulisch erzeugt werden, während der Sollwert (Signaleingabe) als Verstellweg s am Steuerkolben mit geringem Kraftaufwand mechanisch vorgegeben wird. Da hier die Verstellung der Pumpe durch die verstärkte hydraulische Hilfskraft erfolgt, spricht man auch von einer Servoverstellung oder exakter von einer servohydraulischen Verstellung. Es sind Stellzeiten von *20 ms* bis *200 ms* für den gesamten Verstellbereich möglich.

Aus der Darstellung einer Zweikantensteuerung (entsprechend der Zahl der Steuerkanten werden unterschieden: Ein-, Zwei- und Vierkantensteuerung [4;15]) kann man die Funktion einer mechanisch-hydraulischen Verstellung entnehmen. Die Ringfläche a_1 ist über den Anschluß X stets mit dem Steuerdruck beaufschlagt. Wird der Steuerkolben 1 nach links bewegt, so öffnet er im Folgekolben 2 Ölkanäle, sodaß auch die größere Ringfläche a_2 unter Druck steht und der Folgekolben (Stellkolben) mit großer Verstellkraft dem Steuerkolben nachfolgt. Wird der Steuerkolben nach rechts bewegt, so öffnet er den Abfluß von der Ringfläche a_2 nach Y und der Folgekolben wird wegen der Druckbeauf-

Bild 70 Mechanisch-hydraulische Verstellung (Schaltplan) (Zweikantensteuerung)

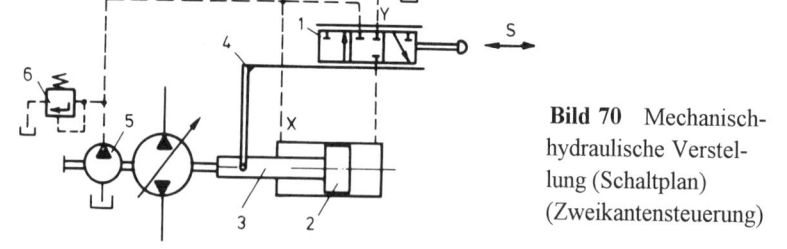

schlagung der Ringfläche a_1 ebenfalls nach rechts bewegt. Die Volumeneinstellung der Pumpe wird entsprechend über die Kolbenstange 3 verstellt. Bei Stillstand des Steuerkolbens bleibt der Folgekolben nach Zusteuern der Ölkanäle in der neuen Stellung ebenfalls stehen. Jeder Stellung des Steuerkolbens ist somit eine bestimmte Stellung des Folgekolbens (Lageregelung) und damit eine bestimmte Volumeneinstellung der Pumpe zugeordnet. Für die Verstellung des Folgekolbens ist eine Steuerölpumpe 5 erforderlich. Deren Förderstrom bestimmt die Verstellgeschwindigkeit und der am Druckbegrenzungsventil 6 eingestellte Druck die maximal mögliche Verstellkraft. Der Weg s am Steuerkolben kann manuell, mechanisch, elektromagnetisch, hydraulisch (z.B. druckabhängig) oder auch pneumatisch erzeugt werden.

5.4.2 Elektrohydraulische Verstellung

Bei einer elektrohydraulischen Verstellung, die auch wieder eine servohydraulische Verstellung darstellt, wird der Sollwert als elektrische Größe, meist als Spannung (U_E in Bild 71) vorgegeben. Die Veränderung des Fördervolumens wird mit einem durch ein stetig verstellbares Ventil (siehe Kap. 8) gesteuerten hydraulischen Stellkolben durchgeführt, der in einem Lageregelkreis arbeitet und somit den Stellkolbenweg dem Sollwert nachführt. Die Rückführung der Ist-Position des Stellkolbens kann elektrisch oder mechanisch ausgeführt sein. Die Stellzeiten betragen wieder *20 ms* bis *200 ms*. Bild 71 zeigt den Schaltplan einer elektrohydraulischen Verstellung, bei der die Rückführung der Stellkolbenposition elektrisch erfolgt.

Die Lage des Stellkolbens, die ein Maß für das Fördervolumen ist, wird durch den Wegaufnehmer ermittelt (Istwert) und in der Regelelektronik mit dem Sollwert (U_E) verglichen.

Der Stellkolben wird über das stetig verstellbare Ventil (Servoventil oder Proportionalventil) solange verstellt bis Soll- und Istwert übereinstimmen und somit das geforderte Fördervolumen erreicht ist.

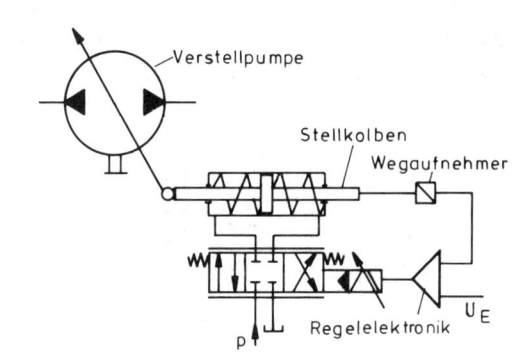

Bild 71 Elektrohydraulische Verstellung mit elektrischer Rückführung der Stellkolbenposition

Bild 72 zeigt eine schematische Darstellung einer elektrohydraulischen Verstelleinrichtung mit mechanischer Rückführung - auch Servoverstellgerät genannt - für eine Verstellpumpe. Zur Ansteuerung des Stellkolbens wird hier ein zweistufiges elektrohydraulisches Servoventil verwendet.

Folgende Funktion ist zu erkennen. Fließt kein Strom durch die Steuerspulen, bewirkt die Null-Einstellfeder, daß sich der Stellkolben und damit die Verstellpumpe in einer vorgegebenen Nullage (Nullförderung) befindet.

Wenn Strom durch die Steuerspulen (Sollwertvorgabe) fließt, ist das magnetische Moment, mit dem der Anker zu den entsprechenden Polschuhen gezogen wird, proportional zur Summe der Ströme durch die Steuerspulen. Dieses Moment der magnetischen Kräfte lenkt die Prallplatte gegen das rückdrehende Moment des biegsamen Rohres aus ihrer Mittellage aus. Dadurch wird ein Druckunterschied zwischen Düse 1 und 2 erzeugt (siehe 8.1.3). Der Druckunterschied verursacht eine Bewegung des Steuerkolbens, die durch die Ventil-Rückführfeder zur Prallplatte rückgemeldet wird. Die Steuerkolbenauslenkung bewirkt einen Stellölstrom zu dem Stellkolben, wodurch dieser und damit das Fördervolumen der Verstellpumpe verstellt wird. Die Lage des Stellkolbens wird über das Rückführgestänge auf den Anker rückgemeldet. Die Bewegung endet, wenn das Moment, das durch die Spannung der Rückführfeder infolge der Auslenkung des Rückführgestänges entstanden ist, im Gleichgewicht mit dem durch den Steuerstrom hervorgerufenen magnetischen Moment ist. Der

Anker befindet sich dann wieder in waagrechter Lage, so daß die Ventil-Rückführfeder, Prallplatte und biegsames Rohr sich wieder in Mittellage befinden und somit der Steuerkolben ebenfalls wieder annähernd in seiner Mittellage steht. Somit ist über die Kinematik des Rückführgestänges und über die Federkonstante der Rückführfeder jedem Steuerstrom (Sollwert) eine Stellkolbenauslenkung und damit ein Pumpenfördervolumen zugeordnet.

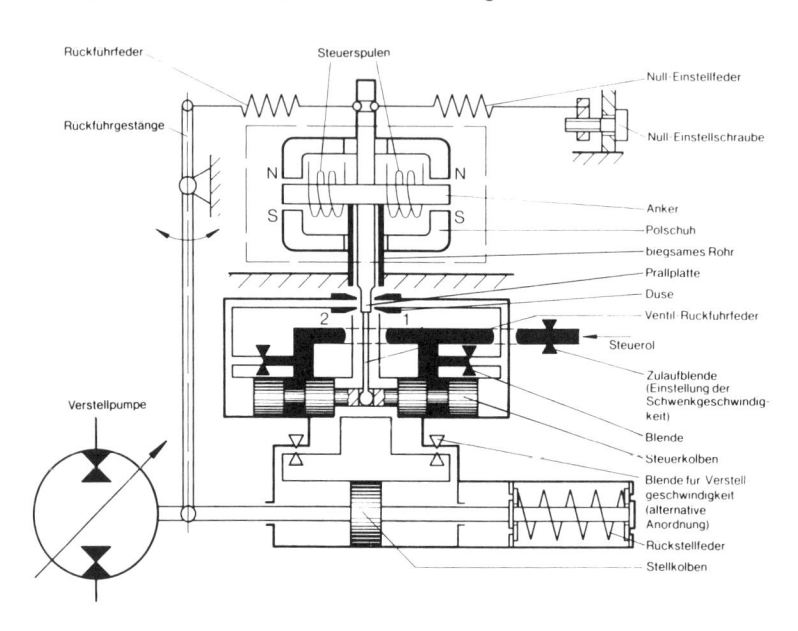

Bild 72 Elektrohydraulische Verstellung mit mechanischer Rückführung der Stellkolbenposition (Moog)

5.4.3 Regeleinrichtungen

5.4.3.1 Leistungsregler

Der Leistungsregler hat die Aufgabe, das Verdrängungsvolumen der Pumpe so einzustellen, daß unabhängig vom veränderlichen Betriebsdruck, die Leistungsaufnahme der Pumpe konstant ist, und damit die installierte Antriebsleistung nicht überschritten wird. Für die aufgenommene Leistung gilt nach Gl.(117)

$$P_{zu} = M_{zu} 2\pi n = \frac{pV_{th} n}{\eta_{mh}} = \frac{Q_e p}{\eta_t} \tag{131}$$

Dies zeigt, daß unter Vernachlässigung des Wirkungsgrades das Produkt $Q_e\, p$ konstant gehalten werden muß. Mit der Volumeneinstellung α wird dann unter Vernachlässigung des Wirkungsgrades

$$P_{zu} = Q_e\, p = V_{th}\, n\, p = \alpha V_{tho}\, n\, p$$

und damit die Volumeneinstellung

$$\alpha = \frac{P_{zu}}{n\, p\, V_{tho}} = \frac{C}{n\, p} \tag{132}$$

Um eine konstante Antriebsleistung zu erreichen, muß also die Volumeneinstellung in Abhängigkeit von Druck und Drehzahl verstellt werden.

Bei den praktisch ausgeführten Leistungsreglern wird die Volumeneinstellung α und damit das Fördervolumen V_{th} nur in Abhängigkeit vom Druck verstellt. Damit erfolgt nur bei konstanter Drehzahl eine Leistungsregelung. Bei veränderlicher Drehzahl gilt dann, wie sich bei Vernachlässigung des Wirkungsgrades aus Gl.(116) und Gl.(132) ergibt

$$M_{zu} = \frac{pV_{th}}{2\pi} = \frac{p\,\alpha V_{tho}}{2\pi} = konst. \tag{133}$$

Es ist also eine Drehmomentenregelung vorhanden.

Bild 73 zeigt links die hyperbolische Regelcharakteristik (Kennlinie) eines Leistungsreglers bei konstanter Drehzahl, die aus Gl.(132) mit n = konst. folgt. Auf der waagerechten Achse wird meist direkt der Förderstrom Q abgetragen, der bei konstanter Drehzahl proportional der Volumeneinstellung ist. Der Regelbeginn wird durch die maximale Volumeneinstellung $\alpha = 1$ bzw. durch den maximalen Förderstrom Q_{max} bestimmt. Das Regelende ist durch den Maximaldruck am Sicherheitsventil gegeben. Rechts zeigt Bild 73 das Prinzip des konstruktiven Aufbaus eines direktgesteuerten Leistungsreglers. Der Betriebsdruck wird auf einen Meßkolben geleitet, der gleichzeitig Stellkolben ist. Dieser

Kolben arbeitet gegen ein Federsystem, das entsprechend der Regelcharakteristik eine hyperbolische Kennlinie haben muß, die jedoch häufig durch Hüllgeraden angenähert wird. Die drucklose Pumpe wird durch das Federsystem stets auf Q_{max} verstellt. Steigt der Betriebsdruck über den Druck des Regelbeginns, der durch die Federvorspannkraft bestimmt wird, so bewegt sich der Meßkolben entsprechend der Federkennlinie nach links und verkleinert in gleichem Maße die Volumeneinstellung (Fördervolumen) der Pumpe. Bei sinkendem Druck vergrößert die Feder wieder die Volumeneinstellung der Pumpe.

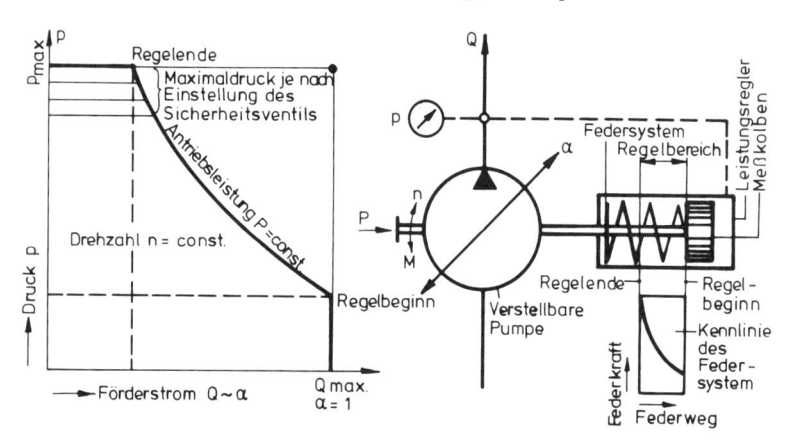

Bild 73 Regelcharakteristik und grundsätzlicher Aufbau eines direktgesteuerten Leistungsreglers

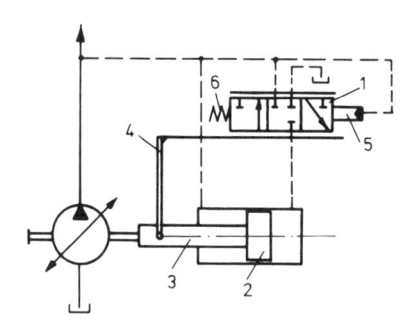

Bild 74 Vorgesteuerter Leistungsregler (Schaltplan)

Bei höheren Anforderungen an die Genauigkeit der Leistungsregelung und bei Pumpen mit größeren Förderströmen, bei denen größere Verstellkräfte erforderlich werden, werden vorgesteuerte Leistungsregler (Bild 74) eingesetzt. Bei ihnen sind Meßkolben 5 und Stellkolben 2 getrennt. Man kann einen solchen Leistungsregler aus einer mechanisch-hydraulischen Verstellung (Bild 70) ableiten. Dabei muß man die Stellung des Steuerschiebers 1 durch den Betriebsdruck gegen ein Federpaket 6 entsprechend der Regelcharakteristik vorgeben, dann wird der Folgekolben 2 folgen, und mit seiner Kolbenstange 3 die Volumeneinstellung der Pumpe entsprechend einstellen. Das für die Verstellung notwendige Drucköl kann direkt von der zu regelnden Pumpe abgenommen werden, da diese immer mindestens den Förderstrom, der dem Regelende entspricht, erzeugt.

Es soll hier noch auf zwei Punkte hingewiesen werden:

a) Hat die leistungsgeregelte Pumpe den Höchstdruck erreicht und wird der ganze Ölstrom über das Sicherheitsventil abgelassen, so wird die gesamte Pumpenantriebsleistung in Wärme umgewandelt. Deshalb wird bei Anlagen, bei denen nach Erreichen des Höchstdruckes kein Förderstrom mehr erforderlich ist, aber im Arbeitsbereich eine konstante Leistung gewünscht wird, die Pumpe mit einem Leistungsregler mit hydraulischer Druckabschneidung ausgerüstet. Die Druckabschneidung bewirkt, daß die Volumeneinstellung der Pumpe nach Erreichen des Höchstdruckes soweit verkleinert wird, daß der erzeugte Förderstrom gerade noch zum Halten des Druckes ausreicht.

b) Für Fahrantriebe in der Mobilhydraulik ist es zwar erwünscht, daß eine maximale Leistung entsprechend der Regelkennlinie nicht überschritten wird, es soll aber auch jeder Betriebspunkt unterhalb der Kennlinie, also bei kleinerer Leistung, einstellbar sein. Dies wird durch eine Verstelleinrichtung mit Leistungsbegrenzung ermöglicht.

5.4.3.2 Druckregler

Aufgabe des Druckreglers ist es, nach Erreichen des eingestellten Druckes p_A den Förderstrom der Pumpe automatisch so zu verstellen, daß der Druck in der Anlage unabhängig von der Last konstant bleibt. Mit einer Förderstromänderung darf praktisch keine Druckänderung verbunden sein (Bild 75).

Das konstruktive Prinzip eines direktwirkenden Druckreglers entspricht genau dem des direktgesteuerten Leistungsreglers, nur die Kennlinie der Regelfeder muß wie Bild 75 zeigt, linear sein und möglichst flach verlaufen. Es ist also eine sehr weiche Feder erforderlich mit der aber eine große Vorspannkraft erzeugt werden muß. Dies ist besonders bei größeren Pumpen schwierig zu verwirklichen. Diese Schwierigkeiten werden mit einem Druckregler mit getrenntem Steuerkreis nach Bild 75 vermieden. Der Anlagendruck wirkt auf ein Druckbegrenzungsventil (DbV), welches bei Erreichen des gewünschten Druckwertes p_A öffnet und einen Ölstrom zu dem Stellzylinder 1 und der Drossel fließen läßt.

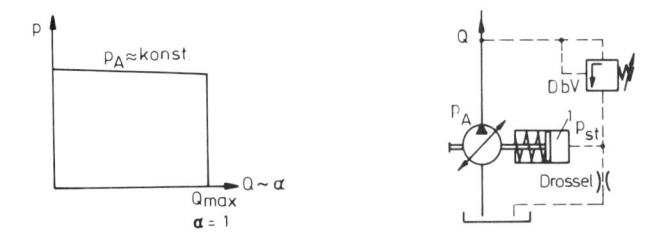

Bild 75 Kennlinie und Schema eines Druckreglers mit getrenntem Steuerkreis (Schaltplan)

Der Steuerdruck p_{st} im Stellzylinder kann nun durch die Drosseleinstellung weit unter dem Anlagendruck gewählt werden, was die Dimensionierung der Regelfeder erleichtert. Bei geschlossenem DbV ist der Steuerdruck Null und die Pumpe durch die Feder auf volles Verdrängungsvolumen eingestellt. Nach Öffnen des DbV tritt an der Drossel ein Druckabfall auf, welcher dann als Steuerdruck das Fördervolumen der Pumpe verkleinert.

Als Abart des direktwirkenden Druckreglers kann man den sogenannten Nullhubregler, dessen Kennlinie Bild 76 zeigt, betrachten. Bei ihm wird nach Errei-

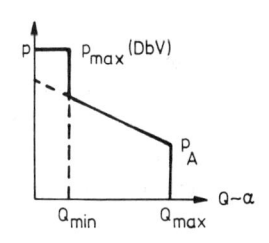

Bild 76 Kennlinie eines Nullhubreglers

chen des durch die Federvorspannung eingestellten Anlagendruckes p_A der Förderstrom der Pumpe auf einen einstellbaren Minimalwert Q_{min} (Nullhub) reduziert, bei dem dann der Druck weiter bis zu dem am Druckbegrenzungsventil eingestellten Maximalwert ansteigen kann. Dieser Regler wird benutzt, wenn der Verbraucher einen großen Ölstrom mit kleinem Druck ($< p_A$) und einen kleinen Ölstrom bei großem Druck ($< p_{max}$) erfordert, oder wenn ein Enddruck ($= p_{max}$) aufrecht erhalten werden soll, wie dies zum Spannen oder Halten notwendig ist.

5.4.3.3 Stromregler (Förderstromregler)

Dieser Regler dient zur Konstanthaltung des Förderstromes bei veränderlicher Antriebsdrehzahl n_1 (Verbrennungsmotor als Antriebsmaschine) bzw. um bei steigendem Betriebsdruck die wachsenden Leckverluste auszugleichen.

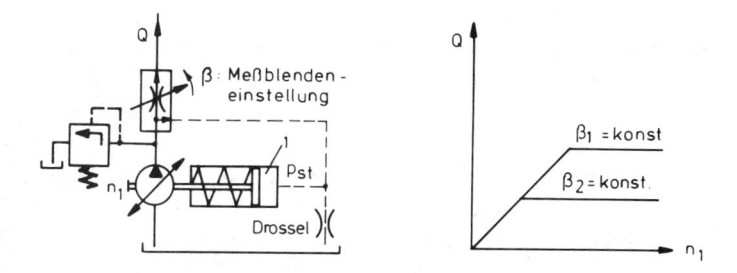

Bild 77 Schema und Kennlinie eines Stromreglers

Der Aufbau (Bild 77) ähnelt dem des Druckreglers mit getrenntem Steuerkreis. Als Steuerdruck wirkt der Druckabfall, der an der Drossel durch den über den Bypassanschluß eines 3-Wege-Stromregelventils (siehe 7.4.4.2) abfließenden Strom erzeugt wird. Dadurch wird die Volumeneinstellung der Pumpe so eingestellt, daß der durch die Meßblende fließende Volumenstrom Q innerhalb des Regelbereichs konstant bleibt (Bild 77). Durch eine Veränderung der Meßblendeneinstellung β kann der Förderstrom dem jeweiligen Bedarf angepaßt werden.

5.4.3.4 Kombinierte Regelung

Die beschriebenen Regelungen können kombiniert werden, um besonders günstige Betriebsbedingungen zu erreichen.

Eine solche Kombination ist der bereits beschriebene Leistungsregler mit Druckabschneidung.

Eine weitere wichtige kombinierte Regelung ist die Druck-Förderstromregelung. Solange ein Verbraucher mit konstanter Geschwindigkeit bewegt wird gewährleistet die Förderstromregelung der Verstellpumpe einen guten Wirkungsgrad. Wenn der Verbraucher seine Endlage erreicht hat, wird der Verbrauchervolumenstrom zu Null, so daß über die Meßblende (Bild 77) kein Durchfluß erfolgt. Da die Stromregelung den eingestellten Strom wieder herstellen will, wird die Pumpe auf maximale Volumeneinstellung ($\alpha = 1$) verstellt. Der Druck steigt an bis das Druckbegrenzungsventil anspricht. Dadurch wird die Pumpeneckleistung ($P_{max} = Q_{max}\, p_{max}$) am Druckbegrenzungsventil als Verlustleistung in Wärme umgewandelt. Durch eine der Förderstromregelung überlagerte Druckregelung kann die Verlustleistung in den Endlagen des Verbrauchers auf ein Minimum verringert werden, da die Druckregelung bei Überschreiten des vorgegebenen Drucksollwertes das Verdrängungsvolumen der Pumpe gegen Null verstellt. Während der Zeit, in der der Druckregler anspricht, ist der Förderstromregler ohne Wirkung.

Beim Druck-Förderstrom-Leistungsregler ist unterhalb der Leistungskennlinie (siehe Bild 73) Förderstromregelung möglich und außerdem ist eine Druckabschneidung (Druckregelung) vorhanden.

5.5 Servopumpen

Verstellpumpen, die mit einer elektrohydraulischen (servohydraulischen) Verstellung (Bild 71 und 72) ausgerüstet sind, die es erlaubt ihr Fördervolumen (Volumeneinstellung) durch ein elektrisches Signal niedriger Leistung zu verstellen, werden als Servopumpen bezeichnet. Sie sind für den Einsatz in elektrohydraulischen Regelkreisen (siehe 8.2) bei größeren Leistungen (meist über 40 kW) bestimmt. Die Verstellzeiten über den gesamten Einstellbereich von Servopumpen liegen bei *20 ms* bis *200 ms*. Bei einer Servopumpe kann auch eine Leistungs- oder Druckregelung vorgenommen werden. Dazu wird der Pumpenförderdruck durch einen Druckaufnehmer in ein druckproportionales elektrisches Signal umgewandelt, das zusammen mit dem Ausgangssignal des Wegaufnehmers der Regelelektronik zugeführt wird (in Bild 71 an Stelle des Sollwertes U_E). Die Regelelektronik sorgt nun dafür, daß der Stellkolben und damit das Fördervolumen der Pumpe über das Servoventil so verstellt wird, daß die Pumpenleistung bzw. der Pumpenförderdruck konstant bleibt.

6 Motoren

Hydrostatische Motoren wandeln die ihnen zugeführte hydraulische Energie wieder in mechanische Energie um. Je nach Bewegungsart muß man Motoren

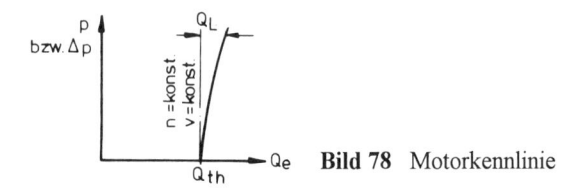

Bild 78 Motorkennlinie

für geradlinige Bewegungen, in DIN-ISO 1219 Zylinder genannt, und Motoren für Drehbewegungen, die in der Norm Hydromotoren genannt werden, unterscheiden. Zylinder und Hydromotoren haben denselben Kennlinienverlauf nach Bild 78.

Bei konstanter Geschwindigkeit bzw. konstanter Drehzahl ist theoretisch ein vom Druck unabhängiger Schluckstrom erforderlich. Dieser theoretische Schluckstrom beträgt beim Zylinder mit der beaufschlagten Kolbenfläche A und der erzeugten Kolbengeschwindigkeit v

$$Q_{th} = A\,v \tag{134}$$

und beim Hydromotor mit dem theoretischen Schluckvolumen pro Umdrehung V_{th}, das praktisch gleich dem geometrischen Verdrängungsvolumen V_g ist, bei der Drehzahl n nach Gl. (107)

$$Q_{th} = V_{th}\,n \approx V_g\,n$$

Der wirkliche Motorschluckstrom Q_e ist um die Leckverluste Q_L größer als der theoretische Schluckstrom Q_{th}, da der zugeführte Flüssigkeitsstrom sowohl Geschwindigkeit bzw. Drehzahl erzeugen, als auch die Leckverluste ersetzen muß.

$$Q_e = Q_{th} + Q_L \tag{135}$$

Da die Leckverluste mit steigendem Druck zunehmen, ergibt sich der in Bild 78 gezeigte Verlauf des effektiven Motorschluckstromes für konstante Geschwindigkeit bzw. Drehzahl des Motors. Andere Geschwindigkeiten oder Drehzahlen ergeben eine Parallelverschiebung der Kennlinie.

Aus dem oben ausgeführten erhält man den volumetrischen Wirkungsgrad für Motoren

$$\eta_{vol} = \frac{Q_{th}}{Q_e} = \frac{Q_{th}}{Q_{th} + Q_L} \tag{136}$$

und den effektiven Schluckstrom

$$Q_e = \frac{Q_{th}}{\eta_{vol}} \tag{137}$$

Außer den volumetrischen Verlusten treten bei den Motoren auch mechanische und hydraulische Verluste auf, die im Folgenden für Zylinder und Hydromotoren getrennt betrachtet werden.

6.1 Zylinder

6.1.1 Bauformen

Im Abschnitt 1.4.1.4 wurden im Rahmen der Norm DIN-ISO 1219 bereits die Symbole und Wirkungsweise der verschiedenartigen Zylinderbauformen gezeigt. Die beiden wichtigsten Bauarten sind: die einfachwirkenden und die doppeltwirkenden Zylinder. Der Einbau kann so erfolgen, daß der Zylindermantel feststeht und sich die Kolbenstange bewegt (Normalfall), oder umgekehrt.

Bei den einfachwirkenden Zylindern wird nur eine Kolbenseite mit Druckflüssigkeit beaufschlagt. Dadurch wird Kraft und Bewegung hydraulisch nur in eine Richtung erzeugt. Die Rückstellung des Kolbens in die Ausgangslage erfolgt durch das Eigengewicht, eine Fremdlast oder durch eingebaute Federn. Diese Zylinder sind meist als Plunger- oder Tauchkolbenzylinder ausgeführt. Bei ihnen wird die wirksame Kolbenfläche durch den Querschnitt der Kolbenstange gebildet, die in der Stangenführung abgedichtet ist. Damit entfällt die Abdichtung gegen das Zylinderrohr, an dessen Oberfläche und Durchmessergenauigkeit somit keine Anforderungen gestellt werden. Diese Bauart hat somit einen hohen Wirkungsgrad, da nur eine Dichtstelle vorhanden ist, wenig Verschleißteile und ist preisgünstig.

Bei den doppeltwirkenden Zylindern können zwei entgegengesetzt wirksame Kolbenflächen beaufschlagt werde. Damit kann Kraft und Bewegung in beiden Hubrichtungen erzeugt werden. Man unterscheidet zwischen dem Gleichgangzylinder mit durchgehender Kolbenstange gleichen Durchmessers auf beiden Kolbenseiten, mit dem man gleiche Kräfte und Geschwindigkeiten in beide Arbeitsrichtungen bei gleichem Druck und Schluckstrom erhält, und dem Differentialzylinder. Letzterer hat nur eine einseitige Kolbenstange und damit in beiden Arbeitsrichtungen verschieden große beaufschlagte Flächen. Damit ändert sich bei gleichem Druck und Schluckstrom die Kraft und die Geschwindigkeit entsprechend der Größe der beaufschlagten Fläche. Bild 79 zeigt einen Differentialzylinder. Da es sich bei ihm um den meist verwendeten Zylinder handelt, soll an seinem Beispiel der Aufbau eines Zylinders und die Berechnung der Kräfte, Geschwindigkeiten und Leistungen besprochen werden.

6.1.2 Aufbau eines Zylinders

Im Zylinderrohr 4, das für einen bestimmten Innendruck ausgelegt ist, läuft der Arbeitskolben 1 mit seiner Kolbenstange 2. Die auf dem Kolben sitzenden Kolbendichtungen trennen die beiden Zylinderräume. Zylinderdeckel 5 schließen die beiden Enden des Zylinderrohres ab. Diese werden am Zylinderrohr festgeschraubt, festgeschweißt oder durch Zuganker zusammengespannt. Die Zylinderdeckel dienen zur Aufnahme der Flüssigkeitsbohrungen, der Endlagendämpfung (siehe Bild 82) sowie auf einer Seite zur Aufnahme der Kolbenstangenführung 3 mit den Kolbenstangendichtungen. Viele Zylinder besitzen auch noch eine Entlüftungsvorrichtung. Bei den üblichen Arbeitszylindern werden für Kolbenstangendichtungen Nutringe, Lippenringe, Dachmanschetten oder Gleitring-Dichtungen verwendet (siehe Kap. 11). Metallische Kolbenringe werden nur selten benutzt und auch O-Ringe findet man im allgemeinen Maschinenbau selten. Wichtig ist auch, daß die Dichtungen nicht gleichzeitig als Führung dienen dürfen, da sie sonst vorzeitig ausfallen. Man muß noch beachten, daß bei druckbeanspruchten Kolbenstangen eine rechnerische Überprüfung der Knickfestigkeit erforderlich ist.
  Bei den Präzisionszylindern (Servozylinder), die höchsten Ansprüchen an das An- und Langsamlaufverhalten genügen, werden besondere Dichtsysteme (z.B.: Ringspaltdichtungen mit hydrostatischer Stangenführung) verwendet, die kleinstmögliche Reibungsverluste ermöglichen.

6.1.3 Berechnung eines Hydrozylinders

Am Differentialzylinder des Bildes 79 soll die Berechnung der Kräfte, Geschwindigkeiten und Leistungen bei Hydrozylindern gezeigt werden. Für andere Zylinderbauformen lassen sich daraus leicht die entsprechenden Zusammenhänge ableiten.

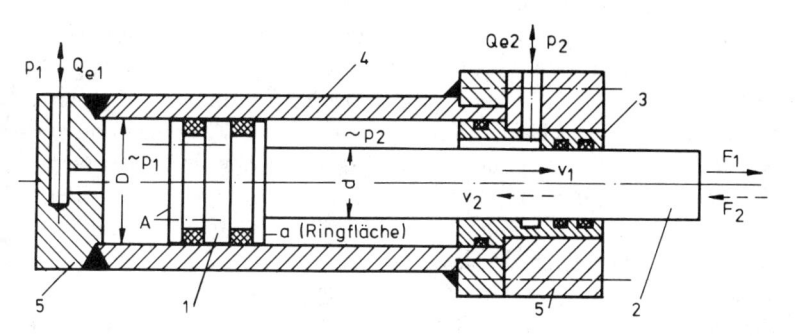

Bild 79 Doppeltwirkender Zylinder mit einseitiger Kolbenstange (Differentialzylinder)

Zuerst sollen die Kolbengeschwindigkeiten betrachtet werden. Für das Ausfahren des Kolbens gilt mit der Kolbenfläche A

$$v_1 = \frac{Q_{th1}}{A} = \frac{Q_{e1}\,\eta_{vol}}{A} \qquad (138)$$

und für den Kolbenrückzug mit der Ringfläche a

$$v_2 = \frac{Q_{th2}}{a} = \frac{Q_{e2}\,\eta_{vol}}{a} \qquad (139)$$

Bei den Arbeitszylindern mit elastischen Dichtungen (siehe 11.2), kann man $\eta_{vol} = 1$ setzen. Damit gilt für die Flüssigkeitsströme der Zusammenhang

$$Q_{e2} = \frac{a}{A}\,Q_{e1} \qquad (140)$$

Bei der Berechnung der Kolbenkräfte muß man durch den mechanisch-hydraulischen Wirkungsgrad vor allem die Reibungsverluste der Dichtungen, die mit dem Druck ansteigen, berücksichtigen. Demgegenüber kann man die Strömungsverluste im Zylinder vernachlässigen. Man muß beachten, daß der Druck p_1 auf der Kolbenseite im linken Zylinderraum nur eine Kolbendichtung beaufschlagt, während der Druck p_2 auf der Stangenseite im Ringraum rechts eine Kolbendichtung und die Kolbenstangendichtung beaufschlagt. Diese Tatsache wird durch die Einführung von zwei getrennten mechanisch-hydraulischen Wirkungsgraden für Kolbenseite und Kolbenstangenseite berücksichtigt. Da Dichtungsform, Material, Vorspannung der Dichtung, Toleranzen der Abmessungen, Oberflächenrauhigkeit, Kolbengeschwindigkeit, Temperatur und Viskosität der Druckflüssigkeit diese Wirkungsgrade beeinflussen, ist es schwer, allgemeingültige Werte anzugeben. Nach [6] und [19] gelten für Arbeitszylinder folgende Werte:

mech.-hydr. Wirkungsgrad Kolbenseite: $\quad \eta_{mh1} = 0{,}9 - 0{,}98$
mech.-hydr. Wirkungsgrad Kolbenstangenseite: $\quad \eta_{mh2} = 0{,}8 - 0{,}96$

Die höchsten Werte gelten bei Gleitring-Dichtungen und Betrieb bei Nenndruck. Liegt der Arbeitsdruck weit unter dem Nenndruck, so können die mech.-hydr. Wirkungsgrade unter dem angegebenen Wert liegen, da wegen der Dichtungsvorspannung das Verhältnis zwischen Reibkraft und Nutzkraft ungünstiger wird.

Bei hochwertigen Präzisionszylindern, die mit hydrostatischen Stangenführungen ausgeführt werden, betragen die mech.-hydr. Wirkungsgrade bis zu $0{,}998$ [19].

Damit wird für den ausfahrenden Kolben die Kraft

$$F_1 = p_1 \, A \, \eta_{mh1} - \frac{p_2 \, a}{\eta_{mh2}} \tag{141}$$

Bei kleinem p_2 kann man das Glied $p_2 \, a / \eta_{mh2}$ vernachlässigen.

An dieser Stelle sei darauf hingewiesen, daß die Berechnung der Kolbenkraft zu $F_1 = p_1 \, A \, \eta_{mhges}$, wie sie häufig angegeben wird, nicht sinnvoll ist, da der scheinbare mechanisch-hydr. Gesamtwirkungsgrad η_{mhges} stark vom Gegendruck p_2 abhängt und deshalb bei großem p_2 bis auf $0{,}1$ absinken kann.

Beim Kolbenrückzug bei $p_2 \gg p_1$ wird die Kraft

$$F_2 = p_2 \, a \, \eta_{mh2} - \frac{p_1 \, A}{\eta_{mh1}} \tag{142}$$

Beispiel 31: Welche Schnittkraft F_S steht bei dem skizzierten Zylinder zur Verfügung?

$A = 100\ cm^2$ $\qquad A_{st} = 50\ cm^2$
$p_V = 50\ bar\ (Vorschubdruck)$ $\qquad p_G = 10\ bar\ (Gegenhaltedruck)$
$\eta_{mh1} = 0{,}92$ $\qquad \eta_{mh2} = 0{,}86$

Bild 80 zu Beispiel 31

Lösung: $\qquad F_S = p_V\, A\, \eta_{mh1} - \dfrac{p_G\,(A - A_{St})}{\eta_{mh2}} = 40180\ N$

Es sollen nun noch die Leistungen bei ausfahrendem Kolben angegeben werden. Für die von der Kolbenstange abgegebene Nutzleistung gilt

$$P_n = F_1\, v_1 \tag{143}$$

Die vom Zylinder aufgenommene hydraulische Leistung ist

$$P_{zu} = Q_{e1}\, p_1 - Q_{e2}\, p_2 \tag{144}$$

Damit wird der Gesamtwirkungsgrad des Zylinders

$$\eta_t = \frac{P_n}{P_{zu}} = \frac{F_1\, v_1}{Q_{e1}\, p_1 - Q_{e2}\, p_2} \tag{145}$$

Bei $\eta_{vol} = 1$ gilt $Q_{e1} = A\, v_1$ und $Q_{e2} = a\, v_1$ und damit wird

$$\eta_t = \frac{F_1}{A\, p_1 - a\, p_2} \tag{146}$$

Eine besondere Schaltungsart des Differentialzylinders ist die **Umströmungs-** oder **Differentialschaltung** nach Bild 81. Bei ihr wird bei der Schaltstellung 1 des Wegeventils der Kolben ausgefahren, und der aus dem Ringraum verdrängte Flüssigkeitsstrom wird der vollen Kolbenfläche zusammen mit dem Pumpenförderstrom zugeführt.

Bei Vernachlässigung des Druckabfalls in den Leitungen und im Wegventil herrscht auf beiden Seiten des Kolbens derselbe Druck p. Damit wird die Kraft beim Ausfahren nach Gl. (141)

$$F_1 = p\,A\,\eta_{mh1} - p\,a/\eta_{mh2}$$

und die Kolbengeschwindigkeit mit dem Pumpenförderstrom Q_{pu} und $\eta_{vol} = 1$

$$v_1 = Q_{ges}/A = Q_{Pu}/A_{St} = Q_{Pu}/(A-a)$$

da der Pumpenförderstrom nur den der Stangenfläche entsprechenden Raum auffüllen muß.

Für den Kolbenrückzug bei Schaltstellung 0 des Wegventils errechnet sich

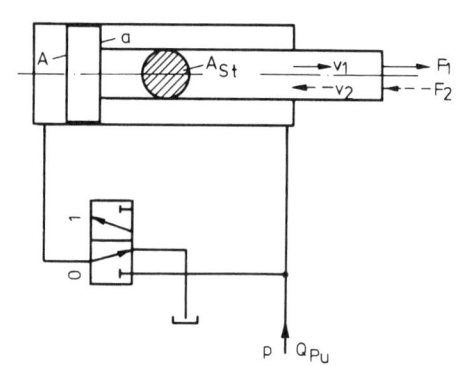

Bild 81 Umströmungsschaltung (Differentialschaltung)

die Kraft nach Gl. (142) und die Geschwindigkeit wird nach Gl. (139)

$$v_2 = Q_{Pu}/a.$$

Damit sieht man, daß bei einem Flächenverhältnis von $\varphi = A/a = 2$ die Kolbengeschwindigkeiten gleich werden, da

$$v_1 = Q_{Pu}/(A-a) = Q_{Pu}/(2a-a) = Q_{Pu}/a = v_2 \quad \text{wird.}$$

Die Umströmungsschaltung wird häufig für Eilgangschaltungen benutzt (siehe Beispiel 37).

Beispiel 32: Bei einem Differentialzylinder in Umströmungsschaltung nach Bild 81 ist: $A = 50\ cm^2$; $a = 25\ cm^2$; $\eta_{mh1} = 0{,}9$; $\eta_{mh2} = 0{,}8$; $\eta_{vol} = 1$
Berechnen Sie die Kolbenkraft F_1 beim Ausfahren mit und ohne Berücksichtigung der Wirkungsgrade, wenn der Druck $p = 200\ bar$ beträgt.

Lösung:
$$F_1 = p\,A\,\eta_{mh1} - p\,a/\eta_{mh2} = 27\,500\ N$$
$$F_{th1} = p\,A - p\,a = 50\,000\ N$$

Man sieht, daß bei Vernachlässigung der Wirkungsgrade ein beträchtlicher Fehler entsteht.

Beispiel 33: Für welche Größe der mech.-hydr. Wirkungsgrade wird bei der Umströmungsschaltung eines Differentialzylinders beim Ausfahren die Kolbenkraft $F_1 = 0$, wenn die Kolbenfläche A doppelt so groß ist wie die Ringfläche a? Es ist bekannt, daß $\eta_{mh1} = 1{,}1\ \eta_{mh2}$ ist.

Lösung:
$$F_1 = p\,A\,\eta_{mh1} - p\,a/\eta_{mh2} = 0$$
$$p\,2a\,1{,}1\eta_{mh2} - p\,a/\eta_{mh2} = 0$$
$$\eta_{mh2}^2 = 1/2{,}2 = 0{,}455$$
$$\eta_{mh2} = 0{,}675$$
$$\eta_{mh1} = 0{,}742$$

Dieses Beispiel zeigt, daß für die Umströmungsschaltung nur Zylinder mit hohen mech.-hydr. Wirkungsgraden geeignet sind.

6.1.4 Einfluß der Kompressibilität der Druckflüssigkeit

Der Einfluß der Kompressibilität der Druckflüssigkeit auf den Bewegungsvorgang bei einem Zylinder wurde bereits in 2.4 beschrieben. Die Punkte die besonders beachtet werden müssen, sind: Geschwindigkeitsschwankungen des Kolbens bei Druckänderungen (2.4.2.1), Schwingungserscheinungen (2.4.2.2) und die Anlaufzeit beim Zuschalten eines Zylinders (2.4.4).

6.1.5 Endlagendämpfung

Wenn der Kolben am Ende seines Hubes gegen seinen Anschlag fährt, so muß die kinetische Energie des Kolbens und der mit ihm verbundenen Massen von dem Anschlag als potentielle Energie in Form von Federungsarbeit aufgenommen werden. Bei höheren Kolbengeschwindigkeiten ($v > 0,1\ m/s$) oder großen Massen kann die dadurch entstehende Beanspruchung durch die Zylinderkonstruktion nicht ausgehalten werden. Es muß deshalb eine Dämpfung vorgesehen werden.

Eine Möglichkeit der Endlagendämpfung besteht in dem Anbringen von außerhalb des Zylinders liegenden Stoßdämpfern.

Häufiger findet man die im Zylinder eingebaute hydraulische Endlagendämpfung. Bei ihr wird der Rücklaufquerschnitt, der sich entleerenden Zylinderkammern kurz vor Hubende über den Dämpfungsweg s_D abgesperrt. Die bis zum Anschlag des Kolbens abfließende Flüssigkeit wird nun über eine Drosselstelle geleitet und dadurch die kinetische Energie in Wärme umgewandelt.

Bild 82 zeigt eine Dämpfung mit einstellbarer Konstantdrossel. An der Drosselschraube kann der Drosselquerschnitt und damit der Dämpfungsdruck p_D, der

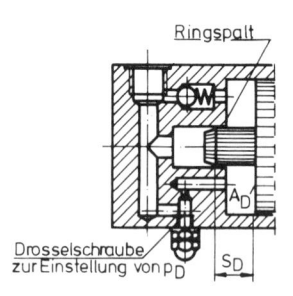

Bild 82 Endlagendämpfung mit Konstantdrossel

dann auf die Ringfläche A_D wirkt, eingestellt werden. Nachteilig bei dieser Einrichtung ist, daß die Dämpfungswirkung am Anfang des Weges sehr stark ist, dann aber rasch abnimmt und am Ende des Weges kaum noch vorhanden ist, da der Dämpfungsdruck vom Quadrat der Durchflußgeschwindigkeit abhängt. Ein weiterer Nachteil ist die starke Abhängigkeit der Dämpfungswirkung von der Viskosität der Flüssigkeit. Das bedeutet, daß bei ansteigender Betriebstemperatur die Dämpfungswirkung schlechter wird. Diese Nachteile kann man vermeiden, wenn man an Stelle der Drosselschraube ein Druckventil (siehe 7.1) einbaut. Bei ihm wird der Drosselquerschnitt automatisch so geregelt, daß der eingestellte Dämpfungsdruck fast konstant bleibt.

Das in Bild 82 eingebaute Rückschlagventil (federbelastete Kugel) dient beim

Ausfahren des Kolbens aus seiner Endstellung zur Umgehung der Dämpfungseinrichtung.

6.1.6 Befestigungsarten

Bei den Befestigungsmöglichkeiten in Bild 83 muß man die für feststehende und die für um eine Schwenkachse bewegliche Zylinder unterscheiden.
Die Bodenbefestigung a, Flanschbefestigung b und Fußbefestigung c findet man bei feststehenden Zylindern, während der Schwenkaugenzylinder d und Schwenkzapfenzylinder e ein Schwenken der Zylinderachse ermöglichen.

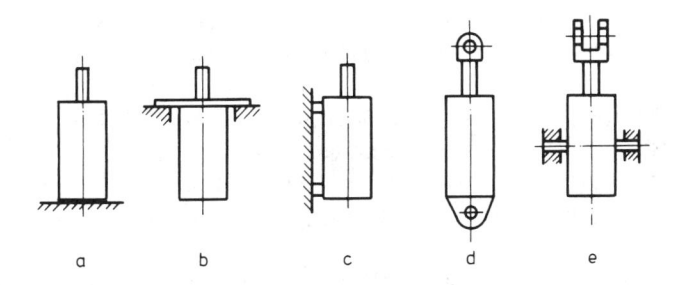

Bild 83 Befestigungsarten für Zylinder

6.2 Hydromotoren

Die Symbole und Begriffe wurden in 1.4.1.2 erläutert.

6.2.1 Bauarten

Außer den ventilgesteuerten Pumpen können alle in 5.2 beschriebenen Pumpenarten als Motoren verwendet werden. Die ungleichförmige Arbeitsweise der einzelnen Verdränger (siehe 5.1.6) führen bei den Hydromotoren zu Ungleichförmigkeiten des abgegebenen Drehmoments und der Drehzahl. Diese werden bei höheren Drehzahlen und größeren Massenträgheitsmomenten durch die Trägheitskräfte reduziert. Bei niedrigen Drehzahlen wird die Ungleichförmigkeit durch die Drehwinkelabhängigkeit des Reibmomentes und der Leckverluste noch vergrößert. Dadurch wird die Eignung eines Hydromotors für den Langsamlauf begrenzt.

Verstellmotoren neigen bei sehr kleiner Volumeneinstellung zu Selbsthemmung. Je nach Bauart ist deshalb die kleinste sinnvolle Volumeneinstellung $\alpha_{min.} = 0{,}2 - 0{,}3$.

Motorverstellungen können grundsätzlich wieder als Handverstellung, elektrische oder hydraulische Verstellung ausgeführt werden, wobei die hydraulische Verstellung auch servohydraulisch sein kann.

Eine häufig verwendete Verstellung ist die druckabhängige hydraulische Motorverstellung, bei der, da keine Verstellung durch den Nullpunkt erfolgt, für jede Stellung außer dem Anschlag, ein bestimmter Steuerdruck erforderlich ist. Wird als Steuerdruck der eigene Systemdruck verwendet so kann man für den Hydromotor eine druckabhängige Verstellung, die auch als Vollhubregelung bezeichnet wird bauen, die bei steigendem Systemdruck, was die Folge eines steigenden Lastmoments am Hydromotor ist, das Motorschluckvolumen (Verdrängungsvolumen) vergrößert. Dadurch erreicht man, daß bei max. Volumeneinstellung des Motors das zulässige Lastmoment bei einem bestimmten Systemdruck aufgebracht werden kann. Wird dem Motor ein konstanter Volumenstrom zugeführt, so sinkt dabei mit steigendem Lastmoment die Motordrehzahl (Gl. 149).

Hydromotoren werden nach dem Drehzahlbereich, in dem sie mit ausreichender Gleichförmigkeit unter Last drehen, in **Schnelläufer** (n_{max} mindestens *1000 U/min*) und **Langsamläufer** (*n* kleiner *1* bis ca. *250 U/min*) eingeteilt. Der Übergang von einer Gruppe zur anderen ist fließend. Deshalb ist teilweise auch der Begriff **Mittelläufer** für Motoren bis ca. *800 U/min* zu finden, die auch Drehzahlen um *10 U/min* bei guter Gleichförmigkeit erlauben.

Zu den aus 5.2 bekannten Bauarten kann man damit folgendes sagen: Zahnradmotoren sind Konstantmotoren und nur als Schnelläufer über *500 U/min* geeignet und sie dürfen, um ein sicheres Anlaufen zu gewährleisten, nur mit einem geringen Anlaufmoment belastet werden.

Zahnringmotoren (z.B. Orbit-Motor) sind Konstantmotoren und für niedrigere Drehzahlen geeignet, wenn an die Gleichförmigkeit keine großen Anforderungen gestellt werden. Ihr Wirkungsgradmaximum liegt meist zwischen *200* und *600 U/min*.

Flügelmotoren werden als Flügelzellen- oder Drehflügelmotoren gebaut. Sie können als Mittelläufer bezeichnet werden, erlauben aber teilweise auch Drehzahlen bis *3000 U/min*. Sie werden meist als Konstantmotoren ausgeführt, können aber in mehrhubiger Bauweise auch so ausgeführt werden, daß unterschiedliche Schluckvolumina einstellbar sind. Mit diesen sogenannten Stufenschaltmotoren sind dann 3 verschiedene Motordrehzahlen möglich.

Als schnellaufende Kolbenmotoren können alle in 5.2 beschriebenen Kolbenpumpen verwendet werden, wenn sie keine selbsttätigen Ventile haben. Axialkolbenmotoren werden in der Praxis am häufigsten verwendet und als Konstant- oder Verstellmotoren gebaut. Dabei werden Motoren nach der Schrägachsenbauweise bevorzugt, weil sie ein höheres Anlaufmoment aufweisen als Schrägscheibenmotoren. Die niedrigste sinnvolle Drehzahl liegt bei Axialkolbenmotoren aufgrund des mech.-hydr. Wirkungsgrades bei *50* bis *100 U/min*.

Als langsamlaufende Kolbenmotoren haben sich vorwiegend die Radialkolbenmotoren bewährt. Bei ihnen ist es konstruktiv möglich, ein großes Schluckvolumen zu verwirklichen und damit bei niedrigen Drehzahlen und großen Drehmomenten einen gleichförmig laufenden Hydromotor zu erreichen. Die Radialkolbenmotoren, die überwiegend als Konstantmotoren gebaut werden, unterscheiden sich konstruktiv erheblich von den Radialkolbenpumpen des Abschnittes 5.2.3.1.

Bei der <u>außen abgestützten Bauart</u> stützen sich die Kolben auf der außen liegenden Hubkurve ab. Wie Bild 84 zeigt werden diese Motoren mehrhubig ausgeführt, wodurch ein großes Schluckvolumen erreicht wird. Die Beaufschlagung

Bild 84 Mehrhubiger Radialkolbenmotor mit äußerer Kolbenabstützung

1 Kolben am Beginn des Druckhubes
2 Kolben voll mit Hochdruck verbunden
3 Kolben im äußeren Totpunkt
4 Kolben wird nach innen bewegt
5 Kolben kurz vor innerem Totpunkt

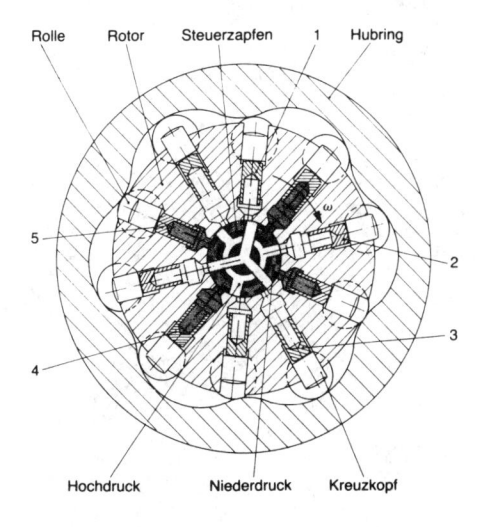

erfolgt von innen. Durch die Abstützung der druckbeaufschlagten Kolben an der Kurvenbahn entstehen tangentiale Kraftkomponenten der Kolbendruckkräfte, die die Drehbewegung erzeugen

Diese Motoren können mit rotierendem Zylinderstern (Rotor) und damit rotierender Welle oder als sogenannte Radnabenmotoren mit rotierendem Gehäuse (Hubring) ausgeführt werden. Bei den Radnabenmotoren bildet der feststehende Zylinderstern die Nabe, und auf das rotierende Gehäuse wird direkt die Felge geschraubt.

Bei den wichtigsten Varianten der innen abgestützten Bauart wird die Hubbewegung durch eine Schubkurbel oder eine Kurbelschleife erzeugt [19]. Die Beaufschlagung erfolgt von außen, die Motoren sind einhubig ausgeführt und ein großes Schluckvolumen wird durch große Kolbendurchmesser erreicht. Die für die Drehmomentenerzeugung notwendige Tangentialkraft entsteht durch Kraftzerlegung im Mittelpunkt des innenliegenden Exzenters.

Bild 85 zeigt einen Radialkolbenmotor nach dem Prinzip der Kurbelschleife im Querschnitt. Die sternförmig angeordneten Kolben übertragen Kolbenkraft und Hubbewegung über Gleitschuhe direkt auf die Exzenterwelle. Da die Zylinder sich über ein sphärisches Stützelement am Gehäuse abstützen ist die Paarung Kolben/Zylinder querkraftfrei und damit die Kolbenreibung gering. Der Kontakt mit Exzenterwelle und sphärischem Stützelement wird durch den Lastdruck bzw. beim Anfahren durch die Feder gesichert. Der Flüssigkeitsstrom

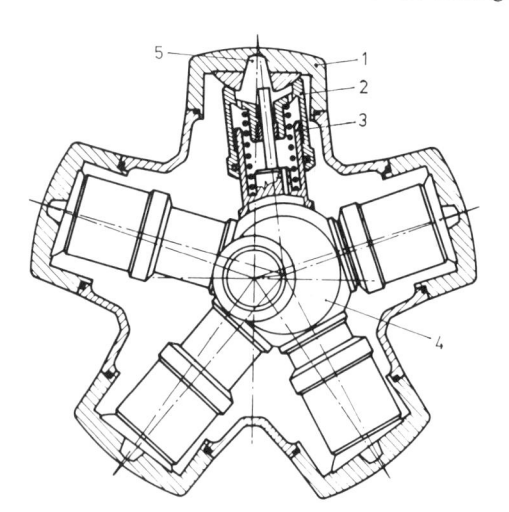

Bild 85 Radialkolbenmotor mit innerer Kolbenabstützung und Triebwerk mit Kurbelschleife

1 Gehäuse
2 Zylinder
3 Kolben
4 Exzenterwelle
5 Ein- bzw. Auslaß

wird durch ein Verteilerventil, das mit der Motorwelle rotiert, gesteuert.

Bild 86 zeigt einen Radialkolbenmotor nach dem Prinzip der Schubkurbel im Längsschnitt. Die Kolben übertragen Kolbenkraft und Hubbewegung über hydrostatisch entlastete Pleuel auf den Laufring des Exzenters der Abtriebswelle. Die sieben Kolben sind sternförmig im feststehenden Zylinderblock um den Exzenter angeordnet und durch Kolbenringe abgedichtet. Ein axialer Steuerspiegel, der mit der Motorwelle rotiert, steuert den Flüssigkeitsstrom. Der Steuerspiegel wird durch Druckbeaufschlagung auf der rechten Seite gegen das Motorgehäuse gedrückt, wodurch die axial auf den Steuerspiegel wirkenden Kräfte ausgeglichen werden.

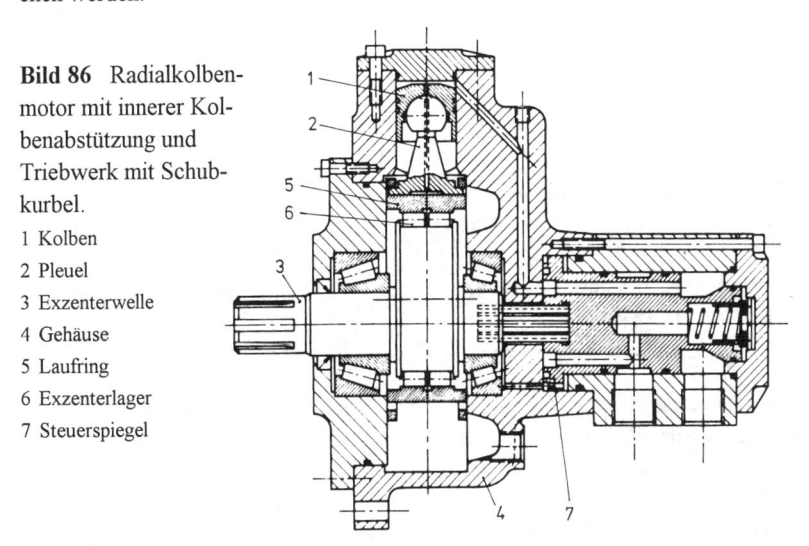

Bild 86 Radialkolbenmotor mit innerer Kolbenabstützung und Triebwerk mit Schubkurbel.

1 Kolben
2 Pleuel
3 Exzenterwelle
4 Gehäuse
5 Laufring
6 Exzenterlager
7 Steuerspiegel

Bei den Radialkolbenmotoren kann das Schluckvolumen durch die Anordnung mehrerer Zylindersterne auf einer Welle vergrößert werden.

Bei den Bauarten mit innenliegendem Exzenter werden auch Hydromotoren mit hydraulisch verstellbarem Exzenter gebaut. Wenn die Exzentrizität auf null verringert werden kann sind diese Motoren als Freilauf einsetzbar, da ihr Schluckvolumen dann null ist.

6.2.2 Wirkungsgrade und Grundgleichungen mit Verlusten

Bei den Hydromotoren treten dieselben Verlustursachen auf wie bei den Pumpen. Die Leckverluste führen, wie bereits beschrieben, zu einer Vergrößerung des effektiven Schluckstromes gegenüber dem theoretischen Schluckstrom. Daraus folgt der volumetrische Wirkungsgrad nach Gl. (136). Die Momentenverluste bewirken beim Hydromotor, daß das wirklich abgegebene Moment kleiner ist als das theoretische Moment. Es gilt

$$M_{ab} = M_{th} - M_V \tag{147}$$

Damit wird der mechanisch-hydraulische Wirkungsgrad

$$\eta_{mh} = \frac{M_{ab}}{M_{th}} = \frac{M_{th} - M_V}{M_{th}} = 1 - \frac{M_V}{M_{th}} \tag{148}$$

Da der mech.-hydr. Wirkungsgrad im Stillstand am schlechtesten ist, wird auch das Anlaufmoment, d.h. das Moment, das an der Motorwelle im Stillstand zur Verfügung steht, kleiner als das Moment bei Bewegung. Das Anlaufmoment beträgt je nach Konstruktion etwa *75 - 95 %* des theoretischen Momentes bei gleichem Druckgefälle.

Der Gesamtwirkungsgrad wird nach Gl. (114) wieder $\eta_t = \eta_{vol}\, \eta_{mh}$

Die Grundgleichungen für die Berechnung eines Hydromotors ohne Berücksichtigung der Verluste sind dieselben wie bei der Pumpe. Es gelten also wieder die Gl. (106) bis (109) aus 5.1.2.

Mit ihnen, den Wirkungsgraden nach Gl. (136) und (148), der Volumeneinstellung α und dem Druckgefälle Δp am Hydromotor erhält man die Grundgleichungen mit Verlusten.

Effektiver Schluckstrom $\quad Q_e = \dfrac{Q_{th}}{\eta_{vol}} = \dfrac{n\,\alpha\, V_{tho}}{\eta_{vol}} = \dfrac{n V_{th}}{\eta_{vol}} \tag{149}$

Abgegebenes Moment $\quad M_{ab} = M_{th}\, \eta_{mh} = \dfrac{\Delta p\, \alpha\, V_{tho}}{2\pi}\, \eta_{mh} = \dfrac{\Delta p\, V_{th}}{2\pi}\, \eta_{mh} \tag{150}$

Zugeführte Leistung $\quad P_{zu} = Q_e \, \Delta p = \dfrac{\omega \, M_{ab}}{\eta_t} = \dfrac{\Delta p \, Q_{th}}{\eta_{vol}}$ (151)

Nutzleistung $\quad P_n = \omega \, M_{ab} = P_{zu} \, \eta_t = Q_e \, \Delta p \, \eta_t$ (152)

Auch für Hydromotoren können Kennlinienfelder ähnlich Bild 66 angegeben werden.

Beispiel 34: Ein Hydromotor (Axialkolbenbauart) mit konstantem Schluckvolumen $V_{th} \approx V_g = 28{,}1 \ cm^3$ dient zum Antrieb einer Zentrifuge. Das auf die Hydromotorwelle reduzierte Massenträgheitsmoment der Zentrifuge beträgt $J_{Ze} = 12 \ kg \ m^2$ und das des Hydromotors $J_{Mo} = 0{,}0017 \ kg \ m^2$.

a) Welcher Druckabfall Δp ist am Hydromotor vorhanden, wenn er die Zentrifuge in *24 s* auf $n_e = 2000 \ U/min$ gleichförmig beschleunigt und dabei ein konstantes Reibungsmoment von $M_R = 12 \ Nm$ an der Zentrifuge herrscht? Der mech.-hydr. Wirkungsgrad darf im Mittel mit *91 %* angenommen werden.

b) In welcher Zeit kann der unbelastete Hydromotor bei einem Druckabfall von $\Delta p = 250 \ bar$ auf *2000 U/min* gleichmäßig beschleunigt werden, wenn η_{mh} wieder im Mittel *91 %* beträgt?

c) Welchen Schluckstrom erfordert der Hydromotor bei einer Drehzahl von *2000 U/min* unter vollem Druck, wenn dabei der volumetrische Wirkungsgrad *96 %* beträgt? Kompressibilitätseinflüsse dürfen vernachlässigt werden.

Lösung:

a) Winkelbeschleunigung $\quad \dot\omega = \dfrac{\omega_e}{t} = \dfrac{2\pi n_e}{60 \, t} = 8{,}72 \ s^{-2}$

Beschleunigungsmoment $\quad M_a = J_{ges} \, \dot\omega = 12{,}0017 \cdot 8{,}72 = 104{,}9 \ Nm$

Damit wird das gesamte vom Hydromotor aufzubringende Moment
$M_{ab} = M_a + M_R = 116{,}9 \ Nm = 1169 \ daNcm$

Aus Gl. (150) folgt $\quad \Delta p = \dfrac{M_{ab} \, 2\pi}{V_{th} \, \eta_{mh}} = 287 \ bar$

b) Bei $\Delta p = 250 \ bar$ wird $\quad M_{ab} = \dfrac{\Delta p \, V_{th}}{2\pi} \, \eta_{mh} = 1019 \ daNcm = 101{,}9 \ Nm$

damit wird $\quad \dot\omega = \dfrac{M_{ab}}{J_{Mo}} = \dfrac{101{,}9}{0{,}0017} = 59 \ 900 \ s^{-2}$

und die erforderliche Zeit $t = \dfrac{\omega}{\dot{\omega}} = \dfrac{2\pi n}{\dot{\omega} 60} = 0{,}0035\ s$.

Wegen des kleinen Massenträgheitsmomentes ist also eine sehr große Winkelbeschleunigung möglich.

c) Nach Gl. (149) wird $Q_e = \dfrac{nV_{th}}{\eta_{vol}} = 58\ 500\ \dfrac{cm^3}{min} = 58{,}5\ l/min$

6.2.3 Kompressibilitätseinfluß

Bei stationärem Betrieb wirkt sich die Kompressibilität der Druckflüssigkeit geringfügig drehzahlmindernd auf den Hydromotor aus, wie in 5.1.5 bereits gezeigt wurde.

Bei Lastschwankungen am Hydromotor treten dieselben Erscheinungen auf wie sie für den Arbeitszylinder in 2.4.2 bereits behandelt wurden. Lastschwankungen, die Druckschwankungen im System zur Folge haben, werden also die Gleichförmigkeit der Drehbewegung des Hydromotors stören, oder zu Drehschwingungen führen. Resonanz tritt wieder auf, wenn die Erregerfrequenz durch die Last mit der Eigenfrequenz des Systems zusammenfällt. Es soll hier deshalb die Berechnung der Eigenkreisfrequenz eines Antriebes mit Hydromotor unter Vernachlässigung der Dämpfung betrachtet werden.

Für die Eigenkreisfrequenz bei Drehschwingungen ist aus der Mechanik bekannt

$$\omega_0 = 2\pi\ f_0 = \sqrt{\dfrac{c}{J}} \qquad (153)$$

In Gl. (153) ist J das gesamte, auf die Motorwelle reduzierte, Massenträgheitsmoment der Last einschließlich des Hydromotors. Für die Drehfederkonstante c_1 gilt, wenn V_1 das unter Druck stehende Ölvolumen auf einer Seite des Motors ist

$$c_1 = \dfrac{M_{th}}{\Delta\varphi} = \dfrac{V_{th}\ \Delta p}{2\pi} \cdot \dfrac{V_{th}}{2\pi\beta\ V_1\ \Delta p} = \dfrac{V_{th}^2}{4\pi^2\beta V_1} = \dfrac{V_{th}^2 K}{4\pi^2 V_1} \qquad (154)$$

Steht das Öl auf beiden Seiten des Motors unter Druck, so gilt, da eine Parallelschaltung zweier Federn vorliegt, für die Gesamtdrehfederkonstante $c = c_1 + c_2$.

6.3 Schwenkmotoren

Sie erzeugen eine begrenzte Drehbewegung mit wechselndem Drehsinn. Diese Bewegung läßt sich auf vielerlei Arten erzeugen. Die Bilder 87 und 88 zeigen zwei Möglichkeiten.

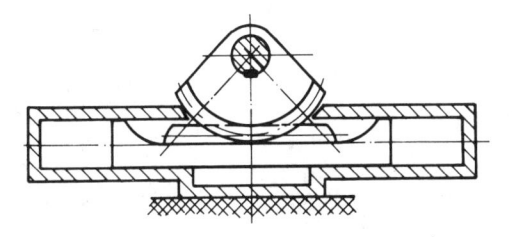

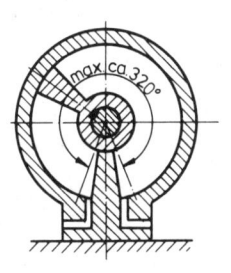

Bild 87 Längskolben mit Zahnstange und Ritzel

Bild 88 Drehflügelmotor

Weitere Möglichkeiten sind Zylinder mit Hebelmechanismen oder Längskolben, die durch Steilgewinde bei ihrer Vorschubbewegung zwangsläufig gedreht werden.

6.4 Kräfte und Momente an Motoren

Die vom Zylinder erzeugte Kolbenkraft bzw. das vom Hydromotor abgegebene Moment müssen den ihnen entgegenwirkenden äußeren Widerstand überwinden. Dieser setzt sich im allgemeinsten Fall aus einem Beschleunigungs- (F_a, M_a), einem Reibungs- (F_R, M_R), und einem Lastanteil (F_{La}, M_{la}), der sich aus dem Arbeitswiderstand ergibt, zusammen.

Damit wird die auf die Kolbenstange des Zylinders wirkende äußere Kraft

$$F_{ges} = F_a + F_R + F_{La} \tag{155}$$

Und das auf die Hydromotorwelle wirkende äußere Moment

$$M_{ges} = M_a + M_R + M_{La} \tag{156}$$

Bei Berechnungen muß man beachten, welche dieser Anteile auftreten. In der Beschleunigungsphase ist dabei häufig noch kein Lastanteil vorhanden, dagegen wird in der Arbeitsphase meist nicht mehr beschleunigt.

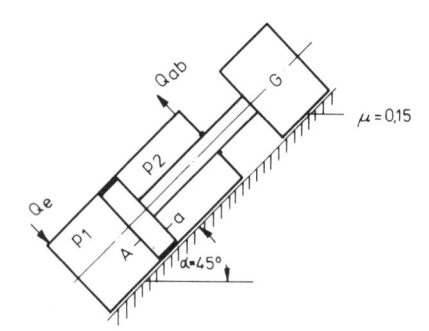

Bild 89 zu Beispiel 35

Beispiel 35: Mit dem skizzierten Hubzylinder soll das Gewicht $G = 30\,000\,N$ (mit Kolben) in $0,5\,s$ vom Stillstand auf $v_e = 1\,m/s$ auf der schiefen Ebene mit $\alpha = 45°$ nach oben gleichförmig beschleunigt und dann mit konstanter Geschwindigkeit weiterbewegt werden. Der Reibungskoeffizient auf der Ebene beträgt $\mu = 0,15$. Daten des Zylinders:
$A = 20\,cm^2$; $a = 9,4\,cm^2$; $\eta_{vol} = 1$; $\eta_{mh1} = \eta_{mh2} = 0,85$; Gegendruck $p_2 = 5\,bar$.
a) Welcher Druck p_1 am Kolbenboden ist in der Beschleunigungsphase erforderlich?
b) Welcher Druck ist bei konstanter Geschwindigkeit erforderlich?
c) Wie groß ist bei b) der Gesamtwirkungsgrad des Zylinders?
d) Wie groß wird der Druck p_1 in Frage a) wenn man mit einem verlustlosen Zylinder rechnet, also $\eta_{mh} = 1$ setzt?

Lösung:
a) Beschleunigung $a = v_e/t = 1/0,5 = 2\,m/s^2$

Äußere Kraft $F_{ges} = F_a + F_R + F_{La}$
$$= ma + \mu G \cos\alpha + G \sin\alpha$$
$$= 6110 + 3180 + 21\,200 = 30\,490\,N$$

Die Kolbenkraft muß gleich der äußeren Kraft werden, damit gilt nach Gl. (141)

$$F_1 = p_1 A \eta_{mh1} - \frac{p_2 a}{\eta_{mh2}} = F_{ges}$$

daraus folgt $p_1 = \dfrac{F_{ges} + p_2 a/\eta_{mh2}}{A \eta_{mh1}} \approx 183 \; bar$

Bei Vernachlässigung von p_2 wird $p_1 = \dfrac{F_{ges}}{A \eta_{mh1}} = 179{,}5 \; bar$

b) $F_{ges} = F_R + F_{La} = 24\,380 \; N = F_1$

und damit $p_1 = \dfrac{F_{ges} + p_2 a/\eta_{mh2}}{A \eta_{mh1}} = 147 \; bar$

c) bei $v_e = 1 \; m/s$ wird der Schluckstrom $Q_e = A v_e = 2000 \; cm^3/s = 120 \, l/min$

und der abfließende Ölstrom $Q_{ab} = Q_e a/A = 940 \; cm^3/s = 56{,}4 \, l/min$

Damit wird nach Gl. (145) $\eta_t = \dfrac{F_1 v_e}{Q_e p_1 - Q_{ab} p_2} = 0{,}844$

d) Für den verlustlosen Zylinder gilt $F_{ges} = F_1 = p_1 A - p_2 a$

daraus folgt $p_1 = \dfrac{F_{ges} - p_2 a}{A} = 155 \; bar$, also ein wesentlich zu kleiner Wert.

6.5 Berechnung von Hydrosystemen (Hydrokreisläufen)

Nachdem in Kap. 5 und 6 die Berechnung von Pumpen und Motoren behandelt wurde und bereits aus Kap. 2 die Berechnung der Druckverluste in Rohrleitungen, Ventilen usw. bekannt ist, können jetzt stationäre Betriebszustände der meisten Hydrosysteme berechnet werden. Eine Ausnahme bilden lediglich die Systeme mit Stromventilen, die erst nach der Besprechung der Stromventile in Kap. 7 (Beispiel 39 und 40) berechnet werden können und die Systeme mit stetig verstellbaren Ventilen, die in Kap. 8 besprochen werden.

Die ausführliche Lösung der folgenden etwas umfangreicheren Übungsbeispiele ist im Anhang zu finden.

Beispiel 36: Ein Hydrosystem (hydrostatisches Getriebe) zum Antrieb eines Fahrwerkes ist als offener Kreislauf (13.1) mit Drehrichtungsumkehr über ein 4/3-Wegeventil nach Bild 90 ausgeführt.
Daten des Hydromotors (Konstantmotor):
$V_{th} \approx V_g = 28{,}1 \; cm^3$; $\eta_{mh} = 0{,}92$; $\eta_{vol} = 0{,}98$.

Daten der Pumpe (Verstellpumpe):
$V_{tho} \approx V_{gmax} = 28,1\ cm^3$; $\eta_{mh} = 0,94$; $\eta_{vol} = 0,96$.
Die Wirkungsgrade gelten in dem betrachteten Betriebspunkt.

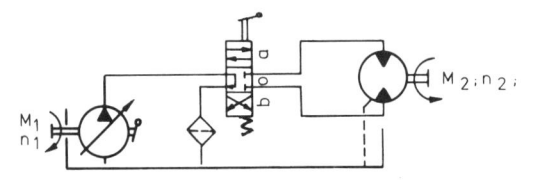

Bild 90 Prinzipskizze des Hydraulikkreislaufes ohne Druckbegrenzungsventile

a) Welcher Druckabfall Δp_2 muß am Motor vorhanden sein, wenn das max. äußere Moment $M_{2max} = 100Nm$ beträgt?
b) Wie groß ist dabei der erforderliche Pumpenförderstrom, wenn die Motordrehzahl $n_2 = 1500 U/min$ beträgt und die Ventile leckölfrei sind?
c) Welche Volumeneinstellung der Pumpe ist dabei erforderlich, wenn die Antriebsdrehzahl $n_1 = 1800 U/min$ beträgt?
d) Wie groß sind in Schaltstellung a des 4/3-Wegeventils die Druckverluste in der Anlage, wenn die Rohrnennweite $d = 14mm$, die äquivalente Länge (siehe Anmerkung) der Präzisionsstahlrohrleitungen $16,4\ m$, der Verlustkoeffizient des Filters $\zeta_{Fi} = 2$ beträgt und das 4/3-Wegeventil die Kennlinien von Bild 14 bei den Öldaten dieser Aufgabe hat?
Öldaten bei Betriebstemperatur: $\rho = 0,9\ g/cm^3$; $\nu = 20\ mm^2/s$.
e) Wie groß ist das erforderliche Antriebsmoment für die Pumpe?
f) Wie groß ist der Gesamtwirkungsgrad der Anlage im betrachteten Betriebspunkt?

Anmerkung: Äquivalente Längen sind Ersatzlängen gerader Rohrleitungen gleicher Nennweite, welche die gleichen Druckverluste ergeben wie die vorhandenen Leitungsteile (z.B. Krümmer). Diese Längen errechnen sich aus dem Vergleich der Gleichungen (17) und (25). Bei gleicher mittlerer Geschwindigkeit gilt für eine äquivalente Länge $l_ä = d\ \zeta\ /\ \lambda$.
Damit läßt sich für die Berechnung der Druckverluste ein vorhandenes Leitungssystem mit Krümmern, Abzweigungen und Verschraubungen durch eine gerade Rohrleitung mit entsprechender äquivalenter Länge ersetzen.

Beispiel 37: Bild 91 zeigt uns den Schaltplan eines Hydrosystems zum Antrieb

eines Arbeitszylinders. Der effektive Pumpenförderstrom ist konstant *12 l/min* und darf als druckunabhängig angenommen werden. Die Pumpe liegt unter dem Ölspiegel des Behälters. Es lassen sich folgende Kolbenbewegungen ausführen:
1. Arbeitsvorschub bei Schaltstellung a des 4/3-Wegeventils und Schaltstellung a des 3/2-Wegeventils.
2. Kolbenrückzug bei Schaltstellung b des 4/3-Wegeventils und Schaltstellung a des 3/2-Wegeventils.

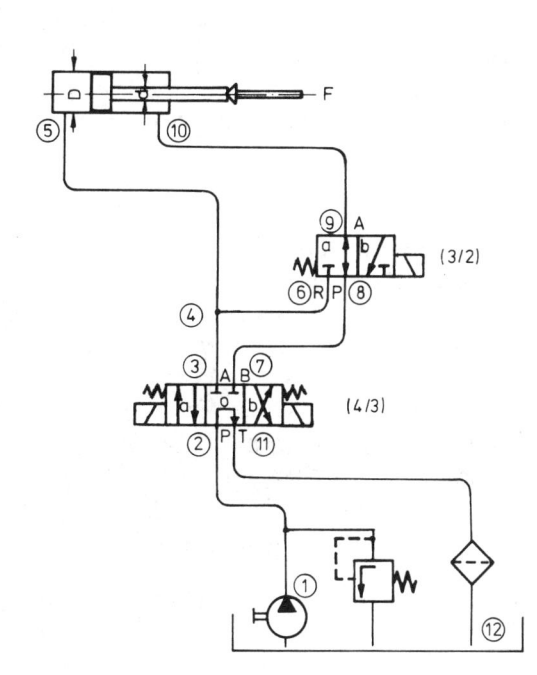

Bild 91 Schaltplan des Hydrosystems zu Beispiel 37

3. Eilvorschub bei Schaltstellung a des 4/3-Wegeventils und Schaltstellung b des 3/2-Wegeventils (Differentialschaltung).

Außerdem ist in Schaltstellung 0 des 4/3-Wegeventils eine Umlaufstellung vorhanden, d.h. die Pumpe fördert fast drucklos in den Tank..

Folgende Daten sind bekannt:

Arbeitszylinder: $D = 65$ mm; $d = 45$ mm; $\eta_{vol} = 1.$; $\eta_{mh1} = 0,95$; $\eta_{mh2} = 0,9$.

Sämtliche Rohre sind nahtlose Präzisionsstahlrohre mit *8 mm* Innendurchmesser. Die Längen der einzelnen Rohrabschnitte betragen:

1-2:	3-4:	4-5:	4-6:	9-10:	7-8:	11-12:
550 mm	*350 mm*	*2000 mm*	*300 mm*	*2150 mm*	*1100 mm*	*600 mm*

Verschraubungen sind in den Rohrlängen mitberücksichtigt. Die 90°-Krümmer, deren Lage und Zahl aus dem Schaltplan entnommen werden kann, haben ein Durchmesserverhältnis $D/d = 4$. Der Widerstandsbeiwert des Filters beträgt $\zeta_{Fi} = 0,6$.

Das Öl hat bei Betriebstemperatur $v = 22\ mm^2/s$ und $\rho = 0,9\ g/cm^3$. Die Kennlinien der leckölfreien Wegeventile in Bild 92 und 93 gelten für das Öl bei Betriebstemperatur.

Das leckfreie Druckbegrenzungsventil des Systems ist auf *150 bar* Öffnungsdruck eingestellt.

a) Wie groß ist die Kolbengeschwindigkeit beim Arbeitsvorschub (v_{1A}) und beim Kolbenrückzug (v_2)?
b) Wie groß ist die Kolbengeschwindigkeit beim Eilvorschub (v_{1E}) und welche Ölströme fließen in den einzelnen Leitungsabschnitten?
c) Wie groß sind beim Eilvorschub die Drücke im Zylinder (p_5? p_{10}?) nach Erreichen der maximalen Geschwindigkeit bei einer äußeren Kraft $F = 10\ 000\ N$ und wie groß ist der Druck p_1 am Druckstutzen der Pumpe?
d) Wie groß ist bei c) der Gesamtwirkungsgrad und der scheinbare mechanisch hydraulische Gesamtwirkungsgrad des Zylinders?
e) Wie groß sind die Drücke p_1, p_5 und p_{10} beim Arbeitsvorschub bei einer äußeren Kraft $F = 40\ 000\ N$?
f) Wie groß sind die Drücke p_1, p_5 und p_{10} beim Kolbenrückzug ohne äußere Last?
g) Wie groß ist der Gesamtwirkungsgrad der Anlage beim Eilvorschub und wie

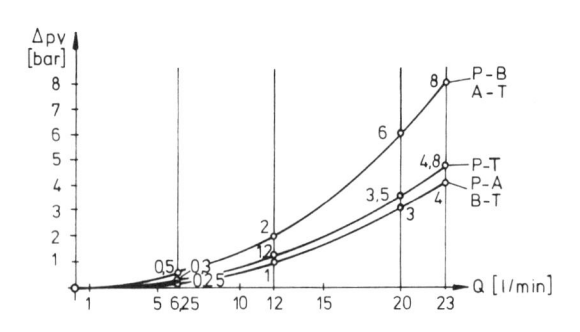

Bild 92 Kennlinie des 4/3-Wegeventils

Bild 93 Kennlinie des
3/2-Wegeventils

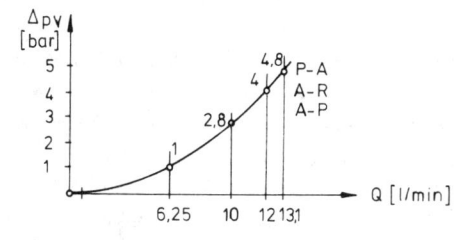

(Diagramm: Δp_V [bar] über Q [l/min]; Punkte bei $(6{,}25; 1)$ P-A, $(10; 2{,}8)$ A-R, $(12; 4)$, $(13{,}1; 4{,}8)$ A-P)

groß ist er beim Arbeitsvorschub, wenn der Gesamtwirkungsgrad der Pumpe $\eta_{tPu} = 0{,}88$ beträgt?

h) Wie groß ist der Druck p_1 am Druckstutzen der Pumpe bei Leerlaufschaltung?

Beispiel 38: Eine leistungsgeregelte Verstellpumpe mit $V_{tho} \approx V_{gmax} = 115\ cm^3$ und ein Konstantmotor mit $V_{th} \approx V_g = 800\ cm^3$ bilden im offenen Kreislauf ein hydrostatisches Getriebe. Der Leistungsregler ist auf eine Leistung von *30 kW*, die der Antriebsmotor bei der konstanten Drehzahl von *2880 U/min* abgibt, eingestellt. Das Druckbegrenzungsventil ist auf *210 bar* eingestellt.

a) Geben Sie für das verlustfreie Getriebe und einen idealen Leistungsregler den Regelbeginn und das Regelende an und skizzieren Sie die Kennlinie.
b) Wie verändern sich Regelbeginn und Regelende, wenn die Pumpenwirkungsgrade berücksichtigt werden?
c) Welche Drehzahl hat der Hydromotor und welches Drehmoment gibt er bei verlustfreiem Getriebe ab, wenn der Pumpenförderdruck *190 bar* beträgt?

7 Ventile als Steuergeräte und ihre Anwendungen

In diesem Kapitel werden die Ventile, die in der Ölhydraulik im Leistungsbereich zur Steuerung des Leistungsflusses verwendet werden, und damit auch als Steuergeräte bezeichnet werden können, besprochen. Benennung, Erläuterung und Symbole wurden bereits in 1.4.2 dargelegt.

Im Folgenden werden der Aufbau, die Funktion sowie die Anwendung der wichtigsten "konventionellen" Hydraulikventile besprochen. Es wird dazu mit Hydraulik-Schaltplänen erläutert, wie man mit diesen Ventilen die geforderte Funktion einer Anlage erfüllen kann. Mit der Frage des Signalflusses, d.h. der Auswahl und Anordnung der Signale, die den Ablauf steuern, befaßt sich das Kapitel 16 "Steuerungstechnik der Signalflüsse".

Die Servo-, Proportional- und Regelventile werden im Kapitel 8 gesondert behandelt, da es sich bei ihnen um stetig verstellbare Ventile handelt, die sowohl in hydraulischen Steuerungen als auch in Regelkreisen eingesetzt werden können.

Die Ventile zur Steuerung im Leistungsbereich können nach ihren Aufgaben in vier Hauptgruppen, nämlich Druck-, Wege-, Sperr- und Stromventile eingeteilt werden. Die Einteilung und die Aufgaben zeigt Bild 94.

```
                    Ventile als Steuergeräte
                              |
        ┌──────────────┬──────┴───────┬──────────────┐
   Druckventile    Wegeventile    Sperrventile    Stromventile
   
   → Druckbegrenzung  → Bestimmung    → Sperren bzw.   → Beeinflussung
   → Druckminderung     der Durch-      Entsperren       der Durchfluß-
   → Druckabhängiges    flußwege        eines Durch-     stromstärke
     Schalten                           flußweges
```

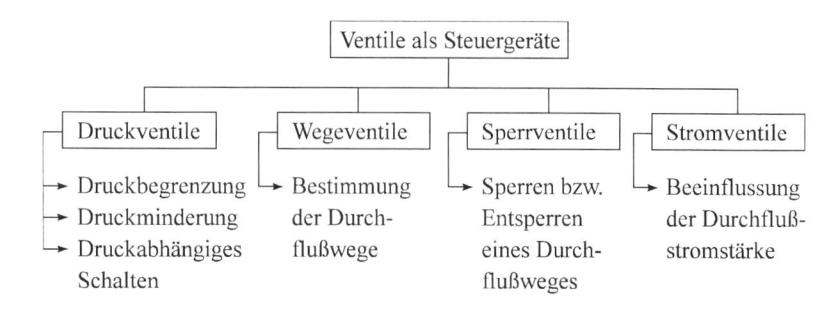

Bild 94 Ventile als Steuergeräte und ihre Aufgaben

Ein wichtiges Unterscheidungsmerkmal der Ventile ist die Ausführung des Schließteiles im Ventil. Dabei muß zwischen der Sitz- und der Kolbenventilbauweise unterschieden werden. Bei beiden Bauarten wird ein beweglicher Ventilkörper in einem Gehäuse verstellt und damit der Durchflußweg gesteuert.

Bild 95 zeigt ein Sitzventil, bei dem ein Ventilkegel beim Schließen auf einen entsprechenden Sitz im Gehäuse trifft und damit in einer festen Lage zum Stillstand kommt. Bei geschliffenen Sitzflächen kann so ein völlig dichtes, also leckfreies Verschließen des Durchflußweges erreicht werden. An Stelle des Ventilkegels kann auch eine Kugel als Ventilkörper verwendet werden. Sitzventile sind gegen Verunreinigungen der Druckflüssigkeit ziemlich unempfindlich.

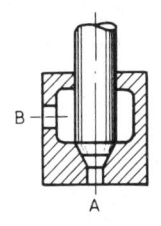

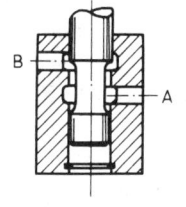

Bild 95 Sitzventil   **Bild 96** Kolbenventil

Bei dem Kolbenventil (Längsschieberventil), das Bild 96 zeigt, schließt der Ventilkörper (Kolben) durch Überfahren einer Bohrung oder Umfangsnut den Durchflußweg, kann aber noch weiterbewegt werden. Die schließenden Kanten, die den Öffnungsquerschnitt oder die Überdeckung bestimmen, werden Steuerkanten genannt. Sie können bei starker Verschmutzung des Öles ausgewaschen werden. Da stets ein Ringspalt zwischen Kolben und Gehäusebohrung vorhanden ist, wird eine Leckage von der Seite höheren Druckes zur Seite niedrigeren Druckes auftreten (siehe 2.6.2 Beispiel 18).

Ein wesentlicher Unterschied zwischen Sitz- und Kolbenventilen besteht in der Kraftwirkung der Druckflüssigkeit auf den Ventilkörper. Während bei den Kolbenventilen die statischen Druckkräfte, d.h. die Kräfte infolge von Druckunterschieden ausgeglichen werden können und dann nur Strömungskräfte (siehe 2.5) auftreten, werden bei den Sitzventilen sowohl statische als auch dynamische Kräfte auftreten. Dies bedeutet, daß bei der Betätigung der Kolbenventile Strömungskräfte, Reibungs- bzw. Haftkräfte und eventuell die Federkraft einer Rückstellfeder überwunden werden müssen, während bei den Sitzventilen dazu noch große statische Druckkräfte kommen.

7.1 Druckventile

7.1.1 Druckbegrenzungsventile (DbV)

Aufgabe der Druckbegrenzungsventile, die auch als Sicherheits- oder Überdruckventile bezeichnet werden, ist es, den Druck in einer Anlage zu begrenzen, wenn die Pumpe mehr Druckflüssigkeit fördert als die Verbraucher abnehmen. Das Hydrosystem wird also vor unzulässig hohen Drücken geschützt. Das Druckbegrenzungsventil muß bei einem unerwünschten Druckanstieg im System einen Drosselquerschnitt öffnen, über den dann der von der Pumpe geförderte, jedoch vom Verbraucher nicht abgenommene Druckflüssigkeitsanteil zum Tank abfließt. Dabei wird die mitgeführte hydraulische Energie in Wärme umgewandelt (siehe Kap. 3 Beispiel 24). Bild 97 zeigt die Anordnung eines Druckbegrenzungsventils (Schaltzeichen siehe 1.4.2.8 a) im Nebenschluß zur Druckleitung der Hydropumpe. Das Ventil sollte nahe an der Pumpe liegen und die abfließende Druckflüssigkeit sollte möglichst drucklos zum Tank abfließen.

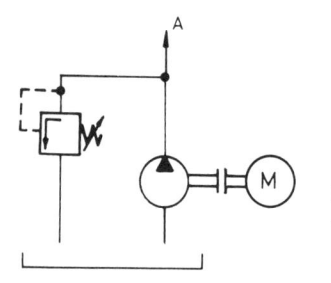

Bild 97 Anordnung des Druckbegrenzungsventils

Nach ihrer Bauart muß man bei den Druckbegrenzungsventilen direktgesteuerte und indirektgesteuerte DbV unterscheiden.

7.1.1.1 Direktgesteuertes Druckbegrenzungsventil

Bei dem direktgesteuerten Druckbegrenzungsventil wirkt der zu begrenzende Druck auf eine Fläche des Ventilkörpers gegen die das Gleichgewicht haltende Federkraft. Bild 98 und 99 zeigen eine Ausführung als Sitzventil und eine Ausführung als Kolbenventil. Der Systemdruck steht am Anschluß P an.

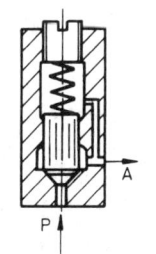

Bild 98 Druckbegrenzungsventil als Sitzventil

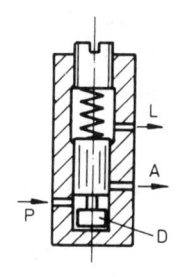

Bild 99 Druckbegrenzungsventil als Kolbenventil

Die Feder hält das Ventil gegen den Druck solange geschlossen, bis dieser so hoch angestiegen ist, daß er die Federkraft überwindet und den Ventilkörper verschiebt, so daß ein Öffnungsquerschnitt zum Auslaß A entsteht. Dabei wird der Systemdruck nicht genau konstant gehalten, sondern vom Durchflußstrom, der Form des Drosselquerschnittes und der Federcharakteristik abhängen. Der Öffnungsdruck des Ventils, darunter versteht man den Druck, bei dem ein Abfließen der Flüssigkeit zum Tank beginnt, wird durch die Federvorspannung festgelegt. Da bei steigendem Durchfluß der Hub des Ventilkörpers zunimmt, wird auch die Rückstellkraft der Feder entsprechend ihrer Kennlinie größer und damit der Druck über den Öffnungsdruck ansteigen.

Bei einem Vergleich der Sitz- (Bild 98) und Kolbenventilbauweise (Bild 99) kann man folgende Unterschiede feststellen. Das Sitzventil hat neben der leckölfreien Abdichtung den Vorteil des schnellen Ansprechverhaltens, da schon bei kleinem Hub ein relativ großer Abflußquerschnitt freigegeben wird. Die sprunghafte Durchflußänderung bei minimaler Hubänderung führt aber bei kleinen Durchflüssen ständig zu einem Übersteuern des Ventilkörpers, der deshalb flattern, d.h. dauernd öffnen und schließen wird. Bei der Kolbenventilbauart können dagegen kleine Durchflußströme über Kerben an der Kolbensteuerkante (Bild 100) beherrscht werden. Um ein gutes Ansprechverhalten zu erreichen, darf bei den Kolbenventilen nur eine kleine Kolbenüberdeckung zur Abdichtung verwendet werden. Der Nachteil ist dann ein entsprechender Leckölanfall.

Bild 100 Kolben mit Kerben

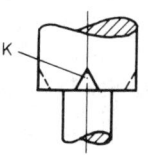

Um Schwingungen und Flattern des Ventilkörpers zu mildern, haben die meisten Ventile eine Dämpfungseinrichtung wie sie in Bild 99 gezeigt wird. Der Dämpfungskolben D taucht in eine Sackbohrung ein, wobei die sich unter ihm befindende Flüssigkeit als Dämpfungspolster wirkt. Selbstverständlich wird diese Dämpfungseinrichtung auch bei Sitzventilen angewandt.

Ein weiterer Unterschied der Ventile der Bilder 98 und 99 besteht in der Abführung des Lecköles aus dem Federraum. Bei dem Sitzventil wird dieses Lecköl im Ventilgehäuse direkt dem Auslaßanschluß A zugeführt. Dies hat zur Folge, daß ein eventuell bei A anstehender Druck zusammen mit der Federkraft dem Systemdruck bei P entgegenwirkt und damit den Öffnungsdruck erhöht. Die Ausführung des Bildes 99 vermeidet diesen Nachteil, da bei ihr das Lecköl aus dem Federraum, auch bei Druck am Anschluß A, drucklos durch eine getrennte Leitung d.h. extern, abgeführt werden kann.

7.1.1.2 Indirekt- oder vorgesteuertes Druckbegrenzungsventil

Für große Druchflußströme (große Hübe) und bei hohen Drücken (hohe Federvorspannkräfte) werden vorgesteuerte Druckbegrenzungsventile benutzt, weil direktgesteuerte Ventile wegen der erforderlichen großen Federn unförmige Konstruktionen ergeben würden. Außerdem lassen sich mit der vorgesteuerten Ausführung noch Zusatzfunktionen verwirklichen, die diese teureren Geräte auch bei kleinen Durchflußströmen und Drücken interessant werden lassen.

Bild 101 zeigt die Funktion eines vorgesteuerten Druckbegrenzungsventils in Kolbenventilbauart. Bei geschlossenem Ventil (Abfluß T gesperrt) steht der Systemdruck am Anschluß P an. Der Hauptkolben (hydr. Druckwaage) wird auf beiden Stirnseiten vom Systemdruck beaufschlagt. Wegen der zusätzlichen Kraft der schwachen Rückstellfeder bleibt der Abfluß T gesperrt, solange das kleine direktgesteuerte Druckbegrenzungsventil - auch Vorsteuer- oder Pilotventil genannt - geschlossen ist. Übersteigt der Systemdruck den am Pilotventil eingestellten Wert, öffnet dieses und Öl fließt vom Ventileingang über die Blende und das Pilotventil zum Abfluß Y. Dieser Steuerölstrom bewirkt einen Druckabfall Δp an der Blende und damit einen Druckunterschied zwischen den Stirnseiten des Hauptkolbens. Die Kraft F_F der Rückstellfeder wird nun überwunden und der Hauptkolben bewegt sich nach rechts. Dadurch gibt er den Abfluß T frei. Für den stationären Gleichgewichtszustand gilt nach Bild 101: $p \, A_K = p' \, A_K + F_F$. Damit wird der Systemdruck $p = p' + F_F/A_K \approx$ konst., da die

Rückstellfeder eine kleine Federkonstante hat. Der Systemdruck wird also unabhängig von der Stellung des Hauptkolbens praktisch konstant gehalten.

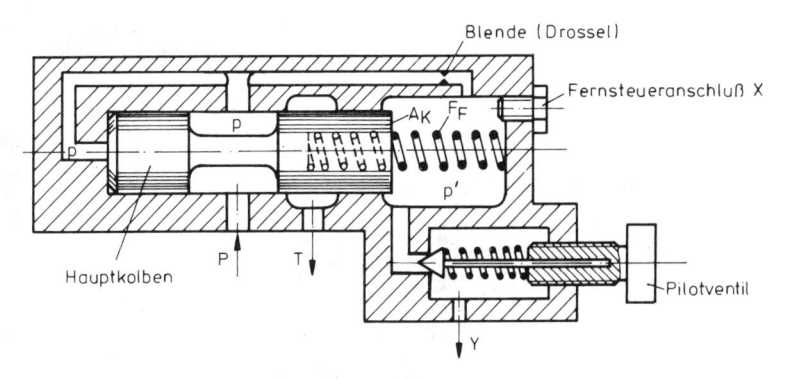

Bild 101 Vorgesteuertes Druckbegrenzungsventil

Der Fernsteueranschluß X am Vorsteuerraum ermöglicht nun noch Zusatzfunktionen. Bild 102 zeigt den Schaltplan einer Leerlaufschaltung. Bei ihr wird durch Schalten des kleinen 2/2-Wegeventils der Vorsteuerraum über den Anschluß X mit dem Tank verbunden und damit drucklos gemacht.

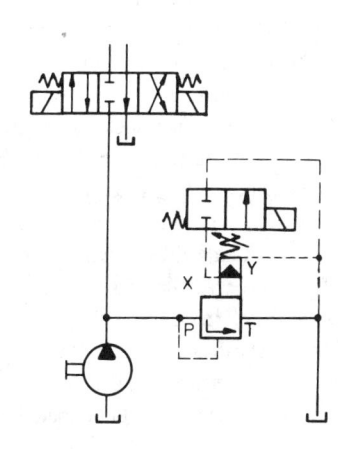

Bild 102 Leerlaufschaltung

Der Hauptkolben öffnet nun den Durchfluß von P nach T und ermöglicht damit einen nahezu drucklosen Umlauf für die Pumpe. Wird in die Fernsteuerleitung hinter dem 2/2- Wegeventil ein kleines Druckbegrenzungsventil in der Größe des Pilotventils eingebaut, so kann man bei Durchflußstellung des 2/2-Wegeventils mit dem dort eingestellten, gegenüber dem Hauptdruck niedrigeren Druck, fahren. Für die Anlage können dann zwei verschiedene Höchstdrücke gewählt werden.

7.1.1.3 Kennlinie

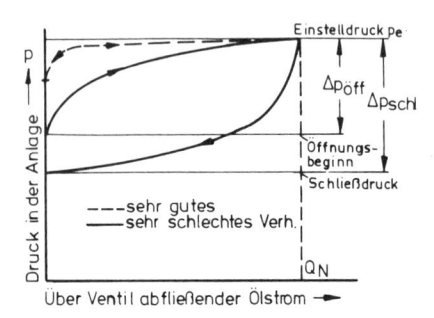

Bild 103 Kennlinien von Druckbegrenzungsventilen

Die Kennlinien zeigen das statische Verhalten von Druckbegrenzungsventilen. Mit steigendem Durchflußstrom steigt der Druck mehr oder weniger an. In Bild 103 ist eine Kennlinie für sehr gutes und eine für sehr schlechtes Verhalten eines Druckbegrenzungsventils dargestellt. Vorgesteuerte Druckbegrenzungsventile haben ein günstigeres Verhalten als direktgesteuerte Ventile.

Aus Bild 103 kann man auch die Begriffe der Öffnungsdruckdifferenz $\Delta p_{\mathit{öff}}$ und der Schließdruckdifferenz Δp_{schl} entnehmen. Dies sind jeweils die Druckunterschiede zwischen dem Einstelldruck, der dem Nenndurchfluß Q_N zugeordnet ist, und dem Öffnungs- bzw. dem Schließdruck. Die Schließdruckdifferenz ist größer als die Öffnungsdruckdifferenz, da infolge der Strömungskräfte und wegen der Hysterese der Feder der Kolben erst bei einem Druck schließt, der unter dem Öffnungsdruck liegt.

Das dynamische Verhalten der Ventile ist maßgebend für ihr Ansprech- und Schwingungsverhalten. Sie sollen möglichst schnell ansprechen um keine gefährlichen Druckspitzen, z.B. bei Schaltvorgängen von Wegeventilen, entstehen zu lassen, aber auch so gut gedämpft sein, daß sie nicht schwingen. Das dynamische Verhalten hängt aber nicht allein vom Aufbau der Ventile, sondern auch stark von den Verhältnissen in der Anlage ab, so daß Vergleiche nur bei genau gleichen Systemen möglich sind.

7.1.2 Druckminderventile

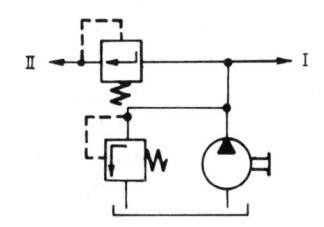

Bild 104 Schaltung eines Druckminderventils

Die Aufgabe der Druckminderventile, auch Reduzierventile genannt, ist die Reduzierung und Konstanthaltung des Druckes in einem Nebenkreis II auf einen Wert unter den im Hauptkreis I herrschenden höheren, aber veränderlichen Druck. Bild 104 zeigt die Schaltung eines Druckminderventils (Symbole siehe 1.4.2.8.d) zur Druckreduzierung im Nebenkreis II.

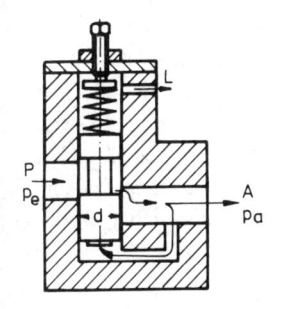

Bild 105 Direktgesteuertes Druckminderventil

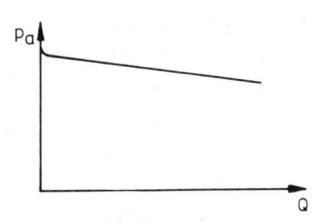

Bild 106 Kennlinie eines Druckminderventils

Die Funktion eines direkt gesteuerten Druckminderventils sieht man in Bild 105. Der Regelkolben des Ventils wird in Ruhestellung von der Feder offen gehalten. Es fließt nun Flüssigkeit von P zum Ausgang A (Nebenkreis) bis bei A der eingestellte Ausgangsdruck erreicht ist. Nun beginnt der Ventilkolben gegen die Federkraft den Durchflußquerschnitt zu schließen. Dadurch wird der Zulauf gedrosselt und damit der Ausgangsdruck p_a konstant gehalten. Bei sinkendem Ausgangsdruck öffnet die Feder das Ventil wieder. Aus diesem Verhalten ergibt sich auch sofort der Verlauf der Kennlinie. Der Ausgangsdruck p_a fällt wie Bild 106 zeigt, mit steigendem Durchflußstrom Q entsprechend der Federcharakteristik etwas ab. Das Lecköl (L) aus dem Federraum muß bei Druckminderventilen möglichst drucklos abgeführt werden. Wie bei den Druckbegrenzungsventilen sind auch bei den Druckminderventilen vorgesteuerte Bauarten möglich. Bei ihnen beginnt der Hauptkolben den Durchflußquerschnitt zu schließen, wenn das Pilotventil öffnet und damit Steueröl abfließt.

Wenn im Nebenkreis bei A keine Druckflüssigkeit verbraucht wird, ist der Ventilkolben in Schließstellung. Anhand von Bild 105 sieht man aber, daß wegen des Kolbenspiels etwas Lecköl von P nach A fließen wird. Dadurch steigt der Druck im Nebenkreis allmählich bis auf den Eingangsdruck p_e des Hauptkreises an. Diese Ventilbauweise ohne Abflußöffnung (Bild 105) hat also bei gesperrtem Abfluß seine Funktion verloren.

Der Druckanstieg kann vermieden werden, wenn aus dem Nebenkreis über eine Drossel ein kleiner Ölstrom abgeführt wird, oder wenn ein vorgesteuertes Ventil verwendet wird, bei dem der abfließende Steuerölstrom größer als der Leckstrom von P nach A ist.

Außer dem eben beschriebenen Druckminderventil ohne Abflußöffnung, also mit zwei gesteuerten Anschlüssen, gibt es noch eine Bauart mit Abflußöffnung, also mit drei gesteuerten Anschlüssen. Bei dieser Bauart wird bei unzulässigem Druckanstieg im Nebenkreis die Abflußöffnung geöffnet, also zusätzlich die Funktion eines Druckbegrenzungsventils für den Nebenkreis erreicht. Die unterschiedlichen Schaltzeichen der beiden Druckminderventilbauarten sind in 1.4.2.8.d dargestellt.

7.1.3 Druckschaltventile

Druckschaltventile haben einen ähnlichen Aufbau wie Druckbegrenzungsventile. Ihre Aufgabe ist es, bei Erreichen eines bestimmten Druckes ein zweites System zu- oder abzuschalten. Bild 107 zeigt ein direktgesteuertes Druckschaltventil. Selbstverständlich sind auch hier wieder vorgesteuerte Bauarten vorhanden. Man muß darauf achten, daß das Leck- bzw. Steueröl stets extern, d.h. drucklos, abgeführt werden muß, wenn der Ausgang II belastet ist.

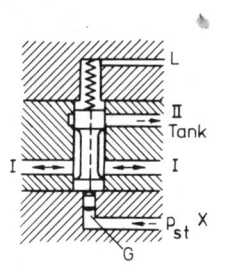

Bild 107 Direktgesteuertes Druckschaltventil

7.1.3.1 Zuschaltventil

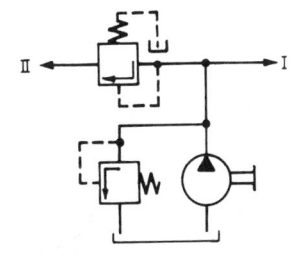

Bild 108 Schaltung eines Folgeventils

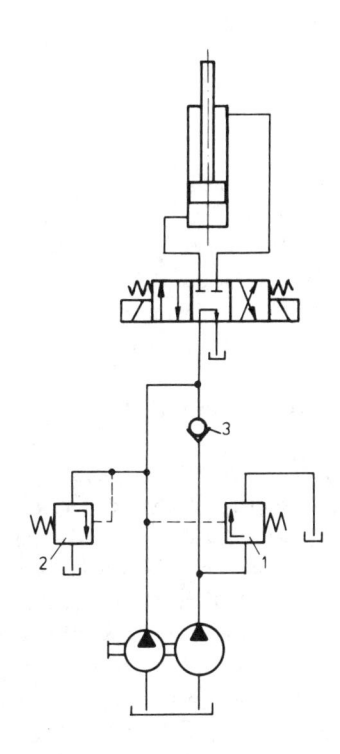

Bild 109 Vorschubsteuerung mit Abschaltventil

Wird das Ventil in Bild 107 dazu benutzt, den Durchfluß vom System I zum System II nach Erreichen eines bestimmten Druckes p_{st} in einem beliebigen anderen System, zu öffnen, so nennt man es ein Zuschaltventil.

Bild 108 zeigt eine Anwendung, bei der als Steuerdruck p_{st} der Druck des Systems I (Primärkreis) benutzt wird. Das System II wird also nach Erreichen des eingestellten Druckes im System I zugeschaltet. Dieses Ventil wird als Vorspann- oder auch als Folgeventil und die ganze Steuerung als druckabhängige Folgesteuerung bezeichnet, weil der Bewegungsablauf des Verbrauchers im Kreis II in Abhängigkeit des Druckes in Kreis I erfolgt.

7.1.3.2 Abschaltventil

Wird das Ventil in Bild 107 dazu benützt, den Abfluß vom System I zum Tank (II) nach Erreichen eines bestimmten Druckes p_{st} in einem beliebigen anderen System zu öffnen, so nennt man es ein Abschaltventil. Bild 109 zeigt den vereinfachten Schaltplan der Vorschubsteuerung einer Presse. Während des Eilganges arbeiten beide Pumpen bei kleinem Druck gemeinsam auf den Zylinder. Bei einsetzendem Arbeitswiderstand schaltet dann der ansteigende Druck das Abschaltventil 1 auf Umlauf. Nun fördert die große Pumpe drucklos in den Tank und die kleine Pumpe erzeugt den langsamen Arbeitsvorschub bei hohem Druck, da für ihren Förderstrom das Rückschlagventil 3 den Weg zum freien Abfluß über das Abschaltventil 1 sperrt. Das Druckbegrenzungsventil 2 sichert den Hochdruck ab. Bei diesem sogenannten zweistufigen Antrieb werden die Pumpenförderströme und Drücke möglichst so ausgelegt, daß bei Eilgang und Arbeitsvorschub dieselbe Antriebsleistung erforderlich ist.

7.2 Wegeventile (Schaltventile)

Wegeventile sind Steuergeräte, die den Weg eines Flüssigkeitsstromes bestimmen. Da diese Ventile in der Regel nur Endstellungen mit vollem Durchflußquerschnitt und keine drosselnden Zwischenstellungen erlauben, werden sie auch als schaltende Wegeventile oder als nicht drosselnde Wegeventile bezeichnet. Die Symbole, die Darstellung der Ventilbetätigung, die Kennzeichnung der Anschlüsse, die Kurzbezeichnung und die möglichen Schaltstellungen von Wegeventilen wurden bereits im Abschnitt 1.4.2 dargestellt. Die Kennlinien der Wegeventile wurden in 2.3.5 besprochen. Die Anwendung der Kennlinien bei Berechnungen des Leistungsflusses wurde mit den Beispielen 36 und 37 geübt. Jetzt sollen die wichtigsten Bauarten erläutert werden.

7.2.1 Wege-Kolbenventile (Schieberventile)

7.2.1.1 Bauformen von Schieberventilen

Schieberventile können als Dreh- oder Längsschieber ausgebildet sein.

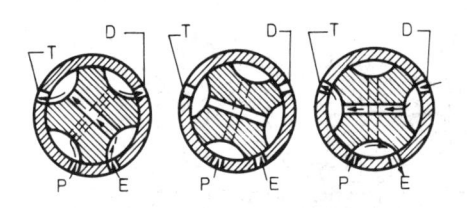

Bild 110 4/3-Wege-Drehschieber

Bei den Drehschiebern wird ein eingepaßter Kolben gedreht, wodurch Durchflußwege geöffnet oder abgesperrt werden. Bild 110 zeigt als Beispiel die 3 Schaltstellungen eines 4/3-Wege-Drehschiebers. Da der Drehschieber selten angewendet wird, soll nicht er, sondern die Längsschieberkonstruktion näher besprochen werden.

Wenn von Wege-Kolbenventilen gesprochen wird, meint man im allgemeinen ein Ventil in Längsschieberbauweise, wie es Bild 111 zeigt. Bei diesem Ventil sitzt im Gehäuse ein Kolben, in den ringförmige Nuten eingedreht sind. Durch die Längsbewegung dieses Kolbens werden Ringnuten im Gehäuse verbunden oder getrennt und damit der Flüssigkeitsstrom gelenkt. Bei dem 4/3-Wege-Ventil in Bild 111 wird, wenn der Kolben nach rechts geschaltet wurde, der Durchfluß von P nach A und von B nach T geöffnet (Bild 111a). Wurde der Kolben nach links ausgelenkt, ist der Anschluß P mit B und der Anschluß A mit T verbunden (Bild 111c). Das Schalten des Kolbens in seine Endlagen geschieht hier hydraulisch, d.h. über die Anschlüsse X oder Y werden die entsprechenden Kolbenstirnflächen mit Steueröl beaufschlagt. Die Mittelstellung des Kolbens (Nullstellung) wird durch die Federzentrierung erreicht. Dabei sind dann sämtliche Anschlüsse gegeneinander abgesperrt (Bild 111b). Das 4/3-Wegeventil hat also, wie aus der Bezeichnung hervorgeht, 4 gesteuerte Anschlüsse und 3 Schaltstellungen.

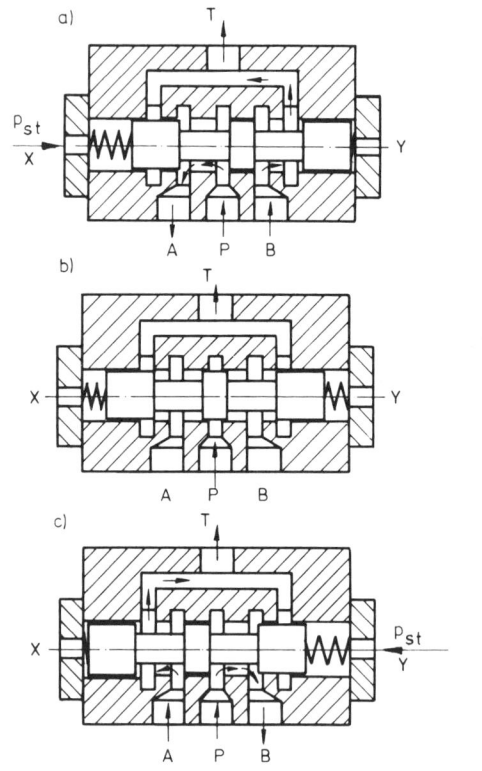

Bild 111
4/3-Wege-Längsschieber

a) Durchfluß von P nach A und von B nach T

b) Sperrstellung

c) Durchfluß von P nach B und von A nach T

7.2.1.2 Schaltstellungen und Schaltvorgang

Wegeventile haben zwei oder mehrere Schaltstellungen. Im Abschnitt 1.4.2.5 sind die Symbole der wichtigsten Schaltstellungen dargestellt. Es sollen nun einige für das Verständnis der Funktion der Längsschieberventile wichtige Begriffe erläutert werden.

Überdeckung in Ruhelage

Der Leckstrom zwischen gegeneinander abgesperrten Druckkammern wird durch die Druckdifferenz, die Ölviskosität, die Spalthöhe und die Spaltlänge bestimmt (Gl.70). Die Spaltlänge, die durch die gegenseitige Stellung der Steuerkanten an Kolben und Gehäuse bestimmt wird, wird als Überdeckung

- genauer positive Überdeckung (Bild 135) - bezeichnet. Um den Leckstrom klein zu halten muß man die Überdeckung möglichst groß machen. Mit Rücksicht auf den Schaltweg wird die Überdeckung aber nicht größer als 20-25% des Kolbendurchmessers ausgeführt.

Schaltüberdeckung
Sie gibt Aufschluß über die Vorgänge während des Umschaltvorgangs des Ventils. Man unterscheidet dabei positive und negative Schaltüberdeckung.

Bei positiver Schaltüberdeckung sind während des Schaltvorgangs kurzzeitig alle Anschlußkanäle gegeneinander abgesperrt. Das hat z.B. bei einem Wegeventil mit Umlaufstellung (siehe 1.4.2.5.2) zur Folge, daß beim Schalten des Steuerkolbens aus der Umlaufstellung in eine Arbeitsstellung der Verbindungskanal vom Druckölzulauf zum Rücklauf geschlossen wird, bevor die Verbindung zum Verbraucher geöffnet ist. Das bedeutet, daß beim Umschalten kurzzeitig der Pumpenförderstrom über das Druckbegrenzungsventil abfließen muß, was einen entsprechenden Druckstoß im System zur Folge hat. Der Druckstoß kann durch den Einbau eines Speichers vermieden werden. Der Vorteil der positiven Schaltüberdeckung ist, daß ein unter Last stehender Verbraucher beim Umschalten nicht absinken kann.

Bei negativer Schaltüberdeckung sind beim Schaltvorgang kurzzeitig alle Anschlußkanäle miteinander verbunden. Dies bedeutet, daß keine Druckspitzen entstehen können. Der Nachteil ist jedoch, daß ein unter Last stehender Verbraucher beim Umschalten absinken kann, da kurzzeitig der Druck zusammenbricht.

Schaltzeit
Kurze Schaltzeiten ermöglichen rasche Bewegungsabläufe, haben aber andererseits oft Druckspitzen und Schaltschläge sowie Beschleunigungsspitzen am Verbraucher zur Folge. Um dies zu vermeiden wird an vielen Ventilen durch Zusatzeinrichtungen die Möglichkeit geschaffen die Schaltzeit zu verzögern.

Feinsteuerkanten
Eine Schaltzeitverzögerung wird erst richtig wirksam, wenn durch entsprechende Gestaltung der Steuerkanten des Ventilkolbens die Öffnungsquerschnitte allmählich freigegeben oder abgesperrt werden und somit gedämpfte Umschaltvorgänge erzielt werden. Dies wird durch Fasen oder Kerben (siehe Bild 100) an der Steuerkante des Kolbens erreicht.

Durch solche Feinsteuerkanten wird es bei speziellen, stets handbetätigten Wegeventilen möglich nicht nur die Bewegungsrichtung des Verbrauchers, sondern auch dessen Geschwindigkeit durch Drosselung des Durchflusses (siehe 7.4) feinfühlig zu steuern. Der Ventilkolben wird hierzu im Übergangsbereich (Feinsteuerbereich) bewegt, wobei die Öffnungsquerschnitte über die Feinsteuerkanten verändert werden. Bei diesen Ventilen, die in der Mobilhydraulik verwendet werden, sind entsprechend dieser Anforderungen die Hubwege größer als bei reinen Schaltventilen.

7.2.1.3 Betätigungsarten (siehe auch 1.4.4)

a) Direkte Betätigung
Wie die Bezeichnung aussagt, wird der Ventilkörper des Wegeventils - also bei der Wegekolbenventilbauart der Ventilkolben - vom Betätigungselement direkt betätigt. In der Stationärhydraulik findet man besonders bei automatisierten Anlagen am häufigsten den Elektromagnet als Betätigungselement, während in der Mobilhydraulik - d.h. bei fahrbaren Geräten - der Handhebel das häufigste Betätigungselement ist. Die Betätigung erfolgt bei Ventilen mit 2 Schaltstellungen meist gegen eine Rückstellfeder (Druckfeder), die das Ventil in Nullstellung hält, solange keine Betätigungskraft wirkt. Bei Ventilen mit 3 Schaltstellungen wird meist die Mittelstellung, die hier die Nullstellung ist, durch Federzentrierung gehalten (Vergleiche Bild 111), während die beiden anderen Schaltstellungen durch die Betätigungskraft erreicht werden. Man findet aber auch Ventile mit Verrastung in jeder Schaltstellung. Bei handbetätigten Ventilen können beliebig viele Schaltstellungen verrastet werden, während bei elektromagnetbetätigten Ventilen nur bei der Ausführung mit 2 Schaltstellungen eine Verrastung möglich ist. Dabei werden beide Schaltstellungen durch Elektromagnete herbeigeführt. Wegen der Verrastung genügt dabei ein Steuerimpuls zur Betätigung. Bild 112 zeigt das Symbol eines elektromagnetbetätigten 4/2-Wege-Impulsventils. Bei ihm bleibt also auch beim Ausfall der Elektrik die zuletzt geschaltete Stellung erhalten, während Ventile mit Rückstell- oder Zentrierfedern beim Ausfall der Betätigungskraft stets in Nullstellung gestellt werden.

Bild 112 4/2-Wege-Impulsventil

Man muß bei der Magnetbetätigung zwischen Gleichspannungs- und Wechselspannungsmagneten unterscheiden. Der Gleichspannungsmagnet hat den Vorteil, daß er bei mechanischer Verklemmung nicht durchbrennt und eine große Lebensdauer aufweist, während der Wechselspannungsmagnet eine kürzere Schaltzeit ermöglicht. Wegen der begrenzten Betätigungskräfte ist eine direkte elektromagnetische Betätigung nur bei kleineren Ventilen möglich (Q bis *80 l/min*; p bis *315 bar*).

Außer der elektromagnetischen Betätigung und der Muskelkraftbetätigung durch den schon erwähnten Handhebel oder durch Pedal oder Knopf, findet man noch die mechanische Betätigung über Taster oder Tastrolle sowie pneumatische und hydraulische Betätigungen.

Bei der pneumatischen Betätigung wirkt der Luftdruck auf einen entsprechend abgedichteten Kolben. Es kann dabei Normaldruck oder Niederdruck von Logikelementen mit ein- oder mehrstufiger Verstärkung verwendet werden.

Die direkte hydraulische Betätigung ist, wie aus Bild 111 zu ersehen ist, nichts anderes als die Beaufschlagung der rechten oder linken Stirnfläche des Ventilkolbens mit Steueröl.

b) Indirekte Betätigung (Vorsteuerung)

Für die Steuerung größerer Hydroströme (ab *80 l/min*) werden indirekt betätigte Wegeventile eingesetzt. Die indirekt betätigten Wegeventile sind aus zwei Einheiten zusammengesetzt, dem hydraulisch betätigten Wegeventil und einem kleinen direkt betätigten Wegeventil, das als Vorsteuerventil dient. Das Vorsteuerventil, das auch als Pilotventil bezeichnet wird, hat die Aufgabe, Druckflüssigkeit wahlweise zu einer der beiden Kolbenstirnseiten des hydraulisch betätigten Wegeventils zu steuern. Damit stehen zum Umschalten des Hauptventilkolbens die großen Kräfte der hydraulischen Betätigung zur Verfügung.

Für die direkte Betätigung des Vorsteuerventils sind alle schon beschriebenen Betätigungsarten möglich. Am häufigsten ist aber die Ausführung mit elektromagnetisch betätigtem Vorsteuerventil, die Bild 113 für ein 4/3-Wegeventil mit Sperr-Nullstellung zeigt. Bild 113 zeigt eine eigenmediumgesteuerte Ausführung in Schnittdarstellung und das vereinfachte Symbol nach DIN ISO 1219. Das Steueröl wird hier aus dem Ringkanal des Druckanschlusses P entnommen und dem oben liegenden 4/3-Wege-Vorsteuerventil zugeführt.

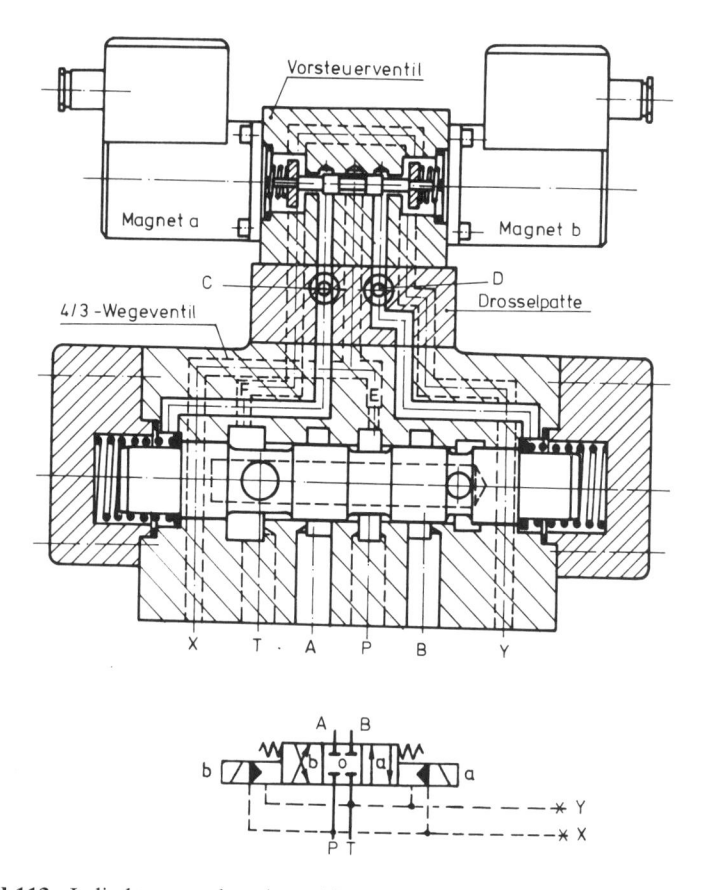

Bild 113 Indirekt magnetbetätigtes 4/3-Wegeventil (Rexroth)

Der Kolben des Vorsteuerventils sperrt in seiner gezeichneten Nullstellung die Wege von P zu den Stirnseiten des Hauptsteuerkolbens. In beiden Federkammern herrscht also der Druck des Anschlusses T und die Federn zentrieren somit den Hauptventilkolben in der Sperr-Nullstellung (Anschluß P, A, B und T sind abgesperrt). Wenn nun Magnet a des Vorsteuerventils erregt wird, wird der Vorsteuerkolben nach rechts geschoben und damit beaufschlagt das Steueröl die rechte Stirnfläche des Hauptventilkolbens. Dieser wird nun gegen die Federkraft nach links gedrückt und gibt den Durchfluß von P nach A und von B nach T frei (Schaltstellung a). Das beim Schaltvorgang aus der Federkammer der linken Hauptventilkolbenstirnfläche verdrängte Öl fließt extern über den Anschluß Y oder intern über T ab. Bei externem Abfluß wird die Verbindung von T nach Y bei F verschlossen. Geht der Vorsteuerventilkolben durch Entregung des Magnetes a wieder in Nullstellung, dann gleicht sich der Druck auf den Stirnseiten des Hauptkolbens aus, und er wird durch die Zentrierfedern wieder in Sperr-Nullstellung gestellt. Bei Erregung des Magnetes b läuft der gleiche Vorgang in entgegengesetzter Richtung ab und der Hauptventilkolben wird in Schaltstellung b gestellt (Durchfluß P - B und A - T). Eine Beeinflussung der Umschaltgeschwindigkeit des Hauptventilkolbens, die vom Steuerölzufluß abhängig ist, ist durch die einstellbaren Drosseln C und D, die in der Drosselplatte zwischen Vorsteuer- und Hauptventil liegen, möglich.

Da zum Schalten ein Mindeststeuerdruck (~ *4 bar*) notwendig ist, kann mit Eigenmedium nur gesteuert werden, wenn bei P stets der Mindestdruck vorhanden ist. Ist dies nicht der Fall, oder schwankt der Betriebsdruck und damit die Schaltzeit stark, so ist eine Steuerung mit Fremdmedium mit konstantem Druck notwendig. Dabei erfolgt die Steuerölzufuhr am Anschluß X, der Steuerölabfluß wieder über Y oder T. Die Verbindung vom Ringkanal P zum Vorsteuerventil wird in diesem Fall bei E verschlossen.

7.2.1.4 Schaltungsbeispiele

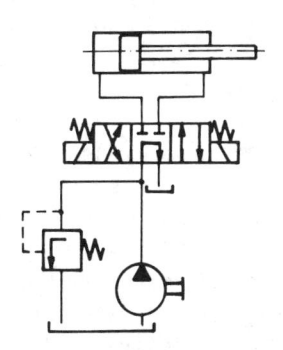

Bild 114 Steuerung eines doppeltwirkenden Zylinders

Beispiele für die schaltungstechnische Anwendung von Wegeventilen zeigten bereits die Aufgabenbeispiele 36 und 37. Zwei weitere Beispiele sollen hier noch beschrieben werden. Bild 114 zeigt die Steuerung eines doppelt wirkenden Zylinders mit einem 4/3-Wegeventil mit Umlauf-Nullstellung. Der Hydrozylinder kann in beide Richtungen gefahren werden. Durch die Umlaufnullstellung werden im Gegensatz zur Sperrnullstellung die Verluste gering gehalten, da das Öl nahezu drucklos in den Behälter zurückfließt. Bei einem 4/3-Wegeventil mit Sperrnullstellung muß dagegen das von der Pumpe geförderte Öl über das Druckbegrenzungsventil abfließen. Dabei wird die gesamte hydraulische Leistung in Wärme umgesetzt. Sperrnullstellung ist natürlich immer dann erforderlich, wenn von einer Pumpe mehrere parallelgeschaltete Verbraucher abwechselnd versorgt werden sollen. Soll der Arbeitskolben nur in die jeweiligen Endlagen gefahren werden, bzw. die Arbeitsrichtung des ausfahrenden Kolbens beim Umschalten des Wegeventils sofort umgekehrt werden, so genügt zur Steuerung ein 4/2-Wegeventil. Gegenüber dem 4/3-Wegeventil entfällt die Nullstellung (Ruhestellung).

Bild 115 zeigt wieder eine Vorschubsteuerung oder einen sogenannten zweistufigen Antrieb (Vergleiche Beispiel Bild 109). Die beiden Geschwindigkeitsstufen werden durch Schalten von Wegeventilen erzielt. Solange das 4/3-Wegeventil 3 in Nullstellung steht, sollen die Ölströme Q_1 und Q_2 drucklos in den Behälter fließen. Der drucklose Umlauf findet statt, wenn der Elektromagnet des 2/2-Wegeventils 2 nicht erregt ist (Leerlaufschaltung Bild 102). Der Förderstrom Q_2 hat zusätzlich drucklosen Umlauf über das 2/2 Wegeventil 4. Für die Eilgangbewegung des Zylinders werden die Wegeventile 2, 3 und 4 durch Erregen der entsprechenden Magnete in ihre Schaltstellung b geschaltet. Dadurch wird der drucklose Umlauf der Pumpen sowohl über das vorgesteuerte Druckbegrenzungsventil 1 als auch über das Wegeventil 4 abgesperrt und die große Kolbenfläche des Zylinders mit dem Ölstrom ($Q_1 + Q_2$) beaufschlagt. Das auf der Kolbenstangenseite verdrängte Öl fließt über das Wegeventil 3 in den Behälter. Wenn der Arbeitsvorschub beginnen soll, wird über einen elektrischen Endschalter der Magnet des Wegeventils 4 entregt. Dadurch fließt der große Ölstrom Q_2 über 4 fast drucklos in den Behälter ab. Der kleine Ölstrom Q_1 ergibt die Arbeitsvorschubgeschwindigkeit, da das Rückschlagventil 5 den Weg zum Abfluß über das Wegeventil 4 sperrt. Der Eilrücklauf erfolgt bei Schaltstellung a des 4/3-Wegeventils 3 und Schaltstellung b der beiden 2/2-Wegeventile 2 und 4.

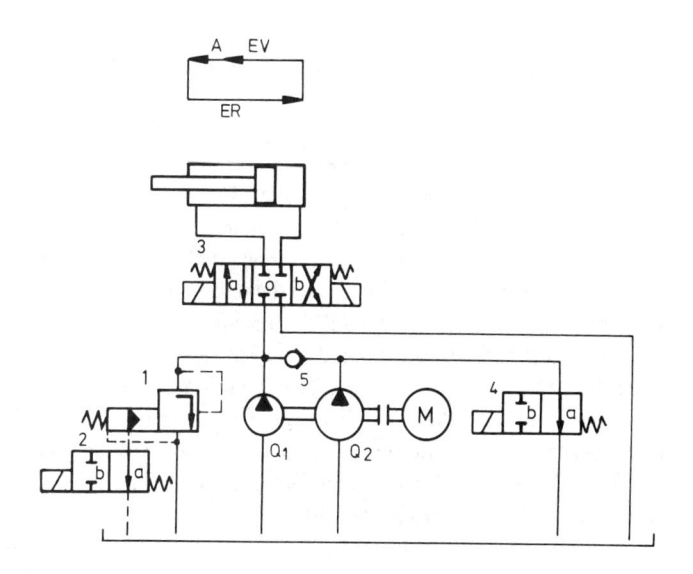

Bild 115 Vorschubsteuerung

7.2.2 Wege-Sitzventile

	Wege - Kolbenventile		Wege - Sitzventile	
Benennung	2/2	3/3	2/2	3/3
Schaltzeichen (Beispiel)	a A b / P	a A o b / P R	a A b / P	a A o b / P R

Bild 116 Unterscheidung der Symbole von Wege - Kolbenventilen und Wege-Sitzventilen

Wegesitzventile haben wie die Sitzventile unter den Druckventilen eine Kugel oder einen Kegel, die als Schließteil gegen die Sitzfläche gedrückt werden. Die Kugel oder der Kegel können durch eine Betätigungseinrichtung zwangsweise von der Sitzfläche abgehoben werden, wodurch dann beide Durchflußrichtungen möglich sind. In Schließstellung, die durch eine Feder unterstützt wird, entspricht die Funktion einem Rückschlagventil (siehe 7.3.1), d.h. der Durchfluß ist nur in einer Richtung gesperrt. Die Arbeitsweise der Wegesitzventile weicht deshalb von der der Wegekolbenventile ab. Die Verwendung gleicher Symbole kann zu Fehlern in der Anwendung führen. Bild 116 zeigt deshalb eine Unterscheidung der Symbole, die in voller Übereinstimmung mit der DIN ISO 1219 steht, da die Funktion der Sitzventile durch das für Rückschlagventile genormte Symbol klargestellt wird. Aus der Gegenüberstellung sieht man, daß z.B. beim 2/2-Wegeventil in Schaltstellung b beim Kolbenventil der Durchfluß von P nach A und von A nach P gesperrt ist, während beim Sitzventil zwar der Weg von P nach A hermetisch dicht abgesperrt ist, aber von A nach P unkontrollierter Rückfluß möglich ist, wenn der Druck bei A größer als bei P ist. Dies bedeutet, daß im Gegensatz zum Kolbenventil beim Sitzventil die Anschlüsse nicht vertauscht werden dürfen. Beim Beispiel des 3/3-Wegeventils kann man für alle Schaltstellungen ähnliche Unterschiede feststellen.

Bild 117 zeigt den konstruktiven Aufbau eines handbetätigten 3/3-Wege-Sitzventils. Das Ventil dient zum Heben (Hebelstellung a), Stillsetzen (o) und Ablassen (b) eines einfachwirkenden Zylinders.

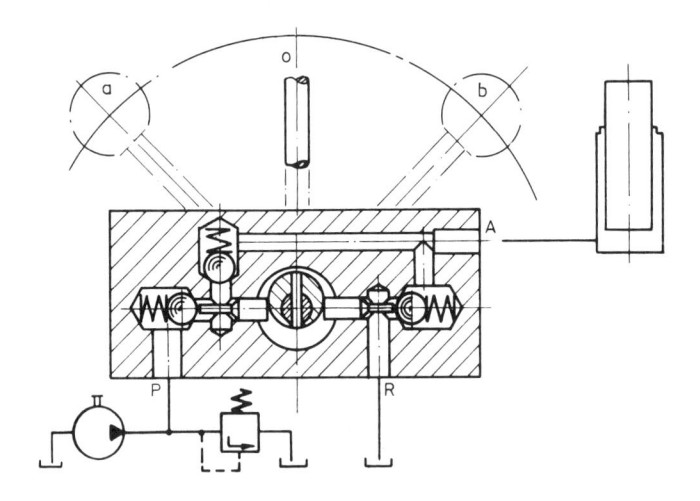

Bild 117 3/3-Wege-Sitzventil mit Hebelbetätigung (Heilmeier & Weinlein)

7.3. Sperrventile

Man unterscheidet Rückschlagventile und ferngesteuerte Rückschlagventile (siehe 1.4.2.7).

7.3.1 Rückschlagventile

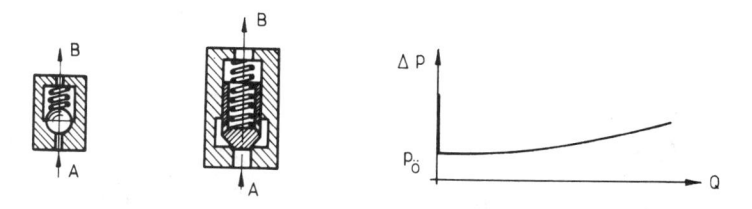

Bild 118 Rückschlagventile und ihre Kennlinie

Am häufigsten findet man federbelastete Rückschlagventile, wie sie Bild 118 zeigt. Dabei ist das dichtende Element entweder eine Kugel oder ein Kegel, wobei der Kegel den Vorteil hat, daß er wegen seiner Führung immer die gleiche Lage einnimmt. Das Rückschlagventil, das den Durchfluß nur von A nach B zuläßt, wird am häufigsten eingesetzt, um Strom-, Druck- oder auch Wegeventile in einer Richtung zu umgehen. Der Öffnungsdruck $p_ö$ (*0,5-3 bar*) des federbelasteten Rückschlagventils wird durch die Federvorspannung bestimmt. Aus der Δp - Q -Kennlinie (Bild 118) geht hervor, daß ein Rückschlagventil mit verstärkter Feder auch als Halteventil eingesetzt werden kann. Ein Halteventil hat die Aufgabe, im Ablauf hinter einem Gerät (z.B. Zylinder) einen bestimmten Gegendruck zu erzeugen.

7.3.2 Ferngesteuerte Rückschlagventile

Ferngesteuerte Rückschlagventile werden meist als hydraulisch entsperrbare Geräte ausgeführt, deren Funktionsprinzip Bild 119 zeigt. Sie arbeiten für den Durchfluß von A nach B wie normale Rückschlagventile. Der Durchfluß von B nach A, der bei einfachen Rückschlagventilen immer gesperrt bleibt, kann durch einen am Anschluß X mit Steuerdruck beaufschlagten Steuerkolben 1 geöffnet werden. Dann ist der Durchfluß von B nach A freigegeben. Die Größe des erforderlichen Steuerdrucks kann man aus der Steuerkolbenfläche A_{st}, der Fläche des Hauptkolbens auf den der Leitungsdruck p_B wirkt und der Federkraft F_F bestimmen.

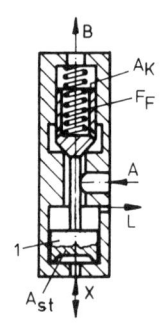

Bild 119 Hydraulisch entsperrbares Rückschlagventil

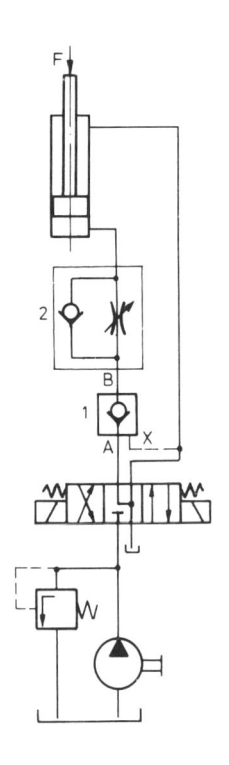

Bild 120 Einsatz von Rückschlagventilen

Der Steuerdruck kann durch die Ausführung mit Voröffnung wesentlich gesenkt werden. Bei diesen Ventilen wird zuerst ein kleiner Entlastungsquerschnitt geöffnet. Dadurch erfolgt Druckausgleich und der große Hauptkolben kann dann ebenfalls mit kleinem Steuerdruck geöffnet werden.

Entsperrbare Rückschlagventile werden dort eingesetzt, wo eine hermetische Abdichtung eines Durchflußweges verlangt wird, der jedoch durch einen Steuerdruck auch geöffnet werden können muß. Da Kolbenventile nicht hermetisch dicht absperren, würde z.B. der unter Last stillgesetzte Kolben in Bild 120 wegen des Lecköles im 4/3-Wegeventil langsam absinken, wenn das entsperrbare

Rückschlagventil 1 fehlen würde. Das entsperrbare Rückschlagventil ermöglicht also den belasteten Kolben in jeder beliebigen Stellung festzuhalten. Das Drosselrückschlagventil 2 ist erforderlich um beim Absenken des Kolbens seine Geschwindigkeit dem Förderstrom der Pumpe anzupassen, denn der belastete Kolben könnte schneller absinken als die Druckflüssigkeit auf der Stangenseite nachgefördert wird. Der Pumpenförderdruck und damit auch der Druck in der Steuerleitung zum entsperrbaren Rückschlagventil bricht dann zusammen. Das entsperrbare Rückschlagventil schließt und bleibt solange geschlossen, bis sich der Steuerdruck wieder aufgebaut hat. Das Absenken würde also ohne die Drossel ruckweise vor sich gehen. Das parallel geschaltete Rückschlagventil dient der Umgehung der Drossel beim Ausfahren des Kolbens.

Wenn bei dem doppelt wirkenden Zylinder in Bild 120 die Last sowohl ziehend als auch drückend angreifen kann und aus Sicherheitsgründen bei Stillstand des Kolbens also Nullstellung des Wegeventils beide Zylinderleitungen leckstromfrei abgeschlossen sein müssen, werden zwei entsperrbare Rückschlagventile benötigt. Diese werden meist zu einem entsperrbaren Zwillingsrückschlagventil vereint. Bild 121 zeigt das ausführliche und das vereinfachte Symbol.

Bild 121 Ausführliches und vereinfachtes Symbol eines entsperrbaren Zwillingsrückschlagventils

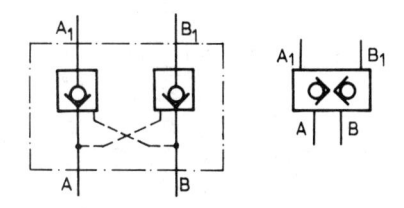

Wenn z.B. das Wegeventil die Verbindung von A zur Pumpe und von B zum Tank herstellt, wird das linke Rückschlagventil direkt geöffnet und das rechte Rückschlagventil über die Steuerleitung durch den Pumpendruck entsperrt, also ebenfalls geöffnet.

7.4 Stromventile

Wenn in einer Anlage die Kolbengeschwindigkeit eines Hydrozylinders oder die Drehzahl eines Hydromotors gesteuert werden soll, muß der zugeführte Flüssigkeitsstrom (Volumenstrom) beeinflußt werden. Dies kann entweder durch den

Einsatz einer Verstellpumpe (siehe 5.2 und 5.4) oder beim Einsatz einer Konstantpumpe durch Stromventile erreicht werden. Der wesentliche Unterschied besteht dabei darin, daß beim Einsatz einer Verstellpumpe nur der momentan erforderliche Flüssigkeitsstrom erzeugt wird, während beim Einsatz eines Stromventils vom vollen Pumpenförderstrom der benötigte Teilstrom dem Verbraucher zufließt und der Überschuß meist über das Druckbegrenzungsventil zum Tank abfließt, woraus zu erkennen ist, daß Steuerungen mit Stromventilen - auch Drosselsteuerungen genannt - keinen guten Wirkungsgrad haben können. Wie aus DIN ISO 1219 hervorgeht (1.4.2.9), wird zwischen einfachen Stromventilen und Stromregelventilen unterschieden.

7.4.1 Kennlinien der Stromventile

Es wird nun zuerst der Verlauf der Kennlinien der Stromventile gezeigt. Die Begründung für diesen Verlauf wird nach der Erläuterung des konstruktiven Aufbaus der Stromventile gegeben.

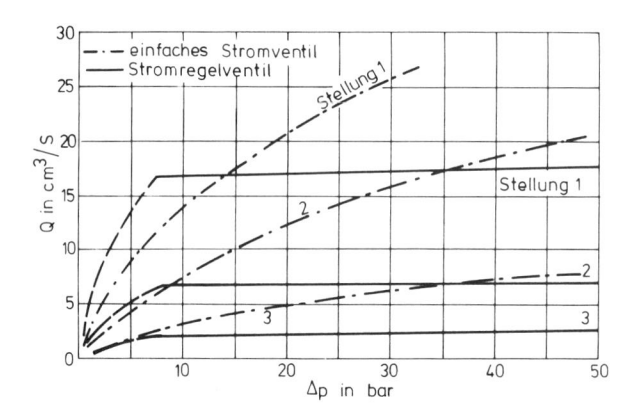

Bild 122 Kennlinien der Stromventile

Die Kennlinien in Bild 122 zeigen, daß bei den einfachen Stromventilen der Durchflußstrom noch von der Druckdifferenz am Gerät abhängig ist. Das bedeutet, daß bei gleichem Durchflußquerschnitt (z.B. Stellung 1) sich der Durchflußstrom bei veränderlicher Druckdifferenz auch etwas ändert.

Beim Stromregelventil dagegen ist der Durchflußstrom bei einem bestimmten Durchflußquerschnitt unabhängig von der Druckdifferenz, sobald eine Mindestdruckdifferenz (2-8 bar) überschritten ist.

7.4.2 Steuerungsarten mit Stromventilen

Es gibt grundsätzlich drei Anordnungsmöglichkeiten für Stromventile in Hydrosystemen. Bild 123 zeigt diese am Beispiel der Steuerung der Kolbengeschwindigkeit eines Arbeitszylinders.

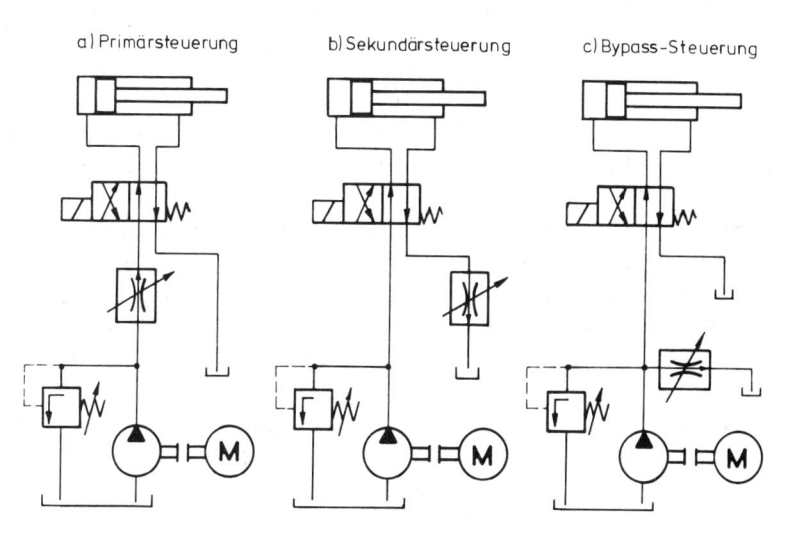

Bild 123 Steuerungsarten mit Stromventilen

Bild 123 a) zeigt das Stromventil im Zulauf zwischen Pumpe und Verbraucher. Diese Steuerungsart wird deshalb als Zulauf- oder Primärsteuerung bezeichnet. Das Stromventil bestimmt den zufließenden Nutzstrom für den Hydrozylinder oder den Hydromotor. Die Pumpe muß so ausgelegt sein, daß ihr Förderstrom größer als der maximal erforderliche Nutzstrom ist. Es muß also stets ein Teil des Pumpenförderstroms über das Druckbegrenzungsventil abfließen. Dies bedeutet, daß die Pumpe dauernd den am Druckbegrenzungsventil eingestellten Maximaldruck erzeugen muß, der dann auch am Eingang des Stromventils herrscht. Der am Ausgang des Stromventils herrschende Druck ergibt sich aus dem Arbeitswiderstand am Kolben. Man erkennt daraus, daß aufgrund dieser Steuerung zwei Leistungsverlustanteile entstehen. Einmal der Verlust durch den über das Druckbegrenzungsventil abfließenden Strom und als zweites den Verlust durch das Druckgefälle am Stromventil selbst (siehe Beispiel 39). Die Primärsteuerung ist zweckmäßig, wenn dauernd ein positiver Arbeitswiderstand vorhanden ist. Bei negativem Arbeitswiderstand, d.h. bei ziehender Last, muß ein Gegendruckventil (Halteventil) in den Rücklauf eingebaut werden, weil der Kolben sonst eine unkontrollierte Bewegung machen kann.

Bild 123 b) zeigt das Stromventil im Ablauf des Verbrauchers. Diese Steuerungsart wird als Rücklauf- oder Sekundärsteuerung bezeichnet. Das Stromventil bestimmt den vom Hydrozylinder oder Hydromotor abfließenden Flüssigkeitsstrom und damit Geschwindigkeit oder Drehzahl. Der Verbraucher ist dabei zwischen zwei unter Druck stehenden Flüssigkeitssäulen eingespannt, so daß auch bei ziehender Last die gewünschte Bewegung erfolgt. Der Nachteil dabei ist aber, daß selbst im Leerlauf, d.h. wenn kein Arbeitswiderstand vorhanden ist, der Zylinder mit dem Maximaldruck beaufschlagt ist, da der überschüssige Teil des Pumpenförderstromes wieder über das Druckbegrenzungsventil abfließen muß. Bei Zylindern mit einseitiger Kolbenstange kann die Druckübersetzung durch das Flächenverhältnis dazu führen, daß der Druck auf der Stangenseite über dem am Druckbegrenzungsventil eingestellten Druck liegt.

Bild 123 c) zeigt das Stromventil im Nebenschluß des Zulaufstromes zum Verbraucher. Diese Steuerungsart wird als Zulaufnebenschluß- oder Bypass-Steuerung bezeichnet. Durch das Stromventil fließt dabei ein bestimmter Teil des Pumpenförderstroms zum Behälter ab. Die Pumpe muß nun nur den sich aus dem Arbeitswiderstand ergebenden Druck erzeugen. Das Druckbegrenzungsventil ist somit wieder ein reines Sicherheitsventil. Man erkennt, daß der Leistungsverlust bei dieser Steuerung am kleinsten ist (Beispiel 39). Nachteilig ist aber, daß nur positive Arbeitswiderstände auftreten dürfen und daß die Druckabhängigkeit des Pumpenförderstroms sich auf den Zulaufstrom des Verbrauchers auswirkt.

Soll ein Stromventil nur für eine Durchflußrichtung wirksam sein, so muß ihm zu seiner Umgehung in der anderen Richtung ein Rückschlagventil parallel geschaltet werden. Ein Beispiel dafür hat bereits Bild 120 gezeigt.

7.4.3 Einfache Stromventile (Drosselventile)

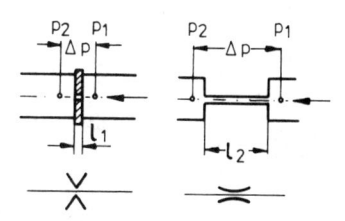

Bild 124 Blende und Drossel mit Symbol

Einfache Stromventile können Drossel- oder Blendenventile sein (1.4.2.9.1). Die Bezeichnung hängt davon ab, ob der den Durchfluß bestimmende Ventilquerschnitt (Verengung) eine Blende oder eine Drossel ist. Die Blende, in der turbulente Strömung vorherrscht, ist die günstigere Bauform, da wegen der kurzen Blendenstrecke l_1 der Durchflußstrom nahezu unabhängig von der Ölviskosität und damit von der Betriebstemperatur ist. Bei der langen Drosselstrecke l_2 der Drossel ist dagegen eine Viskositätsabhängigkeit des Durchflußstromes festzustellen. Bei laminarer Strömung kann man den Strom durch eine Drossel mit Gl. (75) berechnen.

Bei turbulenter Strömung, die bei den einfachen Stromventilen meist auftritt, erhält man aus Gl. (25) bzw. Gl. (26) für die mittlere Strömungsgeschwindigkeit in der Verengung

$$v = \sqrt{\frac{2\Delta p}{\zeta \rho}} = \alpha_D \sqrt{\frac{2\Delta p}{\rho}}$$

Damit wird mit dem Druchflußquerschnitt A der Durchflußstrom

$$Q = A\,v = A\sqrt{\frac{2\Delta p}{\zeta \rho}} = \alpha_D\, A \sqrt{\frac{2\Delta p}{\rho}} \qquad (157)$$

Gl. (157) zeigt, daß der Kennlinienverlauf für die einfachen Stromventile in Bild 122 richtig ist. Die Blende und die Drossel nach Bild 124 haben den Nachteil eines konstanten Querschnittes. Für die Anwendung in Steuerungen sind Stromventile mit einstellbarem Querschnitt erforderlich, da dann eine Anpassung an die jeweiligen Betriebsverhältnisse möglich ist.

In Bild 125 sind einfache Stromventilbauarten, in der Praxis auch Drosselventile genannt, dargestellt. Entsprechend der Form der Verengung ist zum Öffnen ein kleinerer oder größerer Weg bzw. Drehwinkel erforderlich.

Bild 125 Verstellbare einfache Stromventile

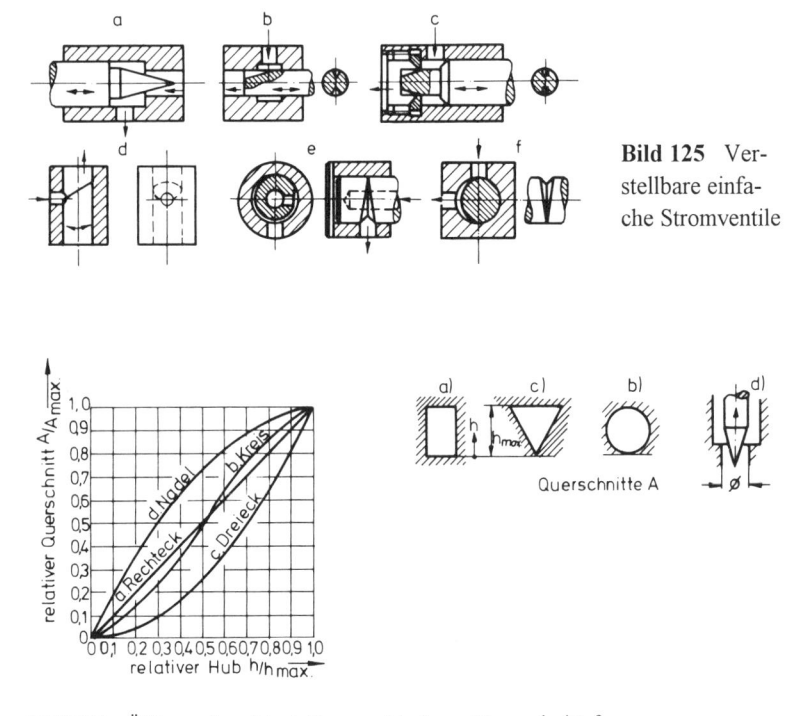

Bild 126 Öffungscharakteristik verschiedener Querschnittsformen

Je langsamer der Öffnungsquerschnitt geändert werden kann, umso genauer wird die Einstellung des Durchflußstromes. In Bild 126 ist die Öffnungscharakteristik einiger Querschnittsformen dargestellt. Aus Bild 126 folgt, daß die Dreiecksform für feinfühlige Einstellung kleiner Öffnungsquerschnitte am besten geeignet ist.

Es folgen nun Angaben zu den Stromventilbauarten des Bildes 125. Die Nadelventile (Bild 125 a) eignen sich wegen ihrer steilen Öffnungscharakteristik (Bild 126) nicht zum Einstellen kleiner Ströme. Längskerben (Bild 125 b) können feinfühlig eingestellt werden, haben aber wegen ihrer langen Durchflußstrecke einen viskositätsabhängigen Strom. Dieser Mangel wird durch die Längskerbe mit Blende (Bild 125 c) und die Schlitzventile (Bild 125 d) behoben. Umfangskerben (Bild 125 e und f) sind wegen ihres großen Verstellwinkels von etwa 180° feinfühlig einstellbar, haben jedoch einen viskositätsabhängigen Strom.

Gl. (157) hat die Abhängigkeit des Durchflußstroms vom Druckgefälle ergeben. Daher sind einfache Stromventile für die Einstellung eines Volumenstroms nur geeignet, wenn entweder das Druckgefälle an dem Ventil konstant ist, oder der Volumenstrom sich mit dem Druckgefälle ändern darf oder soll.

7.4.4 Stromregelventile

Gl. (157) zeigt, daß ein konstanter Durchflußstrom durch eine Verengung nur erreicht werden kann, wenn das Druckgefälle an ihr konstant bleibt. Dies wird bei den Stromregelventilen durch Hintereinander- oder Parallelschalten einer fest einstellbaren Verengung, Meßblende genannt (Bauarten siehe Bild 125), und einer sich selbsttätig den veränderlichen Druckverhältnissen anpassenden Regelblende (Druckwaage) erreicht.

7.4.4.1 2-Wege-Stromregelventil

Beim 2-Wege-Stromregelventil (Bild 127) sind die Regelblende A_1 und die Meßblende A_2 hintereinandergeschaltet. Für die Gleichgewichtslage des Regelkolbens soll nun gezeigt werden, daß das Druckgefälle $\Delta p = p_2 - p_3$ an der Meßblende bei veränderlichem Verbraucherdruck (Lastdruck) p_3 konstant bleibt. Bild 127 zeigt, daß der Regelkolben links mit dem Zwischendruck p_2 und rechts mit dem Verbraucherdruck p_3 beaufschlagt wird. Außerdem wirkt auf die rechte Kolbenseite die Federkraft F_F. Damit gilt für seine Gleichgewichtslage ohne Berücksichtigung der Strömungs- und Reibungskräfte

$$p_2 A_K = p_3 A_K + F_F$$

daraus folgt

$$\Delta p = p_2 - p_3 = F_F/A_K \approx konst.$$

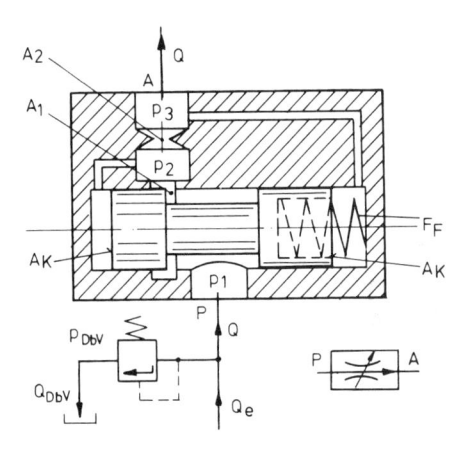

Bild 127 2-Wege-Stromregelventil

Da eine weiche Feder eingebaut wird und der gesamte Regelweg nur wenige Zehntel Millimeter beträgt, ist die Änderung der Federkraft während des Regelvorgangs minimal und somit das Druckgefälle Δp und damit der Durchflußstrom Q konstant. Das Druckgefälle Δp an der Meßblende ist von der Federkraft und der Regelkolbenfläche abhängig. Der Regelkolben kann den Querschnitt der Regelblende A_1 erst dann verändern, wenn die Federkraft überwunden wird. Das Stromregelventil funktioniert also erst, wenn die äußere Druckdifferenz $p_1 - p_3$ größer als $\Delta p = F_F/A_K$ ist. Diesen Sachverhalt haben bereits die Kennlinien in Bild 122 gezeigt. Das 2-Wege-Stromregelventil kann für Primär-, Sekundär- und Bypass-Steuerung verwendet werden und es können auch mehrere 2-Wege-Stromregelventile parallel geschaltet werden. Es ist zu beachten, daß bei Durchströmung in Gegenrichtung die Regelblende A_1 voll geöffnet ist, da $p_3 > p_1$ ist, und somit keine Stromregelung erfolgt.

7.4.4.2 3-Wege-Stromregelventil

Beim 3-Wege-Stromregelventil (Bild 128) liegen die fest eingestellte Meßblende A_2 und der von der Druckwaage geregelte Blendenquerschnitt A_1 parallel. Die Regelblende A_1 gibt hier einen Ablaufquerschnitt zum Tank frei. Für die Gleichgewichtslage des Regelkolbens gilt ohne Strömungs- und Reibungskräfte

$$p_1 A_K = p_2 A_K + F_F$$

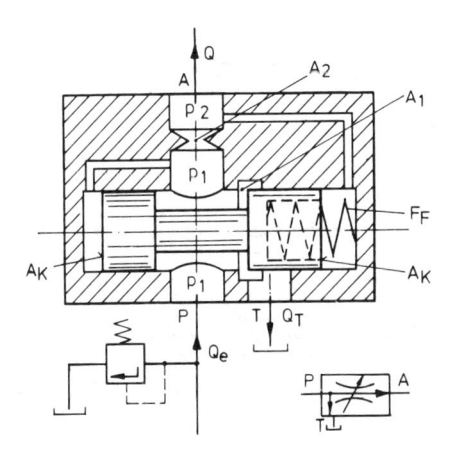

Bild 128 3-Wege-Stromregelventil

also

$$\Delta p = p_1 - p_2 = F_F/A_K \approx konst.$$

Es wird also wieder das Druckgefälle an der Meßblende konstant gehalten und damit ein konstanter Druckflußstrom Q erreicht. Das 3-Wege-Stromregelventil kann, weil der überschüssige Förderstrom Q_T durch das Ventil zum Tank abfließt, nur für Primärsteuerung verwendet werden und es ist auch keine Parallelschaltung von 3-Wege-Stromregelventilen möglich. Im Gegensatz zum 2-Wege-Stromregelventil, bei dem die Pumpe stets den Maximaldruck des Druckbegrenzungsventils erzeugen muß, ist der Arbeitsdruck der Pumpe beim 3-Wege-Stromregelventil nur um das Druckgefälle Δp an der Meßblende größer als der Verbraucherdruck. Der Leistungsverlust ist also kleiner und damit der Wirkungsgrad der Anlage günstiger und der Wärmeanfall geringer.

Die folgenden Beispiele zeigen Berechnungen mit Stromregelventilen.

Beispiel 39:

Die Geschwindigkeitssteuerung eines Gleichgangzylinders ($a = 17 cm^2$; $\eta_{vol} = 1$; $\eta_{mh1} = \eta_{mh2} = \eta_{mh} = 0,8$) soll mit einem Stromregelventil erfolgen. Bild 129 zeigt den vereinfachten Schaltplan ohne Wegeventile. Der Pumpenförderstrom, der als druckunabhängig angenommen werden darf, beträgt $Q_e = 40$ l/min. Der Gesamtwirkungsgrad der Pumpe ist *85%*. Der Druck am geöffneten Druckbegrenzungsventil beträgt unabhängig vom Durchflußstrom konstant *250 bar*. Für den Betriebsfall, daß eine Last, die eine Kraft $F = 20\ 400\ N$ erfordert, mit der

Geschwindigkeit v = 0,1 m/s bewegt wird, sollen der Leistungsverlust aufgrund der Geschwindigkeitssteuerung und der Gesamtwirkungsgrad der Anlage unter Vernachlässigung von Leitungen und Wegeventilen für folgende Fälle berechnet werden:

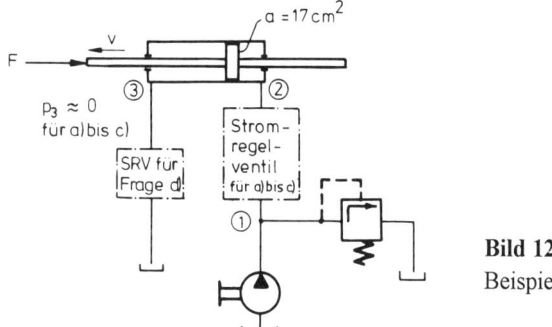

Bild 129 Abbildung zu Beispiel 39

a) Die Steuerung erfolgt durch ein 2-Wege-Stromregelventil im Zulauf ($p_3 \approx 0$).
b) Die Steuerung erfolgt durch ein 2-Wege-Stromregelventil im Zulaufnebenschluß ($p_3 \approx 0$).
c) Die Steuerung erfolgt durch ein 3-Wege-Stromregelventil, bei dem das Druckgefälle an der Meßblende $\Delta p = 4$ bar beträgt ($p_3 \approx 0$).
d) Die Steuerung erfolgt durch ein 2-Wege-Stromregelventil im Ablauf.

Lösung:

a) Der Druck am Zylinderzulauf durch die Last beträgt

$$p_{La} = p_2 = F/(a\,\eta_{mh}) = 150\ bar$$

Der erforderliche Durchflußstrom durch das 2-Wege-Stromregelventil zum Zylinder beträgt
$Q_Z = Q_{1\text{-}2} = a\,v/\eta_{vol} = 170\ cm^3/s = 10,2\ l/min$
Über das Druckbegrenzungsventil fließt bei $p_1 = p_{DbV} = 250\ bar$
$Q_{DbV} = Q_e - Q_{1\text{-}2} = 667 - 170 = 497\ cm^3/s$
Der Leistungsverlust aufgrund der Steuerung wird somit
$P_V = Q_{1\text{-}2}\,(p_1 - p_2) + Q_{DbV}\,p_1 = 14,125\ kW$
Nutzleistung des Zylinders $P_n = F\,v = 2,04\ kW$
Antriebsleistung der Pumpe $P_{zu} = Q_e\,p_1/\eta_{tPu} = 19,6\ kW$
Gesamtwirkungsgrad der Anlage $\eta_{tA} = P_n/P_{zu} = 0,104 = 10,4\%$

b) Es sind $p_1 = p_2 = 150\ bar$ und $Q_Z = 170\ cm^3/s$. Über das im Zulaufnebenschluß liegende 2-Wege-Stromregelventil fließen also $Q_V = 497\ cm^3/s$ Öl mit einem Druckgefälle von $150\ bar$ ab. Leistungsverlust aufgrund der Steuerung $P_V = Q_V\, p_1 = 7{,}46\ kW$. Da die Nutzleistung wieder $2{,}04\ kW$ beträgt und die Antriebsleistung $P_{zu} = Q_e\, p_1/\eta_{tPu} = 11{,}78\ kW$ wird, ist der Gesamtwirkungsgrad der Anlage $\eta_{tA} = P_n/P_{zu} = 0{,}173 = 17{,}3\%$.

c) Es sind $p_2 = 150\ bar$ und $Q_Z = 170\ cm^3/s$. Da ein 3-Wege-Stromregelventil benutzt wird, ist $p_1 = p_2 + \Delta p = 154\ bar$, da das Druckgefälle an der Meßblende $\Delta p = 4\ bar$ beträgt. Damit fließen $Q_T = 497\ cm^3/s$ mit einem Druckgefälle von $154\ bar$ zum Tank ab. $P_V = Q_Z\, \Delta p + Q_T\, p_1 = 7{,}72\ kW$. Mit $P_n = 2{,}04\ kW$ und $P_{zu} = Q_e\, p_1/\eta_{tPu} = 12{,}09\ kW$ wird $\eta_{tA} = 0{,}169 = 16{,}9\%$.

d) Über das 2-Wege-Stromregelventil im Ablauf fließt ein Strom $Q_3 = Q_{1-2} = 170\ cm^3/s$ (Gleichgangszylinder). Mit $p_1 = p_2 = 250\ bar$ folgt aus $F = p_2\, a\, \eta_{mh} - p_3\, a/\eta_{mh}$ der Druck $p_3 = 64\ bar$. Da über das Druckbegrenzungsventil $497\ cm^3/s$ abfließen, wird $P_V = Q_3\, p_3 + Q_{DbV}\, p_1 = 13{,}513\ kW$. Mit $P_n = 2{,}04\ kW$ und $P_{zu} = 19{,}6\ kW$ wird $\eta_{tA} = 0{,}104 = 10{,}4\%$ wie bei a).

Man muß beachten, daß die berechneten Anlagenwirkungsgrade nur für den vorgegebenen Betriebsfall gelten. Bei anderen Betriebszuständen können die Wirkungsgrade besser oder schlechter werden. So werden zum Beispiel, wenn sich die Kolbengeschwindigkeit bei gleicher Kraft verringert, die Wirkungsgrade im selben Maße kleiner, da die Antriebsleistung dieselbe bleibt, die Nutzleistung jedoch absinkt.

Beispiel 40:
Für die Geräte des im Hydraulikschaltplan auf Seite 200 gezeigten Vorschubantriebes gelten folgende Angaben. Der Pumpenförderstrom beträgt $56\ l/min$ und darf ebenso wie der Gesamtwirkungsgrad der Pumpe von 82% und der Druck bei geöffnetem Druckbegrenzungsventil von $140\ bar$ für die Fragen a) bis d) als konstant angenommen werden. Für den Zylinder gilt $A = 20\ cm^2$, $a = 8\ cm^2$, $\eta_{vol} = 1$, $\eta_{mh1} = 0{,}92$, $\eta_{mh2} = 0{,}85$. Die Durchflußwege des Wegeventils W1 haben beim Nenndurchfluß von $36\ l/min$ und die Durchflußwege des Wegeventils W2 beim Nenndurchfluß von $16\ l/min$ einen Druckverlust von $1\ bar$. Das 2-Wege-Stromregelventil ist auf einen Durchfluß von $6\ l/min$ eingestellt und der Druckabfall an der Meßblende beträgt $8\ bar$. Die Rohrleitungsverluste dürfen vernachlässigt werden.

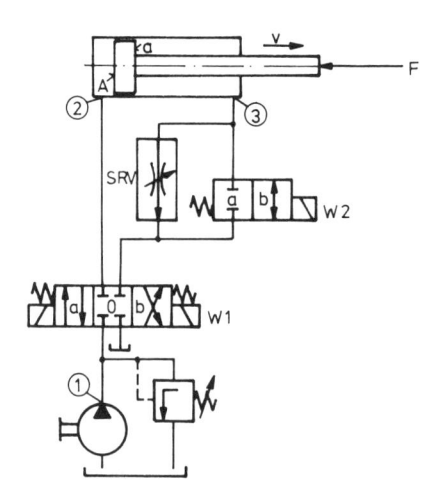

Bild 130 Hydraulikschaltplan zu Beispiel 40

a) Wie groß sind Eilvorschub-, Arbeitsvorschub- und Rücklaufgeschwindigkeit des Zylinders? Welche Stellung haben dabei jeweils die Wegeventile?
b) Wie groß ist der Förderdruck der Pumpe und der Gesamtwirkungsgrad der Anlage beim Eilvorschub gegen eine Kraft von *8 000 N*?
c) Wie groß sind die Drücke an den Stellen 1, 2 und 3 beim Arbeitsvorschub gegen die Kraft von *12 000 N* und wie groß ist dabei der Gesamtwirkungsgrad der Anlage?
d) Wie groß ist der Förderdruck der Pumpe und der Gesamtwirkungsgrad der Anlage bei Kolbenrückzug ohne äußere Kraft?
e) Wie groß ist beim Arbeitsvorschub gegen die Kraft von *12 000 N* der Gesamtwirkungsgrad der Anlage, wenn statt der Konstantpumpe eine Verstellpumpe mit Druckregler verwendet wird? Der Ansprechdruck des Druckreglers beträgt *125 bar* und seine lineare Kennlinie hat einen Anstieg von *0,3 bar/(l/min)*.

7.5 2-Wege-Einbauventile

Bei großen Durchflußströmen (etwa ab *200 l/min*) werden immer häufiger 2-Wege-Einbauventile verwendet. Mit diesen Ventilen können durch entsprechende Ansteuerung mit Vorsteuerelementen alle bisher besprochenen Funktionen (Wege-, Druck-, Sperr-, Stromventil) erreicht werden.

7.5.1 Beschreibung eines 2-Wege-Einbauventils

2-Wege-Einbauventile (auch Cartridge genannt) sind Ventile mit 2 Arbeitsanschlüssen A und B und einem Steueranschluß X (Bild 131). Sie bestehen aus einem Einbausatz zum Einbau in die Stufenbohrung eines Blocks und einem Deckel mit dem Steueranschluß. Der Einbausatz setzt sich bei der fast ausschließlich anzutreffenden Sitzventilbauart (Bild 131) aus einer Büchse mit Sitzfläche und einem federbelasteten Ventilkegel (Kolben) zusammen. Im geschlossenen Zustand sind die Räume A und B hermetisch dicht gegeneinander abgesperrt. Ein Leckspalt besteht zwischen B und X.

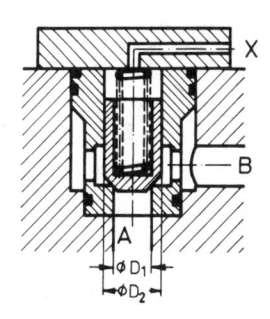

Bild 131 2-Wege-Einbauventil

Wie aus Bild 131 ersichtlich, hängt es von den Druckverhältnissen am Ventilkegel ab, ob das Einbauventil gesperrt oder geöffnet (Durchflußstrom ist von A nach B oder umgekehrt möglich) ist. Die Öffnungs- und Schließzeit des Kolbens lassen sich durch die Wahl der Schließfederkraft, des Kolbenhubs, des Durchmesserverhältnisses $D_1 : D_2$ und der Drosselquerschnitte im Steuerölstrom beeinflussen.

7.5.2 Steuerung mit 2-Wege-Einbauventilen [15]

Bild 132 zeigt das allgemeine Schema für die Steuerung eines Motors (hier eines Zylinders) mit 2-Wege-Einbauventilen. Dabei werden für jede Seite des Motors je ein 2-Wege-Einbauventil zur Steuerung des Zuflusses (R_{E1} und R_{E2}) und des Abflusses (R_{A1} und R_{A2}) benötigt. Die Bezeichnung R zeigt, daß die 2-Wege-Einbauventile Widerstände darstellen. Bei einem 4/3-Wegeventil (Bild 111) werden durch die Bewegung des Schiebers die vorhandenen vier Widerstände zwangsläufig und synchron geschaltet. Bei der Steuerung mit 2-Wege-Einbauventilen können dagegen die Widerstände einzeln nach den Signalen der Vorsteuerung betätigt werden. Diese Signale können Schaltbefehle sein oder aber stetige Signale für Regelfunktionen wie z.B. Druck- oder Stromregelung.

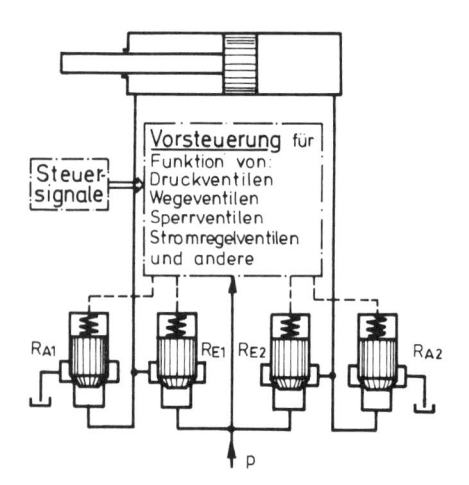

Bild 132 Steuerung mit 2-Wege-Einbauventilen

Bild 133 zeigt, wie die wichtigsten Funktionen mit 2-Wege-Einbauventilen ausgeführt werden können. Mit einem 4/2-Wegeventil als Vorsteuerelement läßt sich die Schaltfunktion für einen Verdrängerraum ausführen. Durch eine mechanische Hubbegrenzung eines Sitzventils erhält man die Funktion des Drosselventils. Muß in einem Verdrängerraum der Druck begrenzt werden, so wird dem Ausgangswiderstand (R_A) eine Vorsteuerstufe zur Druckbegrenzung zugeordnet. Diese Kombination hat die Funktion eines vorgesteuerten Druckbegrenzungsventils (7.1.1.2). Das gleiche gilt für die Stromregelfunktion. Die Kombination einer entsprechenden Stromregel-Vorsteuerstufe mit dem Eingangswiderstand (R_E wird dann zur Regelblende) eines Verdrängerraums erfüllt die Funktion eines vorgesteuerten 2-Wege-Stromregelventils.

Die geforderte Gesamtfunktion einer Steuerung wird durch sinnvolle Verschaltung der Vorsteuerelemente erreicht. Dies erfordert bei komplexen Steuerungen einen beträchtlichen Planungsaufwand.

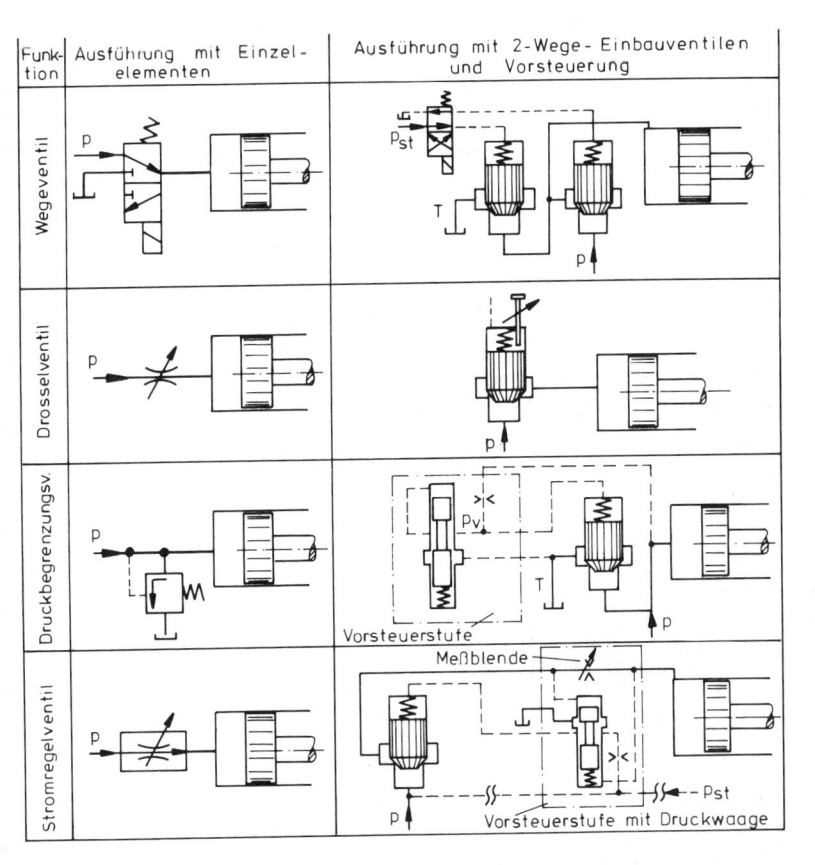

Bild 133 Funktionseinheiten an 2-Wege-Einbauventilen

Bei Steuerungen mit großen Durchflußströmen und einer steigenden Anzahl der erforderlichen Funktionen ergibt sich bei der Steuerung mit 2-Wege-Einbauventilen gegenüber der konventionellen Verschaltung von Einzelgeräten ein wirtschaftlicher Vorteil wegen des geringeren Bauaufwands, da im Steuerteil Geräte kleiner Nenngröße genügen, weil dort nur ein kleiner Steuerölstrom fließt.

8 Stetig verstellbare Ventile (Stetigventile)

In konventionellen Hydrauliksystemen, die mit den in Kapitel 7 beschriebenen Ventilen aufgebaut sind, erfolgen Richtungsänderungen sowie Veränderungen des Druckes oder Volumenstromes meist sprunghaft, besonders wenn diese Änderungen - wie dies in konventionellen elektrohydraulischen Systemen der Fall ist - durch elektromagnetisch betätigte Schaltventile erreicht werden.

Wenn höhere Ansprüche an das Betriebsverhalten der Maschinen gestellt werden, so ist eine Hydraulik erforderlich, die Volumenströme und damit Geschwindigkeiten oder Drehzahlen sowie Drücke (Kräfte bzw. Drehmomente) feinfühlig an die Erfordernisse anpassen kann. Dies ist durch den Einsatz von den stetig verstellbaren Ventilen - kurz Stetigventile genannt - möglich. Bei diesen Ventilen wird das Eingangssignal, das in der Regel elektrisch ist, stufenlos in ein proportionales hydraulisches Ausgangssignal (Volumenstrom oder Druck) umgewandelt.

Zu den Stetigventilen gehören sowohl die seit Jahrzehnten aus der Luft- und Raumfahrt bekannten Servoventile, als auch die in den letzten Jahren entwickelten Proporional- und Regelventile, die in der Stationär- und Mobilhydraulik verwendet werden. Zur groben Abgrenzung kann folgendes gesagt werden
- Servoventile sind meist Wegeventile. Sie erfordern nur eine sehr kleine elektrische Eingangsleistung, haben sehr gute dynamische Eigenschaften, verlangen eine hohe Filterfeinheit, sind teuer und werden immer in geschlossenen Regelkreisen eingesetzt.
- Proportionalventile können Druck-, Wege- oder Stromventile sein. Sie erfordern eine relativ große elektrische Eingangsleistung und sind weniger genau, aber dafür robuster und billiger als Servoventile. Sie werden in der offenen Steuerkette angewendet.
- Regelventile sind gerätetechnisch von den Proportionalventilen abgeleitet. Sie stehen den Servoventilen aber bezüglich ihrer dynamischen Eigenschaften kaum nach und werden deshalb in geschlossenen Regelkreisen verwendet.

Im folgenden werden die Stetigventile in der Reihenfolge ihrer historischen Entwicklung behandelt.

8.1 Elektrohydraulische Servoventile

Elektrohydraulische Servoventile, die meist nur Servoventile genannt werden, dienen zur Regelung des Durchflußstromes. Dabei kann durch Verändern des elektrischen Eingangssignals der Volumenstrom stufenlos geregelt werden. Servoventile sind also elektrisch gesteuerte Wegeventile, bei denen der Steuerkolben zwischen 2 Endstellungen stetig verstellt wird. Damit ist in jeder Zwischenstellung ein genau bestimmter Zusammenhang zwischen dem elektrischen Eingangssignal, z.B. dem Steuerstrom, und dem Kolbenhub und damit dem Durchflußquerschnitt vorhanden. Servoventile werden auch als drosselnde Wegeventile bezeichnet, da durch die stufenlose Einstellbarkeit des Durchflußquerschnittes der benötigte Durchflußstrom durch Drosselung erreicht wird.

Zur Verstellung des Steuerkolbens genügt eine geringe elektrische Eingangsleistung (10^{-2} bis $1 Watt$). Die gesteuerte hydraulische Ausgangsleistung beträgt bis zum 10^6-fachen der Eingangsleistung. Das Servoventil ist also ein Leistungsverstärker mit großem Verstärkungsfaktor. Dies und die Forderung, daß die volle Ausgangsleistung in wenigen Millisekunden gesteuert werden soll, machen Bauteile allerhöchster Präzision erforderlich, deren Herstellung schwierig und teuer ist.

8.1.1 Wirkungsvergleich: Wegeschaltventil - Servoventil

Nachdem in Abschnitt 7.2 die Wirkungsweise der gewöhnlichen Wegeventile (Schaltventile) beschrieben wurde, sollen jetzt die Unterschiede in der Wirkungsweise, die ein Servoventil gegenüber einem Wegeschaltventil kennzeichnen, betrachtet werden.

1. Der Kolbenhub und damit auch der Durchflußstrom bei konstantem Druckabfall, ist proportional zum elektrischen Steuersignal. Bild 134 zeigt die lineare Durchflußkennlinie eines Servoventils. Dabei wird der Durchflußstrom Q bei Nullast, d.h. bei unbelasteten Verbraucheranschlüssen A und B (Bild 137) in Abhängigkeit des Steuerstomes Δi abgetragen. Die wirkliche Durchflußkennlinie, die zuerst bei ansteigendem und dann bei abfallendem Steuerstrom gemessen wird, zeigt nur eine geringe Hysterese.

2. Bei linearer Kennlinie ist ohne Steuersignal der Durchflußstrom Null, beginnt aber schon bei etwa 1% Steuerstrom zu fließen. Der Steuerkolben muß deshalb mit Nullüberdeckung (Bild 134) eingepaßt sein und die Steuerkanten müssen scharfkantig sein.

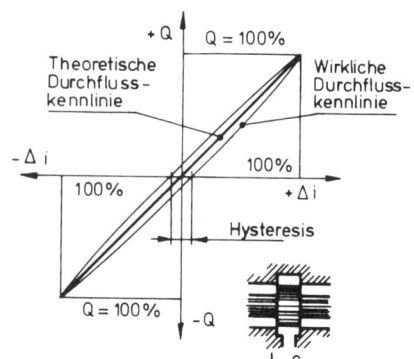

Bild 134 Lineare Durchflußkennlinie bei Nullüberdeckung

Für Sonderanwendungen werden auch Servoventile mit positiver Überdeckung *(L>0)* oder negativer Überdeckung *(L<0)* gebaut. Die Bilder 135 und 136 zeigen die zugehörigen theoretischen Durchflußkennlinien.

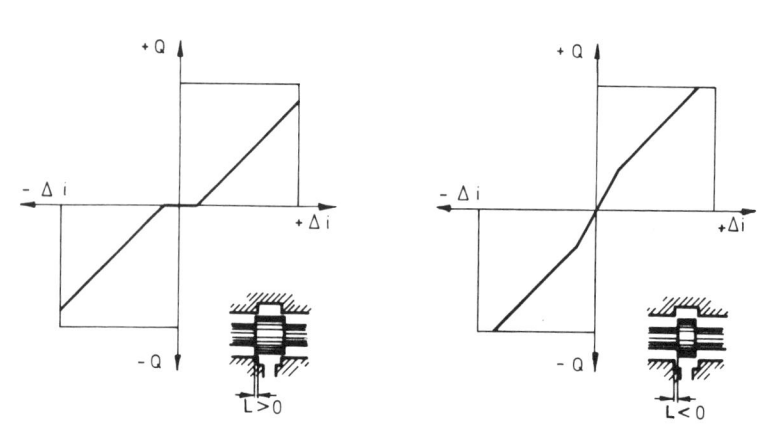

Bild 135 Durchflußkennlinie bei positiver Überdeckung

Bild 136 Durchflußkennlinie bei negativer Überdeckung

3. Das Servoventil vermag auch sehr schnellen Änderungen des Steuerstroms zu folgen. Die Grenzfrequenz liegt je nach Ausführung bei *100 Hz* bis *200 Hz*.

4. Auch bei 100% Steuerstrom, also bei voller Öffnung, hat das Servoventil einen bedeutenden Druckabfall, da der zugehörige Kolbenhub sehr klein ist. Der Druckabfall beträgt beim Nennwert des Durchflußstromes meist etwa *70 bar* und wird als Nenndruck bezeichnet.

8.1.2 Aufbau und Bauarten der Servoventile

Ein Servoventil enthält mindestens:
- einen elektrischen Stellmotor (Torque-Motor = Drehmomentmotor), und
- ein hydraulisches Steuerventil, das durch den Motor verstellt wird.

Der Stellmotor liefert entweder ein Moment oder eine Kraft, die proportional dem den Motor durchfließenden Steuerstrom sind. Es werden üblicherweise Gleichstrommotoren mit Dauermagneten in Gegentaktschaltung verwendet. Es werden also zwei Spulen so geschaltet, daß ihre Wirkung proportional zur Differenz Δi der darin fließenden elektrischen Ströme ist.

Das hydraulische Steuerventil kann aus mehreren Stufen aufgebaut sein.

Wird der elektrische Stellmotor direkt mit dem hydraulischen Steuerventil gekoppelt entstehen einstufige Servoventile. Ihre Vorteile sind der einfache Aufbau und die kleinen Leckverluste. Nachteilig ist, daß mit ihnen nur eine kleine Verstärkung erreicht werden kann. Außerdem erfordern sie leistungsstarke Stellmotoren, die die Grenzfrequenz herabsetzen. Sie werden deshalb nur bei kleinen Betriebsdrücken und kleinen Durchflußströmen benutzt.

Bei den zweistufigen Servoventilen wird der Hauptsteuerkolben (2.Stufe) über eine hydraulische Vorsteuerstufe (1.Stufe) verstellt. Diese Vorsteuerstufe ermöglicht den Einsatz wesentlich leistungsschwächerer Stellmotoren. Der Vorteil der zweistufigen Servoventile ist, daß man mit ihnen eine sehr hohe Verstärkung und höhere Grenzfrequenzen erreichen kann. Sie werden deshalb für höhere Betriebsdrücke und größere Durchflußströme eingesetzt. Ihr Nachteil ist, außer ihrem komplizierten Aufbau, daß durch den Steuerölstrom der Vorsteuerstufe der Leckverlust größer wird. Die Vorsteuerstufe wird als Steuerschieber, als schwenkbares Strahlrohr oder am häufigsten als Düsen-Prallplatten-System ausgeführt.

Für sehr große Durchflußströme werden auch dreistufige Servoventile gebaut. Dabei wird meist ein zweistufiges Servoventil zur Steuerung der 3.Stufe, einem großen Ventilkolben, benutzt. Die Rückführung von der 3. auf die 1.Stufe erfolgt dann elektrisch.

8.1.3 Beispiel eines zweistufigen Servoventils

Aus den vielen Typen von Servoventilen [4] [15] [18] [19], die es gegenwärtig gibt, soll als Beispiel das zweistufige Servoventil "Pegasus" der Firma Indramat (Bild 137) besprochen werden. Bei ihm liegt oben der elektrische Stellmotor mit den Anschlüssen 1, den Spulen 2, dem Permanentmagneten 3 und dem Anker 4. Die mechanische Nulleinstellung 5 bestimmt die Ruhelage des Ankers 4 und somit des Antriebsarmes mit Prallplatte 7 und des Steuerkolbens 8.

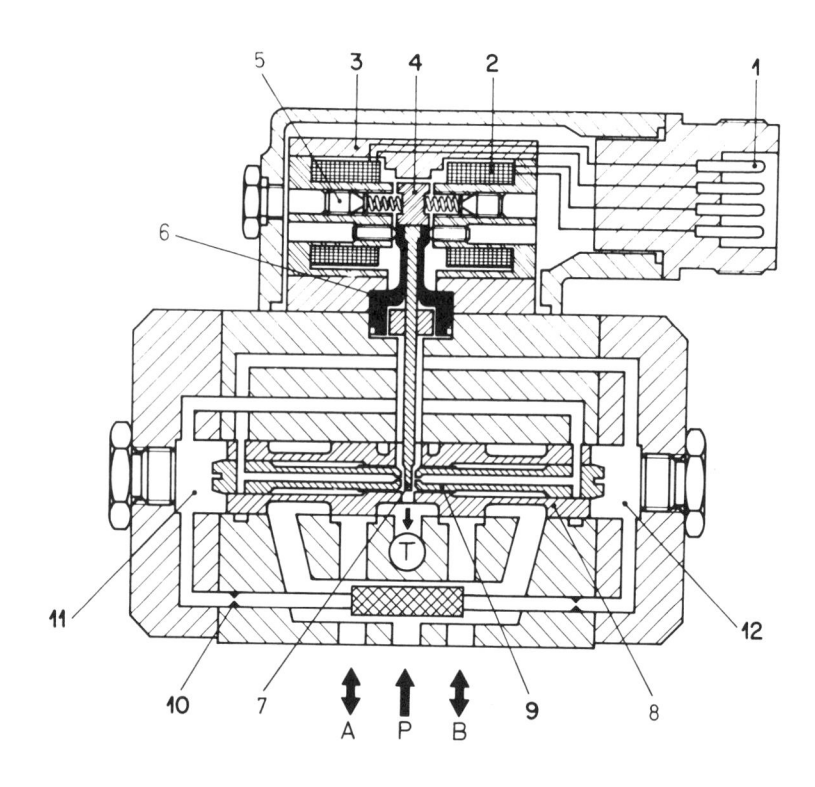

Bild 137 Schnittbild des zweistufigen Servoventils "Pegasus" (Indramat) mit Nullüberdeckung

Die Aussteuerung des elektrischen Stellmotors erfolgt in Gegentaktschaltung. Die Steuerströme in den beiden Spulen sind also entgegengesetzt gerichtet und ihr Differenzstrom Δi erzeugt im Anker eine proportionale und nach außen gerichtete magnetische Kraft. Diese Kraft lenkt den Antriebsarm 7 gegen die Kraft des Federrohres 6 sowie der beiden Schraubenfedern bei 5 in eine der Stromstärke proportionale Lage aus. Das als federndes Element ausgebildete Federrohr bildet eine elastische Lagerung des Antriebsarmes in dem Ventilkörper und dichtet den trockenen Raum des Stellmotors gegen den hydraulischen Teil des Ventils ab.

Der hydraulische Vorverstärker besteht im wesentlichen aus der doppelseitigen Prallplatte sowie den beiden Düsen 9 und den Blenden 10. Ein kleiner Teil der Hydraulikflüssigkeit wird direkt am Druckanschluß P über den zylindrischen Drahtmaschenfeinstfilter abgezweigt und fließt über die beiden Blenden 10 zu den Zwischenkammern 11 (Druck p_{Li}) und 12 (Druck p_{Re}) an den Enden des Steuerkolbens 8. Jede Zwischenkammer ist mit der ihr gegenüberliegenden, im Steuerkolben befestigten Austrittsdüse 9 verbunden, durch die das Vorsteueröl gegen die Prallplatte fließt und von hier in den drucklosen Rücklauf T.

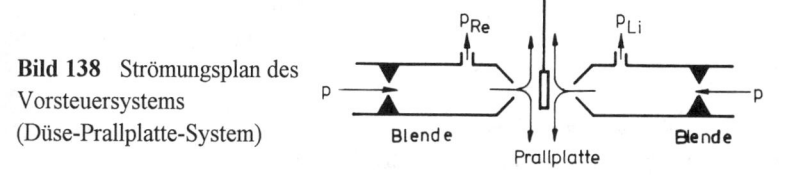

Bild 138 Strömungsplan des Vorsteuersystems (Düse-Prallplatte-System)

In Bild 138 ist der Strömungsverlauf des Vorsteuersystems dargestellt. Aus der Anordnung der Düsen zur Prallplatte sieht man, daß der Druck in jeder Zwischenkammer von dem Abstand der ihr gegenüberliegenden Düse zur Prallplatte abhängt. Es fließt z.B. bei Annäherung der Prallplatte ein kleinerer Strom aus der Düse und somit auch über ihre Blende. Dadurch sinkt der Druckabfall an der Blende und es steigt der Druck zwischen Blende und Düsenöffnung. Wenn sich also die Prallplatte nach rechts bewegt, so steigt der Druck p_{Li} in der rechten Düse an und der Druck p_{Re} in der linken Düse fällt ab. Damit entsteht zwischen den Vorsteuerdrücken in den Zwischenkammern ein Differenzdruck, der den Steuerkolben nach rechts treibt, bis die Prallplatte wieder in der Mitte zwischen den beiden Düsen steht. Der Steuerkolben folgt schon bei einer geringen Druckdifferenz jeder Bewegung der Prallplatte mit hoher Beschleunigung nach. Die zweite Stufe mit dem Steuerkolben 8 ist ein 4-Wegeventil. Die Ölzufuhr von der Pumpe erfolgt am Anschluß P. Die Verbraucher, also Zylinder oder Hydromotoren, werden über die Anschlüsse A und B versorgt. Die Ölabfuhr erfolgt über den Anschluß T. Wird z.B. der Steuerkolben 8 nach rechts verschoben, dann fließt das Öl vom Druckanschluß P zum Verbraucheranschluß A und vom Verbraucheranschluß B zum Abfluß T.

8.1.4 Kennlinien und Auswahl eines Servoventils

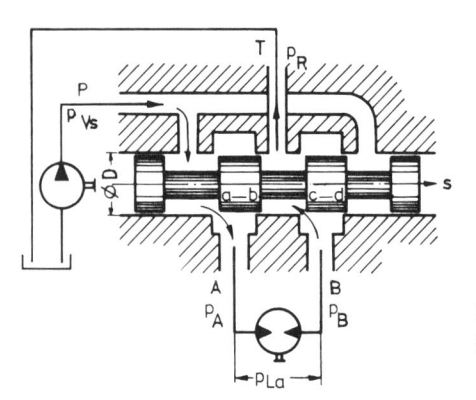

Bild 139 Steuerkolben des Servoventils in Arbeitsstellung

Bild 139 zeigt die zweite Stufe des beschriebenen Servoventils. Der Steuerkolben ist nach rechts ausgelenkt, so daß der Durchfluß von P nach A und von B nach T erfolgt. Der Kolbenhub s ist, wie beschrieben wurde, proportional zum Steuerstrom Δi. Damit gilt

$$s = s_{max} \frac{\Delta i}{\Delta i_{max}} \tag{158}$$

wenn s_{max} der maximale Kolbenweg beim maximalen Steuerstrom Δi_{max} (100%) ist.

Aus Bild 139 sieht man, daß der Ölstrom über zwei hintereinander liegende Steuerkanten fließt, an denen jeweils ein turbulenter Druckabfall entsteht. Damit erhält man mit dem gesamten Druckabfall Δp_V am Servoventil und der Annahme, daß an jeder Steuerkante der Druckabfall $\Delta p_V/2$ entsteht den Durchflußstrom zu

$$Q = A\mathrm{v} = A\alpha_D\sqrt{\frac{2\Delta p_V/2}{\rho}} = A\alpha_D\sqrt{\frac{\Delta p_V}{\rho}}$$

Bei scharfkantigen Steuerkanten und Nullüberdeckung gilt mit dem Durchflußquerschnitt $A = \pi D s$ und Gl. (158)

$$Q = \pi D s \alpha_D \sqrt{\frac{\Delta p_V}{\rho}} = \pi D \alpha_D \sqrt{\frac{\Delta p_V}{\rho}} s_{max} \frac{\Delta i}{\Delta i_{max}} \qquad (159)$$

Der Durchflußstrom ist also proportional dem Steuerstrom Δi, aber er hängt noch von dem Druckabfall Δp_V am Ventil ab. Den linearen Zusammenhang zwischen Steuerstrom und Durchflußstrom bei konstantem Druckabfall zeigt die Durchflußkennlinie in Bild 134.

Die Abhängigkeit des Durchflusses Q vom Ventildruckabfall Δp_V bei konstantem Steuerstrom Δi sieht man in der Δp_V-Q-Kennlinie des Servoventils.

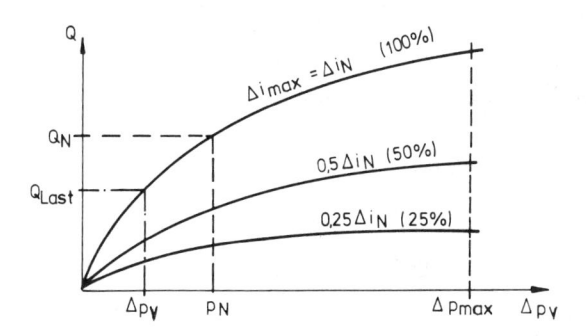

Bild 140 Δp_V-Q-Kennlinie eines Servoventils mit Nullüberdeckung

Die Kurven zeigen den charakteristischen Verlauf eines einfachen Stromventils (Drossel- oder Blendenventil) in Bild 121. Als Nenndurchfluß Q_N wird der Durchfluß bei Nennstrom Δi_N als Eingangssignal und Nenndruck p_N als Ventildruckabfall bezeichnet (p_N beträgt bei Servoventilen meist *70 bar*, also *35 bar* pro Steuerkante). Der wirklich am Servoventil herrschende Druckabfall berechnet sich nach Bild 139 mit dem Versorgungsdruck p_{Vs}, dem Lastdruck $p_{La} = p_A - p_B$ und dem Rücklaufdruck p_R zu

$$\Delta p_V = p_{Vs} - p_{La} - p_R \qquad (160)$$

Den Lastdurchfluß Q_{La} erhält man dann mit Gl. (159) zu

$$Q_{La} = Q_N \sqrt{\frac{\Delta p_V}{p_N}} \qquad (161)$$

Für die Auswahl eines Servoventils genügen die Gleichungen (160) und (161), wenn der Nenndurchflußstrom und der Nenndruck der zur Auswahl stehenden Servoventile und die maximalen Lastverhältnisse am Verbraucher bekannt sind.

Beispiel 41: Für eine Drehzahlregelung, bei der ein maximales Moment von *11Nm* und eine maximale Drehzahl von *1200U/min* auftreten können, stehen 2 Servoventile zur Auswahl.

Servoventil 1 hat bei p_N = *70bar* ein Q_N = *20 l/min* und das größere Servoventil 2 hat bei p_N = *70 bar* ein Q_N = *40 l/min*. Der verwendete Hydromotor hat ein theoretisches Schluckvolumen V_{th} = *14,1 cm³*. Der Rücklaufdruck beträgt p_R = *3 bar*.

Unter Vernachlässigung der Wirkungsgrade wird für den Hydromotor der Lastdruck

$$p_{La} = M_{d\,max}\, 2\pi/V_{th} = 110 \cdot 2\pi/14{,}1\, daNcm/cm^3 = 49\,bar$$

und der Schluckstrom

$$Q_e = n_{max} V_{th} = 1200 \cdot 14{,}1\, cm^3/min = 16{,}9\, l/min$$

Für die Ventilauswahl empfehlen die Hersteller für den Lastdurchfluß einen Zuschlag von ca. 15%, also gilt

$$Q_{La} = 1{,}15\, Q_e = 19{,}5\, l/min$$

Für das Servoventil 1 werden damit folgende Werte berechnet.

Ventildruckabfall aus Gl. (161) $\Delta p_V = \left(\dfrac{Q_{La}}{Q_N}\right)^2 p_N = 66{,}5\,bar$.

Erforderliche Versorgungsdruck aus Gl. (160)

$$p_{Vs} = p_{La} + \Delta p_V + p_R = 118{,}5\,bar.$$

Für das Servoventil 2 werden

$$\Delta p_V = 16{,}6\,bar \text{ und } p_{Vs} = 68{,}6\,bar$$

Daraus sieht man, daß beim größeren und damit teureren Servoventil 2 ein wesentlich kleinerer Versorgungsdruck erforderlich ist und damit der Wirkungsgrad der Anlage höher liegt. Wenn man die Lage des Arbeitspunktes auf der Δp_V-Q-Kennlinie abschätzt, stellt man fest, daß er beim Servoventil 2 im stark gekrümmten Teil der Kennlinie liegt, während er beim Servoventil 1 auf dem weniger stark gekrümmten Teil der Kennlinie liegt. Somit ist das Servoventil 2 regelungstechnisch ungünstiger, da bei ihm eine Schwankung des Ventildruckabfalls eine stärkere Änderung des Durchflusses bewirkt als beim Servoventil 1.

Mit dem ermittelten Versorgungsdruck p_{Vs} und dem Lastdurchfluß Q_{La} wird die Pumpe festgelegt. Dabei wird man den maximalen Pumpenförderstrom sicherheitshalber wieder etwas größer als Q_{La} wählen, damit die Druckerzeugung stets gewährleistet ist. Bei Verwendung einer Konstantpumpe fließt also wie bei der Steuerung mit Stromventilen immer der nicht benötigte Teil des Pumpenförderstroms über das Druckbegrenzungsventil in den Tank ab. Günstiger sind die Verhältnisse bei Verwendung einer Verstellpumpe mit Druckregler.

Der Versorgungsdruck wird also durch das Druckbegrenzungsventil bzw. durch den Druckregler der Pumpe bestimmt.

8.1.4 Dynamisches Verhalten eines Servoventils

Das dynamische Verhalten beschreibt welche Zeitspanne das Servoventil benötigt um das Eingangssignal in die Ausgangsgröße zu verwandeln, d.h., mit welcher zeitlichen Verzögerung die Ausgangsgröße (Volumenstrom) dem Eingangssignal (elektrischer Strom) folgt.

Das dynamische Verhalten kann mit dem Frequenzgang des Servoventils (Bild 141) beurteilt werden.

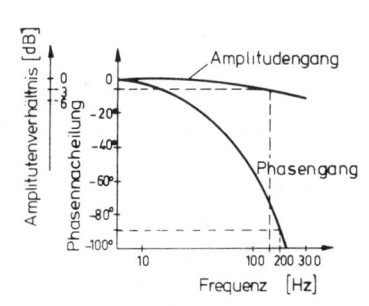

Bild 141 Frequenzgang eines Servoventils (Bode-Diagramm)

Im Bode-Diagramm wird das Amplitudenverhältnis (in dB) und die Phasennacheilung zwischen Volumenstrom und elektrischem Eingangsstrom in Abhängigkeit von der Frequenz des sinusförmigen Eingangssignals aufgetragen, wobei die Amplitude des Eingangssignals über den gesamten Frequenzbereich konstant bleibt. Die Arbeitsfrequenzen der meisten elektrohydraulischen Servosysteme liegen im Bereich von *10 Hz* bis *40 Hz*. Die Phasennacheilung der Servoventile ist dann noch klein, was sich auf das dynamische Verhalten und die Stabilität des Servosystems günstig auswirkt. (Als Grenzfrequenz gilt diejenige Frequenz, bei der eine Phasenverschiebung von *-90°* oder ein Amplitudengang von *-3 dB* auftritt).

8.2 Das Servoventil im elektrohydraulischen Regelkreis

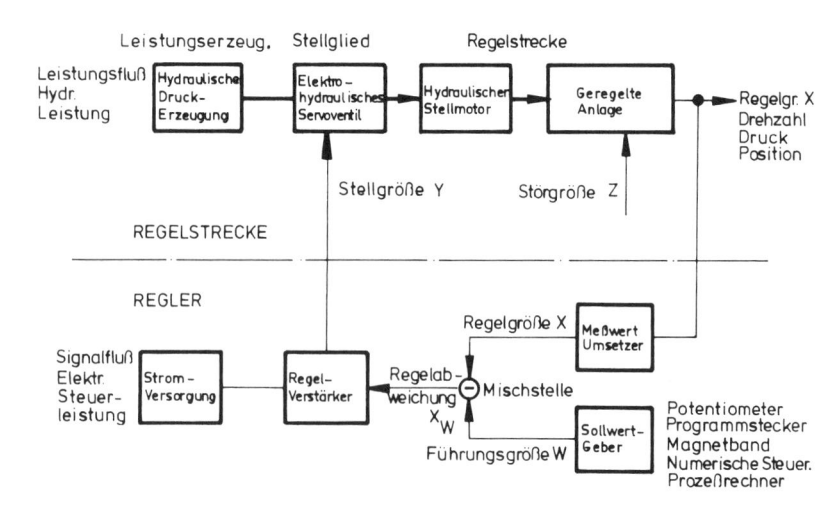

Bild 142 Blockschaltbild des elektrohydraulischen Regelkreises

Bild 142 zeigt die Bausteine aus denen ein elektrohydraulischer Regelkreis aufgebaut ist in einem Blockschaltbild. Es ist wie bei jeder Regelung ein geschlossener Wirkkreis vorhanden, der nur in einer Richtung durchlaufen wird. In einem geschlossenen Regelsystem wird die vom Sollwertgeber vorgegebene Führungsgröße W an der Mischstelle mit dem Istwert der Regelgröße X (Weg, Lage, Drehzahl, Geschwindigkeit, Druck, Kraft, Drehmoment, Leistung) verglichen und die Regelabweichung X_W einem Regelverstärker zugeführt. Der Regelverstärker verstärkt das anstehende Fehlersignal und liefert die Stellgröße Y, die bei elektrohydraulischen Regelkreisen stets ein Steuerstrom für das elektrohydraulische Servoventil ist. Das Servoventil ist das Stellglied, das Stellgrößen kleiner elektrischer Leistung in große Stellwirkungen auf den hydraulischen Leistungsfluß verstärkt. Das Servoventil steuert den Leistungsfluß zum hydraulischen Stellmotor, der eine Last antreibt. Am Ausgang der Regelstrecke wird die Regelgröße X durch einen Meßwertumsetzer erfaßt und in ein elektrisches Signal umgeformt. Dieses Signal wird wieder der Mischstelle zugeführt. Die elektrohydraulische Regelung löst somit die Aufgabe, "den vorgegebenen Wert einer Größe, der ohne Regelung infolge störender Einflüsse in unerwünschter Weise veränderlich wäre, herzustellen und aufrechtzuerhalten" (DIN 19226).

An die Funktionsweise eines elektrohydraulischen Regelkreises werden folgende Forderungen gestellt:
1. Regelgröße der Führungsgröße nachführen, d.h. Führungsgröße "einregeln".
2. Einfluß der Störgröße beseitigen - Störgröße ausregeln.
3. Der Regelkreis muß stabil sein. Bei einer sprunghaften Änderung einer Eingangsgröße tritt ein Einschwingvorgang auf, der bei stabilem Verhalten abklingt.
4. Nach Abklingen des Einschwingvorganges soll die Regelabweichung unter einem vorgegebenen Wert bleiben.
5. Der Einschwingvorgang soll in einer vorgegebenen Zeit beendet sein.
6. Die Überschwingweite darf einen vorgegebenen Wert nicht überschreiten.

Um diese Forderungen erfüllen zu können, sind zum einen meist hydraulische Stellmotoren besonderer Güte (reibungsarm, gutes Langsamlauf- und Anlaufverhalten) erforderlich, die als Servozylinder oder Servomotoren bezeichnet werden, zum anderen, sind bei der Projektierung Kenntnisse über das dynamische Verhalten von Regelkreisen, wie sie z.B. in [4, 18, 26, 28] zu finden sind, notwendig.

Anmerkung:
Die Hydraulik bei der die beschriebenen elektrohydraulischen Regelkreise mit Servoventilen oder Regelventilen (8.4) bzw. Regelungen mit Servopumpen (5.5) eingesetzt werden, bezeichnet man als Servohydraulik.

Die Einsatzgebiete der Servohydraulik sind die Automatisierungstechnik, die Fernsteuertechnik und die Bestätigungshilfen. Diese Systeme sind besonders in der Flughydraulik, in der Simulationstechnik, in Werkzeugmaschinen, in Kunststoffmaschinen und in Nutzfahrzeugen zu finden.

8.3 Proportionalventile

Proportionalventile gleichen in der Funktion den Servoventilen (siehe 8.1). Sie sind bei verminderten Anforderungen an ihre Genauigkeit robuster und billiger als Servoventile, außerdem ist ihre elektrische Ansteuerung bei meist größerer Eingangsleistung einfacher und sie haben die gleichen Anschlußmaße wie Wegeschaltventile. Die ersten Proportionalventile waren entfeinerte Servoventile (Eingangsleistung wie bei Servoventilen). Durch die Entwicklung des Proportionalmagneten, der im Aufbau und in seinen elektrischen Daten dem normalen Gleichspannungsmagneten ähnlich ist, wurde es möglich, im Aufbau einfache und schmutzunempfindliche Proportionalventile (Eingangsleistung 10^1 bis 10^2 Watt) zu bauen. Im Folgenden werden hauptsächlich Proportionalventile mit Proportionalmagneten als elektromechanische Umformer besprochen, da diese in der industriellen Anwendung überwiegen.

Während Servoventile in Regelkreisen (siehe 8.2) eingesetzt werden, sind Proportionalventile in Steuerungen zu finden. Mit ihnen können Bewegungsrichtung, Geschwindigkeiten oder Drehzahlen, Kräfte oder Drehmomente sowie Beschleunigung und Verzögerung von Zylindern oder Hydromotoren stetig gesteuert und somit den geforderten Verhältnissen optimal angepaßt werden. Sämtliche Proportionalventile können fernbetätigt werden, dabei ist die Entfernung zwischen Ventil und Kommandogeber (Sollwertgeber) praktisch beliebig.

8.3.1 Proportionalmagnete

Es gibt hubgeregelte und kraftgeregelte Gleichstrommagnete.
a) Hubgeregelte Magnete
Bei den hubgeregelten Magneten wird die Lage der Ankers durch Verändern des Stroms in einem geschlossenen Regelkreis geregelt und unabhängig von der Gegenkraft, sofern diese im zulässigen Arbeitsbereich des Magneten ist, gehalten. Mit hubgeregelten Magneten können die Kolben von Wege- (Bild 145) und Drosselventilen direkt betätigt und in jede beliebige Lage gesteuert werden, oder es kann die Feder bei Druckventilen (Bild 143) vorgespannt und somit der Druck elektrisch eingestellt werden. Sie arbeiten nur in eine Bewegungsrichtung, wobei die Auslenkung bis *5mm* betragen kann.

b) Kraftgeregelte Magnete

Bei den kraftgeregelten Magneten wird die Magnetkraft, ohne daß der Anker einen wesentlichen Hub ausführt vorzugsweise durch Veränderung des Stroms (Spannungsänderung ist auch möglich) geregelt. Durch eine Stromrückführung im elektrischen Verstärker wird der Magnetstrom und damit die Magnetkraft auch bei Änderung des Magnetwiderstandes konstant gehalten. Die Magnetkraft bleibt über einen gewissen Hubbereich bei gleichem Strom konstant. Der kleine nutzbare Hub beschränkt die Verwendung kraftgeregelter Magnete auf kleine Proportional-Druckventile (Bild 144). Diese dienen dann zur Vorsteuerung größerer Proportional-Druckventile oder Proportional-Wegeventile.

8.3.2 Proportional-Druckventile

Ein Proportional-Druckventil ermöglicht beliebig viele Drücke durch elektrische Vorwahl einzustellen. Proportional-Druckventile werden als vorgesteuerte Ventile ausgeführt. Ihr Aufbau entspricht somit grundsätzlich den in Abschnitt 7.1 besprochenen vorgesteuerten Druckventilen. Das Vorsteuer- oder Pilotventil (siehe Bild 101) ist aber ein durch hub- oder kraftgeregelten Proportionalmagnet betätigtes kleines Proportional-Druckventil (Bild 143 und 144).

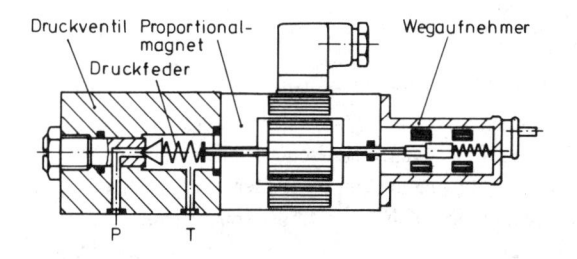

Bild 143 Proportional-Druckventil mit hubgeregeltem Magnet

Bild 143 zeigt ein Proportional-Druckventil mit hubgeregeltem Magnet in Sitzventilbauweise. Das elektrische Eingangssignal bewirkt eine proportionale Auslenkung des Magnetankers und spannt die Druckfeder, wodurch eine zum elektrischen Eingangssignal proportionale Änderung der Druckeinstellung bewirkt wird. Die Auslenkung wird von dem induktiven Wegaufnehmer erfaßt und zur Regelelektronik zurückgeführt, die durch Lageregelung dafür sorgt, daß der Magnet die vorgewählte Position anfährt und beibehält.

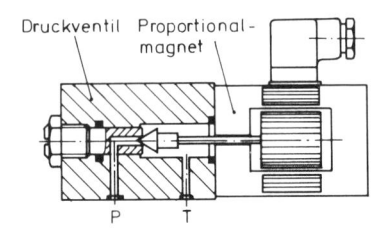

Bild 144 Proportional-Druckventil mit kraftgeregeltem Magnet

Bild 144 zeigt ein Proportional-Druckventil mit kraftgereltem Magnet. Bei ihm wird durch Regelung des zugeführten elektrischen Stroms die Magnetkraft eingestellt. Sie wirkt direkt auf den Ventilkegel und hat damit eine zum Strom proportionale Druckeinstellung zur Folge.

Neben der Möglichkeit beliebig viele Drücke mit nur einem Druckventil einstellen zu können ist ein besonderer Vorteil der Proportional-Druckventile, daß die Zeit für den Druckaufbau bzw. Druckabfall durch die Ansteuerelektronik exakt bestimmt werden kann.

8.3.3 Proportional-Wegeventile

Ein Proportional-Wegeventil ermöglicht Richtungs- und Geschwindigkeitssteuerung von Zylindern und Hydromotoren. Der Steuerkolbenhub ist wie bei den Servoventilen proportional dem elektrischen Eingangssignal. Da im Stillstand häufig die Last gehalten werden muß, werden Proportional-Wegeventile mit positiver Überdeckung ausgeführt. Die Drosselquerschnitte der Durchflußwege werden durch Feinsteuerkerben am Steuerkolben erzeugt. Dies sind meist Rundkerben (Bild 145 u. 148) oder Dreieckskerben (Bild 147). Deshalb hat die Durchflußkennlinie nicht den in Bild 135 gezeigten linearen Verlauf, sondern progressives Verhalten (siehe Dreiecksform in Bild 126). Bei voller Öffnung beträgt der Ventildruckabfall beim Nenndurchflußstrom meist *10* bis *16 bar*, also *5* bis *8 bar* pro Steuerkante. Neben symmetrischen Kolben bei denen die Drosselung in beiden Durchflußwegen gleich ist, gibt es auch Kolben mit asymmetrischen Drosselquerschnitten, bei denen die Drosselung in den Durchflußwegen von P nach B und von B nach T doppelt so groß ist, wie die von P nach A und von A nach T (2:1 Kolben). Die 2:1 Kolben sind für Steuerungen von Differentialzylindern vorgesehen.

Die Druckverluste bei Proportional-Wegeventilen sind also wesentlich geringer als bei Servoventilen, die dynamischen Eigenschaften (Grenzfrequenz *10* bis *70 Hz*) und die Genauigkeit jedoch geringer.

Bei den unterschiedlichen Bauweisen, die bei Proportional-Wegeventilen zu finden sind, muß zwischen den direktbetätigten oder einstufigen und den indirekt betätigten oder zweistufigen Ventilen unterschieden werden.

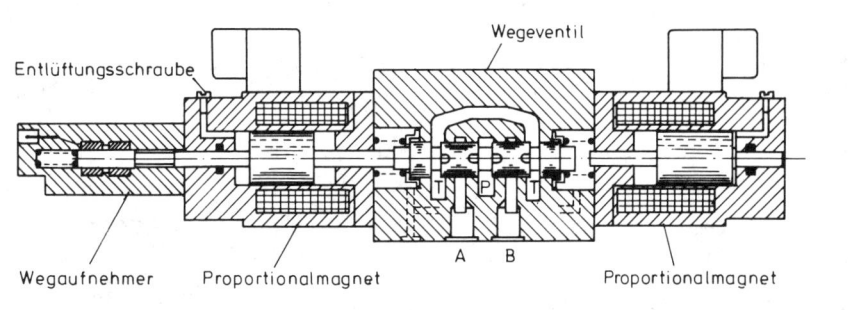

Bild 145 Proportional-Wegeventil, direktbetätigt - hubgeregelt (Bosch)

Bild 146 Symbol eines direktbetätigten Proportional-Wegeventils mit elektrischem Lageregelkreis

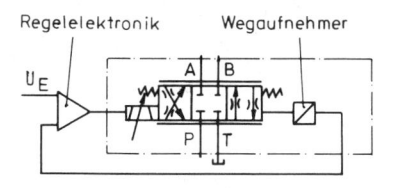

Bild 145 zeigt ein direktbetätigtes Proportional- Wegeventil, das als Weiterentwicklung eines herkömmlichen 4/3-Wegeschaltventils entstanden ist. Dieses Ventil wird mit hubgeregelten Proportionalmagneten betätigt, deren Ankerstößel direkt auf den federzentrierten Steuerkolben wirken. Die stetige Positionierung des Kolbens mit Rundkerben erfolgt in einem elektrischen Lageregelkreis (Bild 146). Die Lage des Kolbens wird von einem induktiven Wegaufnehmer erfaßt, dessen Kern über einen Magnetanker fest mit dem Kolben verbunden ist, und zu einer Regelektronik zurückgeführt, die durch Lageregelung den Steuerkolben in der durch das elektrische Eingangssignal vorbestimmten Lage hält. Durch den elektrischen Lageregelkreis wird der Einfluß der Störgrößen (Feder-, Strömungs-, Reibungskräfte) ausgeregelt. Das elektrische Eingangssignal U_E (meist $0...\pm 10V$) am Regler steuert je nach Polarität einen der beiden Proportionalmagneten an, während der andere stromlos ist und keine Kraft erzeugt. Dadurch wird der Stellbereich (Richtung) des Proportional-Wegeventils bestimmt.

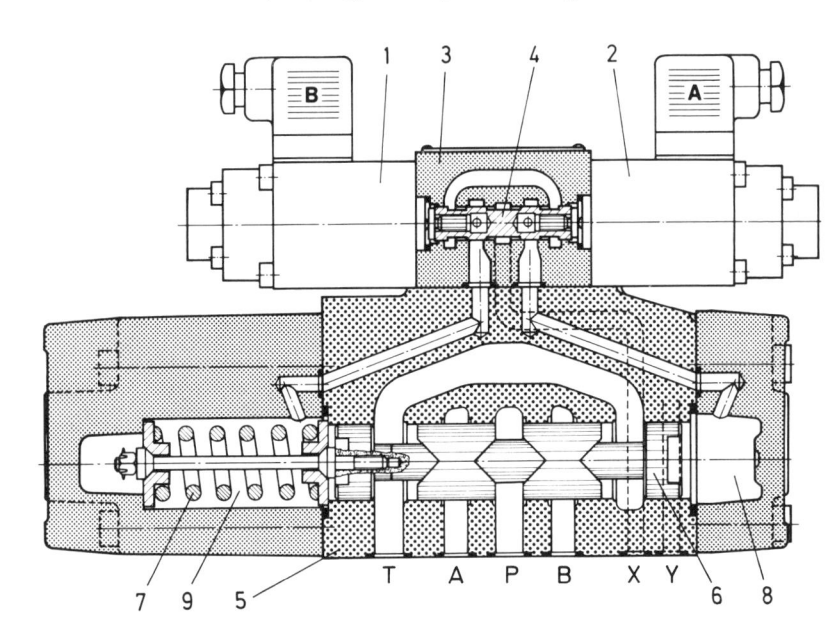

Bild 147 Proportional-Wegeventil, indirekt betätigt durch Druckminderventil (Rexroth)

Bild 147 zeigt ein indirekt betätigtes (vorgesteuertes) Proportional-Wegeventil. Es besteht im Wesentlichen aus dem Vorsteuerventil 3 und dem Hauptventil 5 mit dem Steuerkolben 6, der Dreieckskerben hat und der Zentrierfeder 7. Der federzentrierte Steuerkolben 6 wird durch ein mit den Proportionalmagneten 1 und 2 betätigtes Druckminderventil angesteuert. Abhängig von der Polarität des elektrischen Eingangssignals wird einer der beiden Proportionalmagneten erregt. Wird beispielsweise Magnet 1 erregt, so verschiebt sich der Vorsteuerkolben 4 nach rechts. Dadurch fließt ein Steuerölstrom - intern aus dem Kanal P oder extern über den Anschluß X - über das Vorsteuerventil 3 in den rechten Druckraum 8 des Steuerkolbens 6. Dort baut sich ein Druck auf, der den Steuerkolben gegen die Rückstellkraft der Zentrierfeder 7 nach links auslenkt. Der Druck steigt so lange an, bis die Druckkraft am Vorsteuerkolben 4 der Magnetkraft entspricht. Dabei wird der Vorsteuerkolben soweit in Schließstellung gebracht, daß kein Steueröl mehr fließt. Wird die Kraft des Proportionalmagneten 1 abgesenkt, fließt Öl vom Federraum 8 intern zum Tankanschluß T oder extern zum Anschluß Y solange, bis der Druck wieder proportional der Magnetkraft ist. Wird Magnet 2 erregt, wird der Steuerkolben 6 sinngemäß nach rechts ausgelenkt.

Da bei diesem Ventil die Position des Steuerkolbens 6 nur gesteuert und nicht - wie beim Ventil in Bild 145 - geregelt wird, werden die Fehler der Störgrößen nicht ausgeregelt. Der Einfluß der Reibungs- und Strömungskräfte läßt sich jedoch bei Einsatz einer harten Zentrierfeder 7 vernachlässigbar klein machen.

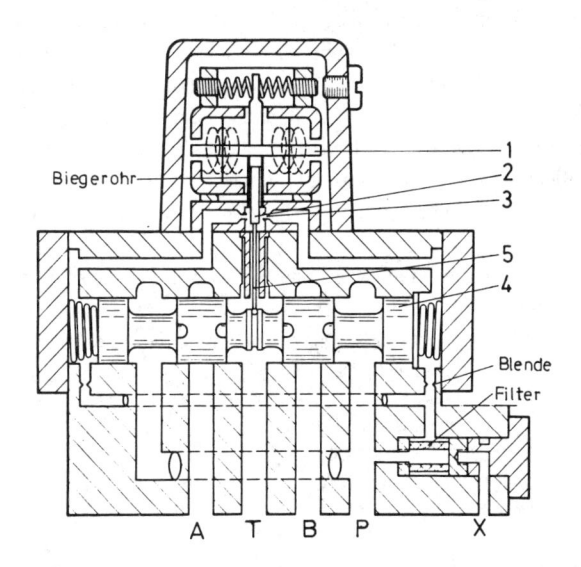

Bild 148 Proportional-Wegeventil mit Düsen-Prallplatte-Vorsteuerstufe (Moog)

Bild 148 zeigt ein zweistufiges Proportional-Wegeventil, das aus einem Torque-Motor, einer Düsen-Prallplatte-Vorsteuerstufe und einem Steuerschieber als Hauptsteuerstufe besteht. Die Rückführung erfolgt mechanisch. Der Steuerkolben 4 hat Rundkerben.

Aus Bild 148 läßt sich folgende Arbeitsweise erkennen. Ein elektrischer Strom (Eingangssignal) in den Spulen des Torque-Motors erzeugt je nach Polarität ein im oder gegen den Uhrzeigersinn wirkendes Drehmoment am Anker 1. Dieses Drehmoment lenkt die Prallplatte 2 zwischen den beiden Düsen 3 aus. Dadurch wird der Austrittsquerschnitt der einen Düse vergrößert und derjenige der anderen verkleinert. Die auf diese Weise entstehende Druckdifferenz (siehe auch Bild 138) wirkt auf die Stirnenden des Steuerkolbens 4 und verursacht dessen Verschiebung. Eine im Anker befestigte Rückführfeder 5 greift in einen Schlitz des Steuerkolbens ein und wird durch die Verschiebung des Steuerkolbens gespannt. Die Bewegung des Kolbens ist beendet, wenn sich das Rückführfederdrehmoment mit dem elektromagnetischen Drehmoment im Gleichgewicht befindet. In diesem Zustand ist die Anker-Prallplatten-Einheit wieder in der Mittelstellung (hydraulische Mittelstellung). Der Steuerkolben bleibt so lange in dieser Stellung stehen, bis das elektrische Eingangssignal in seiner Größe geändert wird. Der Steuerkolbenhub ist also aufgrund der Lageregelung direkt proportional dem elektrischen Eingangssignal am Torque-Motor.

Der Hersteller bietet auch Servoventile die nach demselben Prinzip arbeiten, an. Sie haben jedoch Nullüberdeckung und sind mit wesentlich höherer Präzision gefertigt.

Mit Proportional-Wegeventilen kann eine Richtungs- und Geschwindigkeitssteuerung mit nur einem Gerät durchgeführt werden, wobei Geschwindigkeitsübergänge (Bild 149) nicht in Sprüngen sondern stufenlos erfolgen.

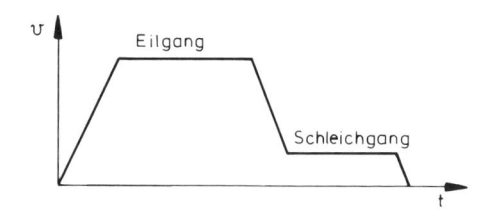

Bild 149 Geschwindigkeits-Zeit-Diagramm eines Bewegungsablaufs (Kolbenvorschub)

Die Beschleunigungs- und Verzögerungszeiten werden von der Ansteuerelektronik bestimmt. Dies wird dadurch erreicht, daß die Sollwertspannung (Eingangssignal) nicht sprungartig, sondern allmählich in Form einer „Rampe" verändert wird. Die Möglichkeit elektrischer Fernbedienung, wodurch schwingungsanfällige hydraulische Steuerleitungen entfallen, ist ein weiterer Vorteil.

Wegen der positiven Überdeckung des Ventilschiebers in der Nullage ist beim Übergang vom einen in den anderen Durchflußstellbereich eine Totzone (siehe Bild 135) von ca. ±20% des Schieberweges vorhanden. Durch die Ansteuerelektronik läßt sich diese Totzone kompensieren. Dies wird dadurch erreicht, daß bei beginnendem Eingangssignal dieses zuerst sprungartig überhöht wird und somit ein korrigierter Sollwert weitergegeben wird. Der Steuerkolben überspringt dadurch die Totzone und der kontrollierte Hub beginnt mit dem Öffnen des Durchflußquerschnittes.

Welche Verringerung des gerätetechnischen Aufwandes, bei gleichzeitiger Verbesserung des Betriebsverhaltens, durch den Einsatz eines Proportional-Wegeventils erreicht werden kann, zeigt das Beispiel in Bild 150 [13].

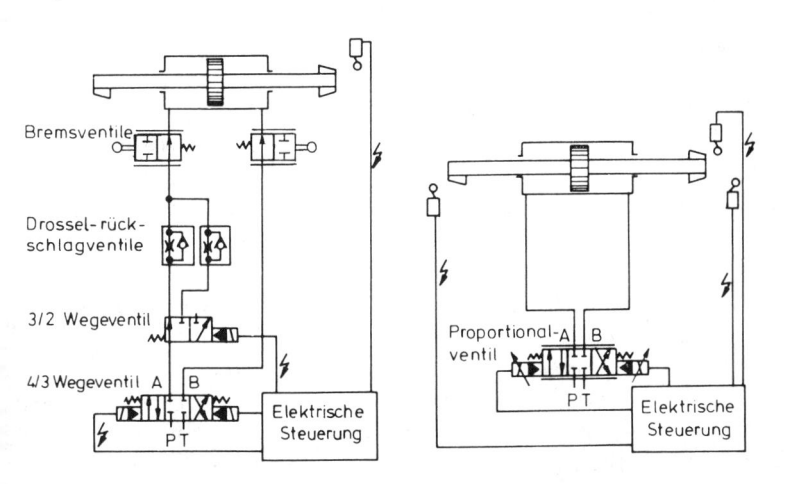

Bild 150 Schaltungsvereinfachung durch Einsatz eines Proportional-Wegeventils

Bild 150 zeigt links den Hydraulikschaltplan eines Zylinderantriebes, bei dem die Steuerung aus Einzelelementen aufgebaut ist. Zum Starten und Halten, sowie zum Umsteuern dient das 4/3-Wegeventil. Mit dem nachgeschalteten 3/2-Wegeventil werden 2 Geschwindigkeitsstufen geschaltet, die an den beiden Drosselrückschlagventilen eingestellt werden. Zum Abfangen von Massenkräften in den Endlagen dienen die beiden Bremsventile (mechanisch betätigte Drosselventile als externe Endlagendämpfung) die durch Nocken betätigt werden.

Die gleichen Funktionen können von einem einzigen Proportional-Wegeventil ausgeführt werden. Dies ist im Bild 150 rechts dargestellt. Die Richtungsänderungen, Geschwindigkeitseinstellungen sowie Beschleunigungs- und Verzögerungsphasen werden hierbei durch entsprechende elektrische Signalgeber eingeleitet. Die elektrische Steuerung (Ansteuerelektronik) und die elektrischen Signalgeber können also die Funktion mehrerer Ventile ersetzten.

Wirtschaftliche Lösungen ergeben sich in den Fällen, in denen durch den Einsatz von Proportional-Wegeventilen der Gesamtaufwand verringert wird.

8.3.4 Auslegung von Steuerungen mit Proportional- Wegeventilen

Die Auswahl eines Proportional-Wegeventils erfolgt wieder aufgrund der maximalen Lastverhältnisse. Mit den Gleichungen (160) und (161) können Drücke und Durchflüsse berechnet werden.

Der Haupteinsatz der Proportional-Wegeventile ist das Beschleunigen, Verfahren und Verzögern von bewegten Massen. Deshalb muß bei der Auslegung der Steuerung die Beschleunigung bzw. Verzögerung festgelegt werden. Dabei müssen zwei Faktoren berücksichtigt werden:

a) Aufgrund des eingestellten Maximaldruckes bzw. der installierten Antriebsleistung ist eine größtmögliche Beschleunigung / Verzögerung berechenbar. Bei Antrieben mit Zylindern ist also die maximale Kolbenkraft und bei Hydromotoren das maximale Motordrehmoment maßgebend.

b) Die größtmögliche Beschleunigung / Verzögerung darf häufig nicht realisiert werden, da es sonst zu Schwingungen kommen kann. Um eine Masse zu beschleunigen, muß in der Druckflüssigkeit ein Druck aufgebaut werden, die hydraulische Feder wird also gespannt. Am Ende der Beschleunigungsphase wird die Beschleunigungskraft Null, es bleibt nur noch die statische Kraft übrig, und deshalb muß ein Teil der in der Flüssigkeit gespeicherten Energie abgebaut werden. Die natürliche Dämpfung (Reibung, Leckage) baut diese Energie ab. Ist die gespeicherte Energie zu groß, treten Schwingungen auf.

Durch das Zusammenwirken der bewegten Masse bzw. Drehmasse mit der hydraulischen Feder wird das Schwingungsverhalten bestimmt. Da die Eigenkreisfrequenz ω_0 (siehe 2.4.2.2 und 6.2.3) eine Kenngröße für dieses Zusammenwirken ist, läßt sich nach [18] folgender Erfahrungswert für die minimale Beschleunigungs- bzw. Verzögerungszeit angeben:

$$t \geq \frac{18}{\omega_0} \tag{162}$$

Dieser Wert wird für die Steuerungen mit Proportional-Wegeventilen und Proportional-Stromventilen empfohlen, kann aber auch als Richtwert für Beschleunigungs- und Verzögerungsvorgänge in geschlossenen Regelkreisen verwendet werden. Die Eigenkreisfrequenz sollte bei Steuerungen den Wert $18s^{-1}$ nicht unterschreiten, da sonst das System nicht steif genug ist.

Beispiel 42:

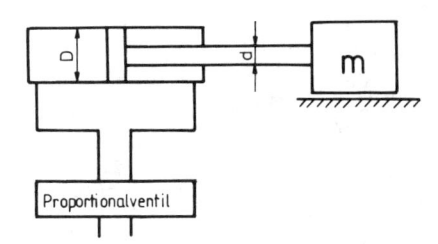

Bild 151 Schaltplan zu Beispiel 42

Ein Differentialzylinder mit *50 mm* Kolbendurchmesser, *25 mm* Stangendurchmesser und *1000 mm* Hub wird benutzt, um eine Masse von *2000 kg* zu bewegen. Der Maschinenzyklus schreibt vor, daß der Zylinder seinen Vorwärtshub in einer Zeit von *2 Sekunden* vollenden muß. Der Zylinder ist mit Rohren von jeweils *3m* Länge und *20 mm* Innendurchmesser an ein Proportional-Wegeventil angeschlossen. Der Kompressibilitätsfaktor des Öls beträgt *0,7×10⁻⁴ 1/bar*.

Welcher max. Volumenstrom muß während dem Vorwärtshub zur Verfügung stehen, wenn die kürzest möglichen Beschleunigungs- und Verzögerungszeiten verwirklicht werden?

Hinweis: Während der Beschleunigung bzw. der Verzögerung darf angenommen werden, daß sich der Kolben praktisch in seiner jeweiligen Endlage befindet.

Lösung:
Flächen: $A = 19{,}6\,cm^2$; $a = 14{,}7\,cm^2$
Volumen: $V_A = 1960\,cm^3$ (Endstellung); $V_a = 1470\,cm^3$ (Endstellung);
$V_R = 943\,cm^3$ (Rohre)

Beschleunigung: $c = \dfrac{1}{\beta}\left(\dfrac{A^2}{V_R} + \dfrac{a^2}{V_a + V_R}\right) = 7\,099\,000\,N/m$; $\omega_0 = \sqrt{\dfrac{c}{m}} = 59{,}578\,s^{-1}$

$t_B \approx \dfrac{18}{\omega_0} = 0{,}3\,s$ (minimale Beschleunigungszeit = min. Rampenzeit)

Verzögerung: $c = \dfrac{1}{\beta}\left(\dfrac{A^2}{V_A + V_R} + \dfrac{a^2}{V_R}\right) = 5\,164\,000\,N/m$; $\omega_0 = 50{,}813\,s^{-1}$

$t_V \approx \dfrac{18}{\omega_0} = 0{,}36\,s$ (minimale Verzögerungszeit)

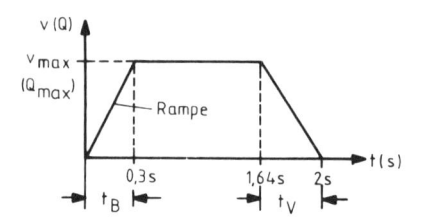

Skizze des Bewegungsablaufs

$s = v_{max}\left(t_H - t_B - t_V\right) + \dfrac{v_{max}}{2}\left(t_B + t_V\right)$

Mit $s = 1\,m$ und der Hubzeit $t_H = 2\,s$ wird

$v_{max} = \dfrac{s}{t_H - \frac{1}{2}(t_B + t_V)} = 0{,}6\,m/s$

damit wird $Q_{max} = v_{max}\,A = 70{,}56\,l/min$ ($\eta_{vol\,Zyl} = 1$).

Anmerkung: Bei Vernachlässigung der Rampen ($t_B = t_V = 0$) würde sich $v_{max} = 0{,}5\,m/s$ und $Q_{max} = 58{,}8\,l/min$ ergeben, was zur Wahl einer zu kleinen Pumpe führen würde.

Beispiel 43:

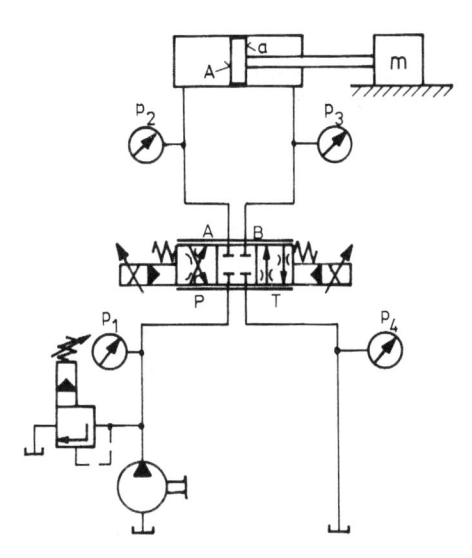

Bild 152 Schaltplan für die Steuerung eines Hydraulikzylinders mit einem Proportional-Wegeventil

Der Hydraulikzylinder ($A = 100\ cm^2$; $a = 63\ cm^2$; $\eta_{mh1} = 0{,}92$; $\eta_{mh2} = 0{,}85$; $\eta_{vol} = 1$) soll eine Masse bewegen, wofür in beiden Richtungen die Kraft 50 000 N beträgt. Im Proportional-Wegeventil beträgt der Druckabfall beim Nenndurchfluß für alle Durchflußwege je *8 bar*. Der Pumpenförderstrom beträgt das Doppelte des Nenndurchflußstroms. Verluste in den Rohrleitungen dürfen vernachlässigt werden.

a) Warum ist der Kolbenrückzug für die Einstellung des Druckbegrenzungsventils (Maximaldruck) maßgebend, wenn die Ein- und Ausfahrgeschwindigkeit gleich sein sollen?

b) Auf welchen Wert muß das Druckbegrenzungsventil eingestellt werden, wenn beim Kolbenrückzug der Nenndurchflußstrom von A nach T fließt.

c) Wie groß sind die Drücke p_1, p_2 und p_3 beim Ausfahren des Kolbens, wenn die Geschwindigkeit dieselbe wie beim Rückzug (Frage b) sein soll?

d) Welches Verhältnis haben die Öffnungsquerschnitte des Proportional-Wegeventils beim Kolbenausfahren und Kolbenrückzug und was bedeutet dies für das erforderliche elektrische Eingangssignal am Proportionalventil?

8.3.5 Proportionale Stromregelung (Proportional- Stromventil)

Ein Proportionalmagnet kann dazu eingesetzt werden um die Meßblende (Drossel) eines Zweiwege-Stromregelventils (7.4.4.1) oder eines Dreiwege-Stromregelventils (7.4.4.2) durch ein elektrisches Signal zu verstellen. Bei Proportional-Stromventilen wirkt meist ein hubgeregelter Magnet direkt auf das Drosselelement. Die Position wird wieder von einem induktiven Wegaufnehmer erfaßt und in einem Lageregelkreis überwacht, so daß die Störgrößen (z.B. Strömungskräfte) ausgeregelt werden.

Eine weitere Möglichkeit der Volumenstromregelung besteht darin, daß man die Steuerschlitze des Hauptventils eines Proportional-Wegeventils als Meßblende verwendet. Die zusätzlich erforderliche Druckwaage (7.4.4) wird meist in Zwischenplattenausführung gebaut und kann somit mit dem Proportional-Wegeventil direkt verschraubt werden.

Zweiwege - Stromregelung   Dreiwege - Stromregelung

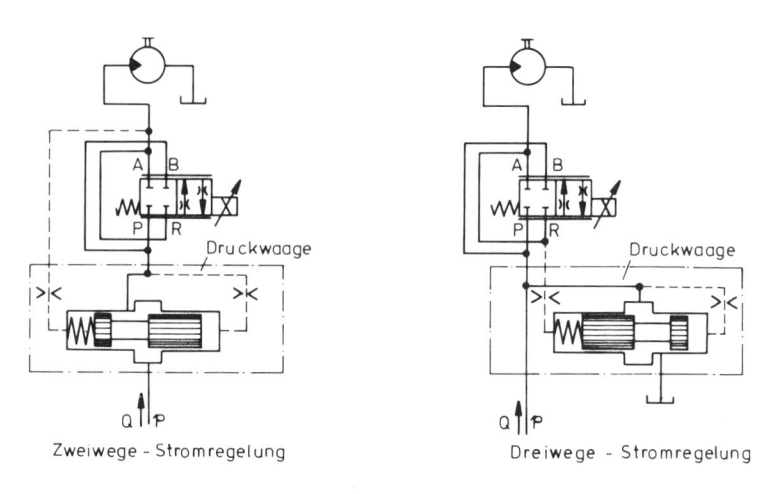

Bild 153 Stromregelung mit Proportional-Drosselventil

Bild 153 zeigt als Beispiel die Zweiwege- und die Dreiwege-Stromregelung mit einem einstufigen Proportional-Wegeventil, das eine Sperr- und nur eine Durchflußstellung besitzt und auch als Proportional-Drosselventil bezeichnet wird. Das Proportionalventil ist dabei so geschaltet, daß es doppelt durchströmt wird (von P nach A und von B nach R), so daß bei gleichem Druckabfall am Ventil der Volumenstrom gegenüber der einfachen Durchströmung (z.B. von P nach A, Anschlüsse B und R sind verschlossen) verdoppelt wird.

Durch die Anordnung von Druckwaagen im Zulauf oder im Ablauf von Proportional-Wegeventilen wird ein von Lastdruckschwankungen unabhängiger Durchflußstrom in beiden Stellbereichen erreicht.

8.4 Regelventile

Regelventile - auch schnelle Proportional-Wegeventile genannt - sind besonders hochwertige Proportional-Wegeventile, die bezüglich ihrer statischen und dynamischen Eigenschaften den Servoventilen kaum nachstehen. Sie werden deshalb in der Stationär- und Mobilhydraulik in geschlossenen Regelkreisen eingesetzt.

Regelventile haben immer Nullüberdeckung. Dies erfordert eine hohe Fertigungspräzision und die Verwendung verschleißfester Materialien. Bei allen Regelventilen ist eine Lageregelung für die Steuerkolben vorhanden. Bei vorgesteuerten Regelventilen mit einem Steuerschieber als Vorsteuerstufe ist dies sowohl für den Steuerkolben der Hauptstufe als auch für den Steuerkolben der Vorsteuerstufe der Fall. Der Druckabfall pro Steuerkante beim Nenndurchfluß liegt bei direkt gesteuerten Regelventilen bei *15* bis *35* bar und bei vorgesteuerten Regelventilen bei *5* bis *35* bar. Für ihre Auswahl und ihre Anwendung im geschlossenen Regelkreis gilt das für das Servoventil gesagte.

Bild 154 zeigt als Beispiel ein direktgesteuertes Regelventil der Nenngröße 10 (NG 10), bei dem bei stromlosem Magneten der Ventilschieber durch die Rückstellfederkraft eine Grundstellung einnimmt. Diese 4. Schieberstellung ist die Sicherheitsstellung (Fail-safe-Stellung) die bei Stromausfall einen unzulässigen Fehlzustand der Hydroanlage ausschließt. Sie kann als Sperrstellung oder wie in Bild 154 als offene Stellung mit gesperrtem P-Anschluß ausgeführt sein. Regelventile mit federzentriertem Steuerkolben benötigen keine 4. Stellung, da sich bei Stromausfall automatisch die Mittelstellung des Kolbens einstellt. Dies ist bei den vorgesteuerten Regelventilen der Fall.

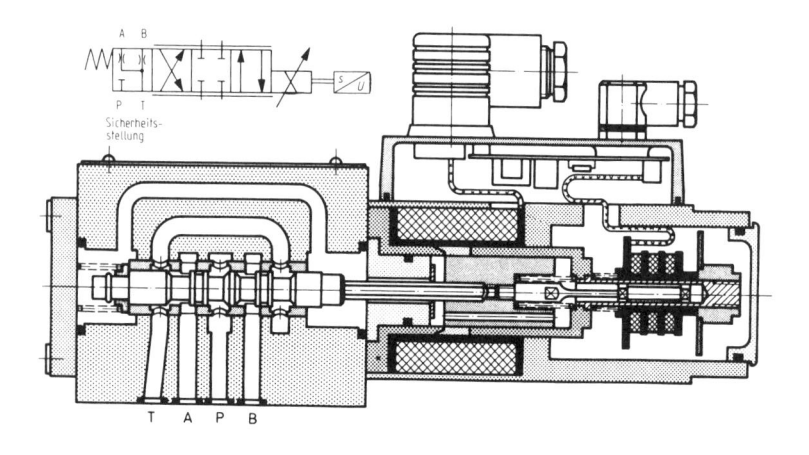

Bild 154 Direktgesteuertes Regelventil mit Symbol (NG 10, Bosch)

Im Unterschied zu dem Proportional-Wegeventil in Bild 145 arbeitet dieses Regelventil also nur mit einem Proportionalmagneten. Ein induktiver Wegaufnehmer erfaßt die Steuerkolbenlage und die interne Lageregelung sorgt dafür, daß trotz Störeinwirkungen der Steuerkolben exakt in der durch die elektrische Signaleingabe vorgegebenen Lage gehalten wird.

9 Hydrospeicher

Hydrospeicher, auch Druckspeicher genannt, haben in ölhydraulischen Anlagen die Aufgabe, Druckflüssigkeit aus der Anlage unter Druck als hydrostatische Energie aufzunehmen, und sie bei Bedarf der Anlage wieder zuzuführen.

9.1 Anwendungsmöglichkeiten

Hydrospeicher sollen eine günstigere Energieverwertung oder eine gleichmäßigere Energieübertragung in Hydraulikanlagen ermöglichen. Es werden nun die häufigsten Einsatzfälle von Hydrospeichern angegeben.

9.1.1 Hydrospeicher als sekundäre Energiequelle

Bei einer hydraulischen Anlage, bei deren Betrieb periodisch kurzzeitig große Druckflüssigkeitsströme benötigt werden, müßte - falls kein Hydrospeicher vorhanden ist - eine Hydropumpe eingebaut werden, die eine dem größten Flüssigkeitsverbrauch entsprechenden Förderstrom hat und somit teuer wäre. Bei hydraulischen Anlagen mit intermittierendem Betrieb ist es deshalb besser, als zusätzliche Energiequelle, einen Hydrospeicher zu verwenden. Dadurch kann die Pumpe verhältnismäßig klein gewählt werden. Der Speicher wird zwischen den Arbeitstakten von der Pumpe aufgeladen und stellt bei Bedarf den erforderlichen Flüssigkeitsstrom zur Verfügung.

9.1.2 Hydrospeicher als Notenergiequelle

Bei Ausfall der Energieversorgung ermöglicht das im Hydrospeicher gespeicherte Flüssigkeitsvolumen einen bereits begonnen Arbeitstakt zu vollenden. Die Größe des Speichers sollte deshalb so gewählt werden, daß das gespeicherte Flüssigkeitsvolumen für mindestens einen Arbeitstakt ausreicht.

9.1.3 Hydrospeicher für Druckhaltung in abgesperrten Leitungen für Leckölausgleich und für Volumenausgleich bei Druck- und Temperaturschwankungen

Es wird z.B. bei hydraulischen Spannvorrichtungen der Druckzylinder nach der Betätigung vom hydraulischen Kreislauf abgeschaltet. Die Pumpe kann ganz abgeschaltet werden, wenn in der Zwischenzeit keine anderen Verbraucher mit Druckflüssigkeit versorgt werden müssen. Der Hydrospeicher, der in diesem Fall hinter dem Wegeventil angeordnet sein muß, hält in dem Druckzylinder den Druck aufrecht. Außerdem gleicht er die Leckölverluste (Wege-Kolbenventil) und die möglichen Volumenschwankungen durch Temperatur- und Druckänderungen aus.

9.1.4 Hydrospeicher als Energiequelle für schwingungsfreien hydraulischen Antrieb

Bei Feinstbearbeitungsmaschinen können die geringfügigen Schwingungen, die durch die Förderstromschwankung der Pumpe hervorgerufen werden, zu Oberflächenfehlern führen. Dies läßt sich vermeiden, in dem man während des Vorschubes die Pumpe ganz abschaltet und die benötigte Druckflüssigkeit pulsationsfrei dem Hydrospeicher entnimmt. Beim Rückhub und beim Eilgang wird die Pumpe wieder zugeschaltet und der Hydrospeicher aufgeladen.

9.1.5 Hydrospeicher zur Dämpfung von Druckstößen und zur Federung

Durch den Einbau von Speichern in ölhydraulische Anlagen können unzulässig hohe Druckstöße vermieden werden. Der Hydrospeicher muß dabei möglichst nahe an der die Druckstöße erzeugenden Stelle eingebaut werden. So können z.B. bei schnell schließenden Ventilen die durch Massenkräfte verursachten Druckstöße (2.4.3) durch den Einbau eines Speichers gedämpft werden. Im Fahrzeugbau können Hydrospeicher in Verbindung mit Zylindern als Federelemente verwendet werden.

9.2 Hydrospeicherbauarten

Eine unmittelbare Speicherung durch Komprimieren der Flüssigkeit kann in der Ölhydraulik technisch nicht verwirklicht werden, da die Kompressibilität der Hydraulikflüssigkeiten zu gering ist. Man muß also um Energie zu speichern, eine andere Materie unter Spannung setzen, oder ein Gewicht anheben. Die prinzipiell möglichen Speicherbauformen zeigt Bild 155.
  Gewichtsspeicher (Bild 155a) bauen zu groß und zu teuer und sind deshalb

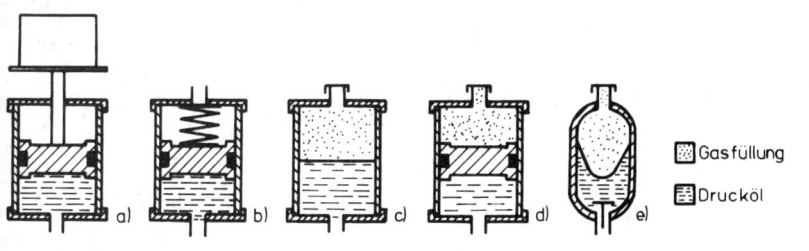

Bild 155 Hydrospeicherbauarten

nicht üblich. Federbelastete Druckspeicher (Bild 155b) können im Vergleich zu ihrer Federmasse nur wenig Energie aufnehmen, da die zulässige Verformung der Feder klein ist. Auch sie werden deshalb nicht mehr verwendet. Gase (Stickstoff) sind die bestgeeigneten Energiespeicher, weil sie beliebig stark verformbar sind, die in der Ölhydraulik üblichen Drücke erlauben und ihre Masse vernachlässigbar klein ist. Sie dürfen aber mit der Hydraulikflüssigkeit nicht direkt in Berührung kommen, da sie bei höheren Drücken von der Flüssigkeit absorbiert werden würden (3.1.9). Die Trennung von Gas und Flüssigkeit geschieht beim Membranspeicher (Bild 155c) durch eine stark deformierbare Membrane, beim Kolbenspeicher (Bild 155d) durch einen mit Dichtungselementen versehenen beweglichen Leichtmetallkolben und beim Blasenspeicher (Bild 155e) durch eine am Gaseinlaß aufgehängte Blase.

Alle drei Gasspeicherbauarten haben große Bedeutung erlangt. Die Kolbenspeicher sind für hohe Betriebsdrücke und große Speicherinhalte geeignet, trennen Gas und Flüssigkeit fast hermetisch, haben aber aufgrund der hohen Reibungsverluste ein schlechteres Reaktionsverhalten als die Membran- oder Blasenspeicher. Bei diesen ist aber ein gewisser Gasverlust durch Diffundieren des Gases durch die Membranen oder Blasen nicht zu vermeiden.

Um Korrosion an der feinstbearbeiteten Lauffläche des Zylinderrohres bei Kolbenspeichern zu vermeiden, und um den schon erwähnten Dieseleffekt (3.1.9) bei schadhaften Dichtungen, Membranen oder Blasen zu verhindern, wird Stickstoff als Füllgas verwendet.

9.3 Berechnung des Gas-Hydrospeicher

Das Nennvolumen V_0 eines Gas-Hydrospeichers ist gleich der Summe aus dem Volumen auf der Gasseite (Gasvolumen) und dem auf der Flüssigkeitsseite (Ölvolumen). Bei flüssigkeitsleerem Speicher ist also das Gasvolumen gleich dem Nennvolumen V_0.

Die thermodynamische Zustandsgleichung von Gasen gibt nun den Zusammenhang zwischen dem Absolutdruck p_a des Gases und dem Gasvolumen V bei Einspeisung und Entnahme von Druckflüssigkeit an. Mit der Gasvorspannung p_{a0} bei flüssigkeitsleerem Speicher und dem Polytropenexponenten n gilt

$$p_{a0}V_0^n = p_a V^n = konst. \qquad (163)$$

Das gespeicherte Flüssigkeitsvolumen ist dann

$$V_F = V_0 - V \qquad (164)$$

Mit Gl. (163) und Gl. (164) kann man nun das verfügbare Flüssigkeitsvolumen bei Speicher- und Entladevorgängen berechnen, wenn man den Polytropenexponenten n abschätzt.

Erfolgt der Speicher- oder Entladevorgang so langsam, daß während der Kompression oder Dekompression genügend Zeit zum Temperaturausgleich mit der Umgebung vorhanden ist, dann ist die Zustandsänderung isotherm. Dabei ist $n=1$. Isotherme Zustandsänderung liegt vor, wenn der Speicher zum Leckölausgleich oder zur Druckkonstanthaltung dient.

Für adiabate Zustandsänderung ist $n = \kappa = 1,4$. Der Speicher- oder Enladevorgang erfolgt dabei so schnell, daß keinerlei Temperaturausgleich mit der Umgebung stattfindet. In der Regel wird der Exponent $\kappa = 1,4$ nicht ganz erreicht, da ein gewisser Temperaturausgleich immer stattfindet. Bei allen schnell ablaufenden Vorgängen wird adiabat gerechnet.

Eine isochore Zustandsänderung, also eine Druckänderung bei konstantem Volumen, kann auch auftreten. Dies ist der Fall, wenn ein aufgeladener Speicher gegen die Anlage abgesperrt wird und dann eine längere Ruhepause eintritt, in der ein teilweiser oder völliger Temperaturausgleich mit der Umgebung stattfindet. Für die isochore Zustandsänderung gilt mit der Kelvin-Temperatur T

$$\frac{T_2}{T_1} = \frac{p_{a2}}{p_{a1}} \qquad (165)$$

Das Druck-Temperatur-Verhältnis bei adiabatem Vorgang ist

$$\frac{T_2}{T_1} = \left(\frac{p_{a2}}{p_{a1}}\right)^{\frac{\kappa-1}{\kappa}} \tag{166}$$

Einfacher als die rechnerische Bestimmung der verfügbaren Flüssigkeitsvolumens ist ihre graphische Bestimmung aus den Druck-Volumen-Kennlinien (Bild 156) eines Speichers. Bei ihnen ist direkt das gespeicherte Ölvolumen in Abhängigkeit von Arbeitsdruck und Gasvorspannung aufgetragen. Wegen des logarithmischen Maßstabes ergeben sowohl Isothermen als auch Adiabaten jeweils unter sich parallele Geraden.

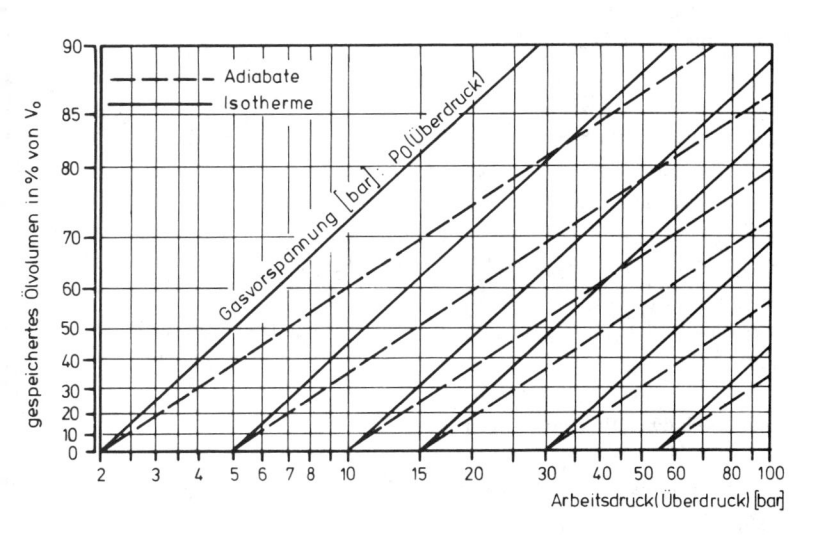

Bild 156 Druck-Volumen-Kennlinie von Hydrospeichern mit dem Nennvolumen V_0

Beispiel 44: Bei einem Speicher mit *500 cm³* Nennvolumen beträgt die Gasvorspannung $p_0 = 10$ bar. Der kleinste Betriebsdruck beträgt $p_1 = 15$ bar und der höchste $p_2 = 50$ bar. Es wird graphisch das verfügbare Ölvolumen aus den Druck-Volumen-Kennlinien (Bild 156) für folgende Fälle bestimmt.

a) Isothermer Speicher- und Entladevorgang:

gespeichertes Ölvolumen	bei *50 bar* :	*390 cm³*
gespeichertes Ölvolumen	bei *15 bar* :	*150 cm³*
	verfügbares Ölvolumen :	*240 cm³*

b) Adiabater Speicher- und Entladevorgang:

gespeichertes Ölvolumen	bei *50 bar* :	*335 cm³*
gespeichertes Ölvolumen	bei *15 bar* :	*125 cm³*
	verfügbares Ölvolumen :	*210 cm³*

c) Isotherme Speicherung und adiabate Entladung:

gespeichertes Ölvolumen	bei *50 bar* :	*390 cm³*
gespeichertes Ölvolumen	bei *15 bar* :	*250 cm³*
	verfügbares Ölvolumen :	*140 cm³*

Die Hersteller von Speichern empfehlen, um eine hohe Lebensdauer der Blase bzw. der Membran zu erreichen, für die Festlegung der Drücke meistens folgende Druckverhältnisse :

$p_0 \approx 0{,}9\, p_1$ und $p_2 \leq 4\, p_1$ bei Blasenspeichern sowie
$p_0 \approx 0{,}9\, p_1$ und $p_2 \leq 10\, p_1$ bei Membranspeichern

Beispiel 45: Die Fälle a) bis c) des Beispiels 44 sollen rechnerisch gelöst werden.

9.4. Sicherheitsbestimmungen

Gas-Hydrospeicher unterliegen den Unfallverhütungsvorschriften für Druckbehälter. Prüfungspflichtig (TÜV) sind Speicher, bei denen das Produkt aus dem Nennvolumen in *l* und dem höchsten Betriebsdruck in *bar* den Wert 200 überschreitet. Außerdem muß das Druckbegrenzungsventil, mit dem die Flüssigkeitsseite des Speichers abgesichert ist, ein mehr als 10% iges Überschreiten des zulässigen Betriebsdruckes verhindern.

10 Verbindungselemente und Ventilmontagesysteme

Die Verbindung der Hydrogeräte muß wie im Schaltplan festgelegt erfolgen. Sie kann auf verschiedene Weise ausgeführt werden. In der Mobilhydraulik werden die Geräte weitgehend mit Rohrleitungen und Schläuchen verbunden, während in der Stationärhydraulik im Steuerungsteil rohrlose Ventilmontagesysteme bevorzugt werden, so daß Rohrleitungsverbindungen nur noch mit Pumpen, Zylindern und Hydromotoren erfolgen.

Um die Strömungsverluste (2.3) klein zu halten, müssen Verbindungen möglichst gerade verlaufen und die Strömungsgeschwindigkeit klein gewählt werden. Die folgenden mittleren Geschwindigkeiten sind Richtwerte.

Saugleitungen   *0,5* bis *1,5 m/s*
Druckleitungen   *1,5* bis *6*, selten bis *10 m/s*
Rücklaufleitungen   *2* bis *4 m/s*

10.1 Rohrleitungen

Als Rohrleitungen werden fast ausnahmslos nahtlose Präzisionsstahlrohre nach DIN 2391 aus St 35.4 geglüht und zunderfrei, verwendet. Die erforderliche Wanddicke der Rohre gegen Innendruck kann nach DIN 2413 berechnet werden. Die Hersteller von Rohrleitungen und Rohrverschraubungen geben in Tabellen die zulässigen Drücke an, so daß sich eine Berechnung erübrigt.

Rohr Außen∅	Wanddicke s in *mm*							
	1	1,5	2	2,5	3	3,5	4	5
10	175	300	467	700				
12	140	233	350	500	700			
14	131	214	315	413	558			
16	112	181	262	338	446			
18	98	157	225	286	372	473	596	
20	87	139	197	248	319	400	496	744
22	79	124	175	219	279	347	426	620
25	68	107	150	186	235	290	350	496

Tabelle 11   Zulässige Drücke in *bar* für nahtlose Präzisionsstahlrohre nach DIN 2391

Die Tabelle 11 zeigt eine Auswahl, bei der der zulässige Druck mit 4-facher Sicherheit gegen Platzdruck angegeben ist.

10.2 Rohrverbindungen

Die nahtlosen Präzisionsstahlrohre werden bis zu Außendurchmessern von 42 mm mit lösbaren Rohrverschraubungen verbunden. Bei Rohren mit größeren Außendurchmessern werden Flanschverbindungen, am häufigsten die Vierlochflansche nach der amerikanischen SAE-Norm (SAE-Flansch), verwendet. Von allen Rohrverbindungen wird einfache Montage, die Möglichkeit sie mehrfach zu lösen und wieder zu montieren, möglichst kein zusätzlicher Druckverlust und absolute Betriebssicherheit (Dicht- und Haltefunktion) auch bei Druckstößen, Schwingungen und krassen Temperaturschwankungen, verlangt.

Aus der Vielzahl der Rohrverschraubungssysteme [19] zeigen die Bilder 157 bis 159 die am häufigsten eingesetzten.

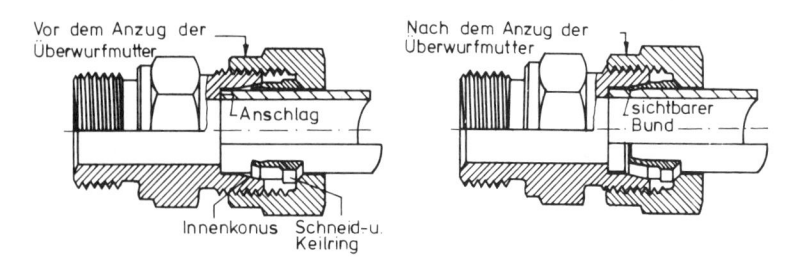

Bild 157 Wirkungsweise der Schneidringverschraubung

Die Schneidringverschraubung (Bild 157) besteht aus einem Gewindestutzen mit Innenkonus, einem gehärteten Schneid- und Keilring und einer Überwurfmutter. Beim Anziehen der Überwurfmutter wird der harte Schneidring zwischen den Innenkonus des Gewindestutzens und das Stahlrohr getrieben, bis der Ring mit seiner scharfen Kante einen sichtbaren Bund am ganzen Umfang des Stahlrohrs aufwirft. Durch das Verkeilen des Schneidringes zwischen Rohrwand und Innenkonus wird ein übermäßiges Einschneiden vermieden und gleichzeitig ein zuverlässiger Schluß hergestellt. Durch zwei hintereinanderliegende Schneidkanten (Progressivring) wird die Sicherheit gegen Lösen durch Schwingungen noch erhöht. Bei einer neueren Bauart muß der Schneidring nur noch die

Haltefunktion übernehmen, da zusätzliche Elastomerdichtungen für zuverlässige Dichtheit sorgen.

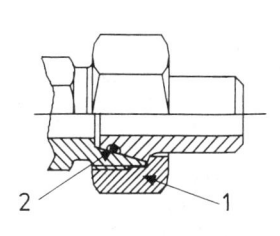

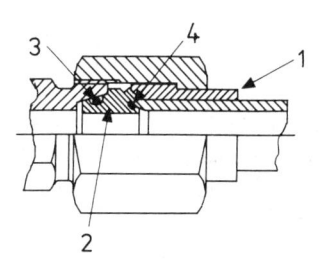

Bild 158 Dichtkegelverschraubung   **Bild 159** Bördelverschraubung

Bild 158 zeigt eine Dichtkegelverschraubung für Schweißanschluß des Rohres mit einer V-Naht. Bei ihr sind die Rohrhalte- und Dichtfunktion voneinander getrennt. Die Abdichtung übernimmt der O-Ring 2, die Haltefunktion die Überwurfmutter 1.

Bei der Börderverschraubung nach Bild 159 dienen die O-Ringe 3 und 4 zur Dichtung, während das Rohr durch Einklemmen zwischen den Druckring 1 und den Zwischenring 2 gehalten wird.

Rohrverschraubungen werden in den verschiedensten Bauformen geliefert, z.B. als gerade Einschraubverschraubung (Bild 157), Winkel-, T-, Kreuz- und Schwenkverschraubung.

10.3 Schlauchleitungen

Ändert ein Hydrogerät während des Betriebes seine Lage, oder liegt ein räumlich ungünstiger Leitungsverlauf vor, so muß die Druckflüssigkeitsführung durch Schläuche erfolgen. Die Schläuche sind heute durch die Verwendung von synthetischen Kautschukmischungen weitgehend ölfest und mit entsprechenden Textil- und Metallgeflechten für Nenndrücke bis *400 bar*, bei kleineren Nennweiten sogar bis *780 bar*, erhältlich. Nachteilig gegenüber Rohrleitungen ist die Alterung des Schlauchmaterials und die Empfindlichkeit des Schlauches gegen Torsion, häufige, scharfe Biegungen sowie Impulsbelastung oder Druckstöße. Schläuche müssen deshalb so eingebaut werden, daß sie genügend Bewegungsfreiheit haben und vor Fremdeinflüssen geschützt sind (Herstellerangaben beachten).

Da die Schläuche aus stark elastischen Materialien aufgebaut sind, erfolgt bei Druckbelastung eine Schlauchaufweitung durch die radiale Dehnung. Bild 160 zeigt an dem Beispiel mehrerer Schläuche der Nennweite 32, daß die Schlauchdehnung (Volumenzunahme) ein mehrfaches der Ölkompressibilität beträgt. Diese druckabhängigen Volumenänderungen können sich auf die Hydroanlage positiv oder negativ auswirken. Erwünscht ist die mit der Volumenänderung verbundene Speicherwirkung zum Abbau von Druckstößen und zur Pulsationsverringerung im Förderstrom der Pumpen. Nachteilig wirkt sich die Volumenänderung auf die Bewegungsgenauigkeit der Arbeitsgeräte (2.4.2.1) und die Federkonstante und damit die Eigenfrequenz (2.4.2.2) des Systems aus.

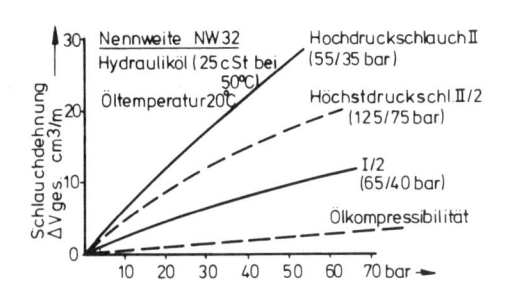

Bild 160 Volumenzunahme von Schläuchen der NW 32 pro m Länge

Die Druckangabe bei den in Bild 160 angegebenen Schläuchen sollen noch erläutert werden. Der erste Zahlenwert, beim Hochdruckschlauch II also *55 bar*, gibt den maximal zulässigen Betriebsdruck bei konstanter Belastung an, während der zweite Zahlenwert den maximal zulässigen Betriebsdruck bei stoßweiser Belastung angibt.

Der Prüfdruck eines Schlauches liegt über dem maximal zulässigen Betriebsdruck, beim Hochdruckschlauch II beträgt er beispielsweise *85 bar*.

Der Platzdruck eines Schlauches liegt nochmals erheblich über dem Prüfdruck, beim Hochdruckschlauch II beträgt er *160 bar*.

Werte für die zulässigen Betriebsdrücke, den Prüfdruck und den Platzdruck geben die Schlauchhersteller in Tabellen an.

Zur Verbindung der Schläuche mit Geräten dienen Schlaucharmaturen. Dabei wird der elastische Schlauch zwischen den starren Teil der Armatur (Nippel) und eine außen liegende Fassung eingeklemmt.

10.4 Ventilmontagesysteme

Ventile, die direkt an Rohrleitungen oder Schläuche angeschlossen werden, nennt man Leitungsventile. Sie werden in der Mobilhydraulik, aber seltener in der Stationärhydraulik eingesetzt. Dort werden überwiegend Aufbauventile, das sind Ventile, die als anflanschbare Bauelemente ausgeführt sind, oder Einbauventile (siehe 7.5) verwendet. Für diese Ventile gibt es verschiedene Ventilmontagesysteme.

Das am häufigsten anzutreffende System ist das mit **Anschlußplatten** auf einer Montagewand, wie es Bild 161 für ein Wegeventil zeigt.

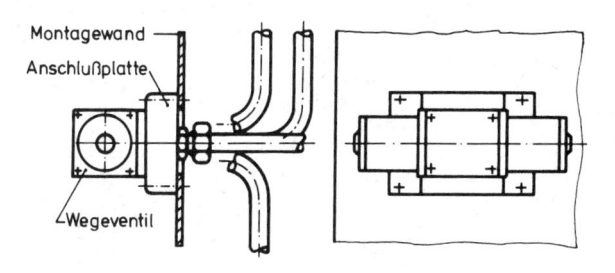

Bild 161 Ventilmontage mit Anschlußplatte

Auf der beidseitig bearbeiteten und mit Durchgangskanälen versehenen Platte, die auf der Rückseite Gewinde für Einschraubverschraubungen zum Rohrleitungsanschluß besitzt, wird das anflanschbare Ventil mit 4 bzw. 6 Schrauben befestigt, wobei die Abdichtung durch die O-Ringe erfolgt. Bei einem Gerätewechsel bleibt also die gesamte Verrohrung samt Anschlußplatte montiert und nur das auszuwechselnde Ventil wird mit wenigen Schrauben gelöst bzw. befestigt.

Eine andere Methode ist, Ventile auf **Steuerplatten** oder **Steuerblöcke**, in denen die erforderlichen Verbindungen durch Bohrungen vorhanden sind, aufzuflanschen, oder auch einzuschrauben. Dieser robuste und platzsparende Aufbau vermindert die Anzahl der Verschraubungen, denn mit ihnen müssen nun nur noch Druck-, Rücklauf- und Verbraucherleitungen angeschlossen werden. Für den Einbau von 2-Wege-Einbauventilen (7.5) gibt es Plattensegmente, die zu Steuerblöcken zusammengesetzt werden, an die dann die kleinen Vorsteuerventile angeflanscht werden.

Bei **Verkettungssystemen** werden von Hydraulikherstellern gelieferte Bausteine (Platten), auf die Ventile aufzuflanschen sind, so miteinander verschraubt, daß die nach dem Schaltplan erforderlichen Verbindungen entstehen. Die Vorteile entsprechen denen der Steuerblöcke, wobei zusätzlich der gesamte Aufbau aus käuflichen Elementen besteht. Bild 162 zeigt ein Verkettungssystem bei dem sich in einer Längsverkettung auch höhenverkettete Geräte (Wegeventil und Drosselrückschlagventil-Zwischenplatte) befinden.

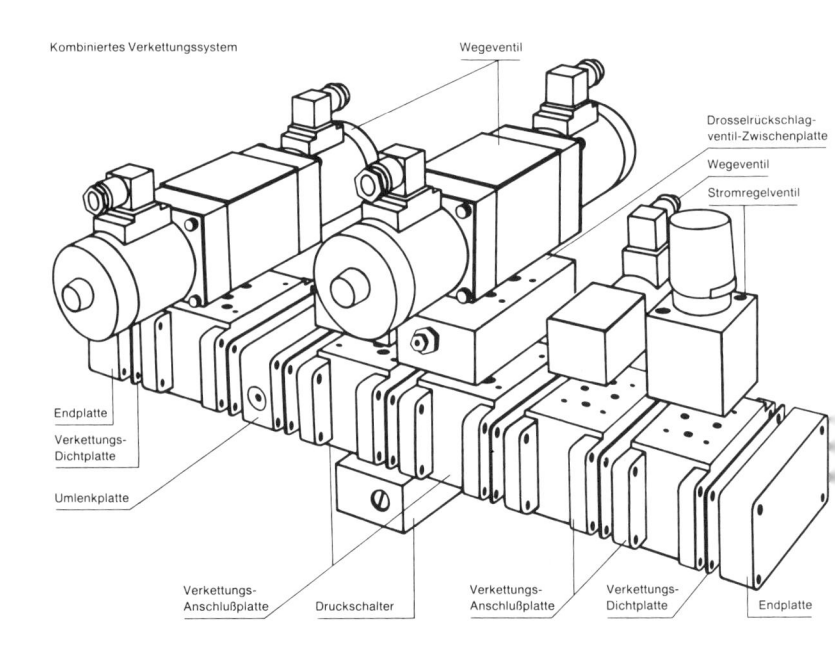

Bild 162 Kombiniertes Verkettungssystem (Bosch)

11 Dichtungen

Da in der Ölhydraulik die Kräfte mit Hilfe einer Druckflüssigkeit übertragen werden, erkennt man leicht, daß Dichtungsfragen eine besondere Rolle spielen. Die Spaltdichtung wurde bereits in Abschnitt 2.6.2 beschrieben. Bei dieser berührungslosen Dichtung entsteht immer ein gewisser Leckverlust. Ihr Vorteil ist aber, daß eine berührungsfreie und daher verschleißfreie Dichtstelle entsteht, die bei richtiger Funktion keiner Wartung bedarf. Die Spaltdichtung findet man in Pumpen, Hydromotoren und Ventilen.

Verlangt man von einer Dichtstelle, daß sie vollständig, oder wenigstens weitgehendst dicht ist, so muß man einen Spalt vermeiden, also eine berührende Dichtung anwenden. Der Dichtungswerkstoff kann Metall, Gewebe, Gummi oder Kunststoff sein. Es sollen hier nur die berührenden Dichtungen erläutert werden, die in der Ölhydraulik besonders wichtig sind. Dichtungen für rotierende Wellen, wie z. B. Radialdichtringe, die bei Pumpen und Hydromotoren als Wellenabdichtung verwendet werden, sollen als bekannte Dichtelemente nicht weiter beschrieben werden.

11.1 Statische Dichtungen

Die Dichtungen zwischen ruhenden Teilen bezeichnet man als statische Dichtungen.

Flachdichtungen aus Papier- oder Gummistreifen sind die einfachsten statischen Dichtungen. Man findet sie zur Abdichtung von Deckeln, z.B. an Ölbehältern. Flachdichtringen Form A nach DIN 7603 aus Metall, meist Kupfer, werden häufig zur Abdichtung von Verschlußschrauben und ähnlichen Bauteilen benutzt.

Am häufigsten wird zur Abdichtung ruhender Bauteile der O-Ring, ein Runddichtring mit kreisrundem Schnurquerschnitt verwendet. Der O-Ringwerkstoff ist häufig Perbunan oder Neoprene, weitgehend ölunempfindliche und quellbeständige Werkstoffe, die zwar verformbar, aber nicht komprimierbar sind. Die Dichtwirkung der O-Ringe hängt von ihrem richtigen Einbau ab. Der Ring muß im eingebauten Zustand vorgespannt sein, da er sonst von der Druckflüssigkeit umspült wird und dann nicht dichten kann (Bild 163a). Die Vorspannung, die durch Verformung beim Einbau erreicht wird, bewirkt, daß der O-Ring durch die Druckflüssigkeit gegen den abzudichtenden Spalt gepreßt wird (Bild 163b).

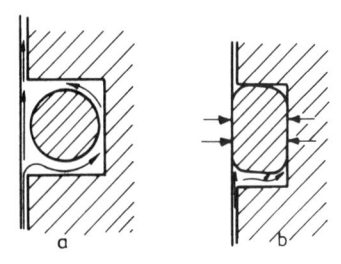

Bild 163 Vorspannungserzeugung beim O-Ring

Da die Anpressung mit dem Flüssigkeitsdruck steigt, steigt auch die Dichtwirkung. Zu beachten ist noch, daß das Volumen des Einbauraumes stets größer als das Volumen des O-Ringes sein muß, und daß der Dichtspalt möglichst eng sein muß, damit der O-Ring nicht in den Spalt gepreßt und beschädigt wird. Bei richtigem Einbau sind O-Ringe bis zu höchsten Drücken geeignet.

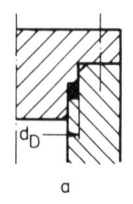

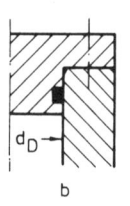

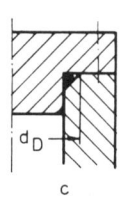

Bild 164 Einbau von O-Ringen

Bild 164 zeigt drei Einbaubeispiele für O-Ringe. Die Lösung c hat den Nachteil, daß der Dichtspalt durch Dehnung der Befestigungsschrauben des Deckels unter Belastung größer wird. Dieser Einbau ist deshalb schlecht. Bei den Lösungen a und b spielen die Schraubendehnungen keine Rolle. Da bei O-Ringen der Durchmesser am Dichtspalt (d_D) für die Schraubenbelastung maßgebend ist, ist die Lösung b die beste.

11.2 Dynamische Dichtungen

Die Abdichtungen bewegter Bauteile ist ungleich schwieriger als die ruhender Teile. Das hat zwei Gründe. Erstens ist der Dichtspalt aus Gründen des Fertigungsaufwandes größer. So begnügt man sich für den Gleitspalt zwischen Kolben und Zylinder häufig mit der Passung H7/e8 oder sogar mit H11/e9. Damit entsteht die Gefahr, daß eine elastische Dichtung in den Spalt gedrückt wird.

Zweitens entsteht bei einer Berührungsdichtung Reibung und somit Verschleiß, der die Lebensdauer der Dichtung herabsetzt. Die Reibung ist von vielerlei Einflüssen abhängig. Sie hängt einerseits von der Bearbeitungsart, Oberflächenrauhigkeit und Geschwindigkeit der bewegten Flächen, andererseits von dem Werkstoff und der Form der Dichtung sowie der Temperatur und dem Betriebsdruck - dabei ist auch ein Schleppdruck (2.6.1) zu beachten - ab (Bild 165).

Bild 165 Abhängigkeit der Reibung vom Betriebsdruck und der Dichtungsform

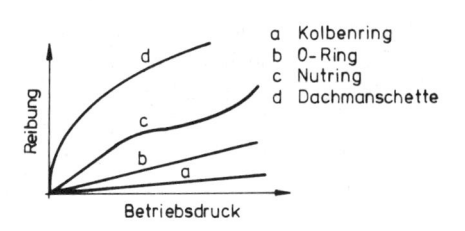

a Kolbenring
b O-Ring
c Nutring
d Dachmanschette

Für die Abdichtung hin- und hergehender Teile werden in der Ölhydraulik meist elastische Dichtungen und nur selten metallische Dichtungen, d.h. Kolbenringe, verwendet. Zu beachten ist noch, daß eine Dichtung kein Führungselement ist ! Ein Kolben muß also stets eine von der Dichtung getrennte Führung haben, da sonst ein zusätzlicher Dichtungsverschleiß entsteht.

11.2.1 Kolbenringe

Der besonders aus dem Verbrennungsmotorenbau bekannte geschlitzte Kolbenring weist eine relativ geringe Reibung auf, solange die Werkstoffpaarung Ring/Zylinder günstig ist. Daraus folgt ein geringer Verschleiß und damit eine lange Lebensdauer und ein geringer Wartungsaufwand. Ein weiterer Vorteil ist seine Temperatur- und Druckunempfindlichkeit, sowie die Möglichkeit, Bohrungen oder Längsschlitze zu überfahren. Der Nachteil der Kolbenringe ist, daß sie nicht vollkommen abdichten. Da der Kolbenring nach außen gespannt ist, ist eine Stoßstelle unvermeidlich. An der Stoßstelle, aber auch an der Gleitfläche am Umfang des Ringes, entstehen unvermeidliche Leckverluste. Ihre Größe hängt vom Druckgefälle, der Ölviskosität, der Anzahl der Kolbenringe und der Form der Stoßstelle der Kolbenringe ab. Da auch in der Ruhelage Leckverluste entstehen, kann man z.B. einen mit einer Last beaufschlagten Kolben nicht in einer bestimmten Stellung halten, wenn als Kolbendichtungen Kolbenringe verwendet werden. Als Kolbenstangendichtung sind Kolbenringe ungeeignet, da der Leckstrom nach außen treten würde.

11.2.2 Elastische Dichtungen

Aus elastischen Werkstoffen (Gummi, Kunststoffe u.a.) werden Berührungsdichtungen mit unterschiedlichen Querschnittsformen hergestellt. Für alle diese Dichtungen gilt, daß die Dichtwirkung nur dann eintritt, wenn sie, wie schon bei den O-Ringen beschrieben, in ihrem Einbauraum unter einer radialen Vorspannung stehen. Diese Vorspannung genügt zur Abdichtung druckloser Räume. Zunehmender Flüssigkeitsdruck bewirkt aufgrund der Dichtungsform eine stärkere Anpressung (Bild 166) und damit eine entsprechende Dichtwirkung.

Diese Dichtungen werden deshalb auch als selbstdichtend bezeichnet. Da die

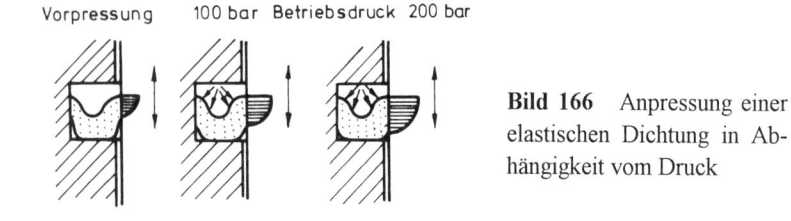

Bild 166 Anpressung einer elastischen Dichtung in Abhängigkeit vom Druck

elastischen Werkstoffe empfindlich auf trockene Reibung reagieren, sollte ein dünner Schmierfilm an der gleitenden Fläche vorhanden sein. Unter günstigen Bedingungen kann dann sogar reine Flüssigkeitsreibung auftreten. Bei Kolben- und Kolbenstangendichtungen kann ein Leckverlust entstehen, weil in einer Bewegungsrichtung ein Teil des Filmes abgestreift wird. Bei der Wahl der Dichtung muß also häufig zwischen Dichtheit und geringer Reibung entschieden werden.

Häufig in der Ölhydraulik verwendete dynamische Dichtungen sind :
Nutringe (Bild 166), Lippenringe, Hutmanschetten, Topfmanschetten und Dachformmanschetten. O-Ringe sind für die Abdichtung bewegter Teile nur bei kleiner Gleitgeschwindigkeit ($v < 0,2$ m/s) oder seltener Bewegung geeignet, weil ihr Verschleiß sonst zu groß ist. Eine im Aufbau einfache Dichtung ergibt sich durch die Kombination eines O-Ringes mit einem flachen Ring aus Teflon, einem sogenannten Gleitring (Bild 167). Dabei wird der Gleitring von dem ela-

stischen O-Ring an die zu dichtende Fläche gepreßt. Die Reibung beträgt nur etwa ein Drittel einer vergleichbaren O-Ring-Dichtung und die Leckage der bis *600 bar* geeigneten Dichtung ist gering.

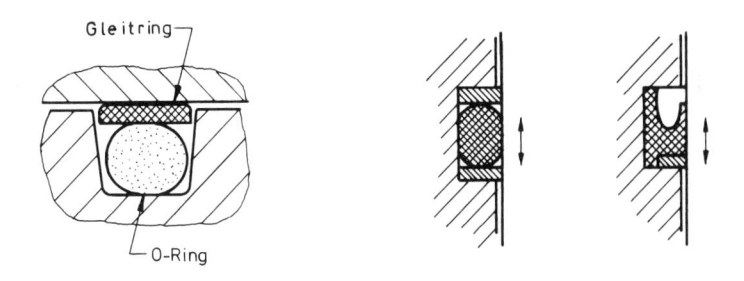

Bild 167 Gleitring-Dichtung   **Bild 168** Verwendung von Stützringen

Der Gefahr, daß eine elastische Dichtung in den, aus Fertigungsgründen groß gewählten Dichtspalt gedrückt wird, begegnet man durch Stützringe. Diese aus verschleißfestem Werkstoff, z.B. Teflon, hergestellten Ringe werden mit enger Toleranz am Gleitspalt eingebaut und verhindern so, daß die elastische Dichtung in den Spalt gedrückt wird. Bild 168 zeigt den Einbau von Stützringen bei einer O-Ring-Dichtung und einen Nutring, in dessen Rücken ein Stützring eingelassen ist.

Bei richtiger Dichtungsauswahl und günstigen Betriebsbedingungen kann man von einer dynamischen Dichtung eine Lebensdauer von mehreren Millionen Hubspielen erwarten. Tritt ein Dichtungsausfall schon nach kurzer Zeit auf, so ist dies meist auf Lufteinschlüsse im Hydrauliköl (3.1.9) zurückzuführen.

11.3 Stick-Slip oder Ruckgleiten

Tritt eine ruckartige Bewegung eines Kolbens auf, was zu erheblichen Betriebsstörungen führen kann, wird dies als Stick-Slip oder Ruckgleiten bezeichnet. Dies tritt auf, wenn drei Bedingungen zusammentreffen [23]:
- Die Haftreibung ist größer als die Gleitreibung, die bei der Gleitgeschwindigkeit $v_{\mu min}$ ein Minimum erreicht (Bild 169).
- Die Gleitgeschwindigkeit ist kleiner als $v_{\mu min}$, also arbeitet die Dichtung im Mischreibungsgebiet.

− In der Kraftübertragung ist ein elastisches Glied (Ölsäule im Zylinder).

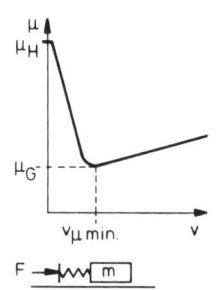

Bild 169 Stribeck-Diagramm und Ersatzbild für den Stick-Slip-Effekt

Mit Bild 169 läßt sich Stick-Slip folgendermaßen erklären: Um eine Masse m aus der Ruhe in Bewegung zu setzen, muß die äußere Kraft F die Haftreibung überwinden. Die Feder wird solange vorgespannt bis die Haftreibungskraft überwunden ist. Nun wird die in der Feder gespeicherte Energie freigesetzt und in Bewegungsenergie der Masse umgewandelt. Der Bewegungsvorgang wird zunächst durch den Abfall der Reibung beschleunigt. Im Verlauf der Bewegung wird die Federenergie aufgebracht, was zu einer Verzögerung der Bewegung führt, welche durch das Ansteigen der Reibung noch verstärkt wird. Erreicht die Federkraft durch den konstanten Antrieb den Haftreibungswert erst nachdem der Stillstand der Masse eingetreten ist, so bezeichnet man diesen Vorgang als „Stick". Der Bewegungsvorgang („Slip") wird wieder eingeleitet, sobald die Federkraft die Haftreibung wieder überwindet. Um Stick-Slip Effekte zu vermeiden, sollte der Unterschied zwischen Haft- und Gleitreibung möglichst klein sein und eine hohe Steifigkeit des Systems sollte angestrebt werden.

12 Anwendung von Kennlinien bei der Berechnung von Hydrokreisläufen

Wie bereits in Abschnitt 2.3.7 erwähnt wurde, lassen sich die Kennlinien der Bauelemente eines Hydrokreislaufes zu dessen Berechnung ausnutzen. Die hydrostatischen Bauelemente haben meist keine linearen Kennlinien, so daß ihre mathematische Beschreibung und damit die rechnerische Ermittlung des Arbeitsverhaltens eines Hydrokreislaufes sehr schwierig ist. Eine sehr viel leichtere und gut überschaubare Methode erhält man durch die graphische Ermittlung mit den Kennlinien der Einzelelemente, die zudem den Vorteil hat, daß auch Änderungen des Betriebszustandes sofort überblickt werden [29]. Man kann zwar nur stationäre Betriebszustände darstellen, doch werden instationäre Vorgänge dadurch mindestens in ihrer Tendenz abschätzbar.

12.1 Kennlinien der Bauelemente eines Hydrokreislaufes

Die Bilder 170 bis 174 zeigen nochmals die Kennlinien der bereits besprochenen Bauelemente. Alle Kennlinien sind jetzt mit dem Flüssigkeitsstrom Q als Abszisse und dem Druck p, bzw. dem Druckabfall Δp oder dem Druckverlust Δp_V als Ordinate dargestellt.

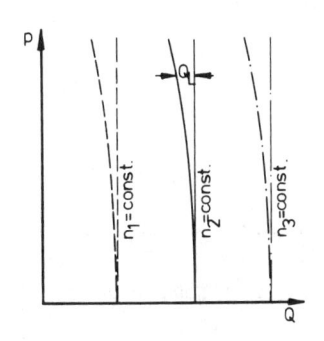

Bild 170 Pumpenkennlinien

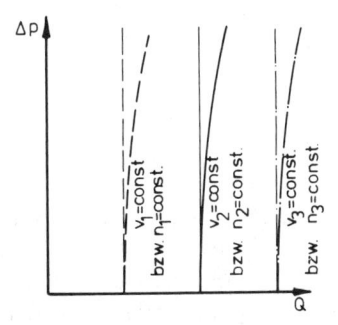

Bild 171 Motorenkennlinien

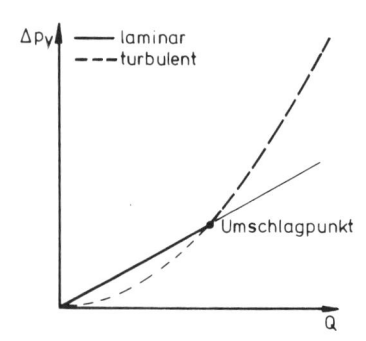

Bild 172 Rohrleitungskennlinie

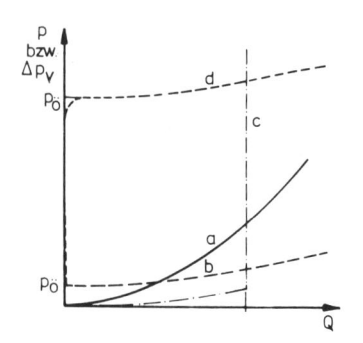

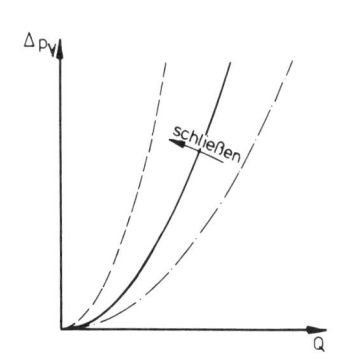

Bild 173 Kennlinien eines verstellbaren einfachen Stromventils (Drosselventil)

a = Wegeventil (1 Durchflußweg)
b = Rückschlagventil (Sperrventil)
c = Stromregelventil
d = Druckbegrenzungsventil
    (Öffnungskennlinie)

Bild 174 Ventilkennlinien

12.2 Hintereinander- und Parallelschaltung

Bei Hintereinanderschaltung von Bauelementen werden alle vom gleichen Flüssigkeitsstrom durchflossen und ihre Drücke addieren sich (Gl. 30). Die Druckverhältnisse bei unterschiedlichem Flüssigkeitsstrom kann man mit den Kennlinien durch Addition der jeweiligen Drücke übersichtlich darstellen. Der Schaltplan in Bild 175 zeigt die Hintereinanderschaltung der Leitungen L_1 bis L_4, eines belasteten Hydromotors, eines 4/3-Wegeventils und eines Vorspannventils V im Rücklauf. Die Gesamtkennlinie K_1 des unbelasteten Kreises ($M_{ab}=0$) erhält man durch die Addition sämtlicher Einzeldruckverluste bei jeweils konstantem Strom. Die Kennlinie K_1 entspringt beim Wert des Vorspanndruckes p_V auf der Ordinate. Wird der Hydromotor mit einem Moment belastet, so entsteht an ihm der Druckabfall Δp_M, der zu der Kennlinie K_1 addiert, die Kennlinie K_2 des belasteten Kreises ergibt. Mit K_2 kann man nun ermitteln, welcher Druck p_E am Eingang E für einen bestimmten Strom Q_E erforderlich ist. Wird statt des Hydromotors ein Differentialzylinder in den Kreis geschaltet, so muß man beachten, daß der ablaufende Strom sich vom zulaufenden um das Kolbenflächenverhältnis unterscheidet, die Drücke aber stets über dem Eintrittsstrom Q_E abgetragen werden müssen.

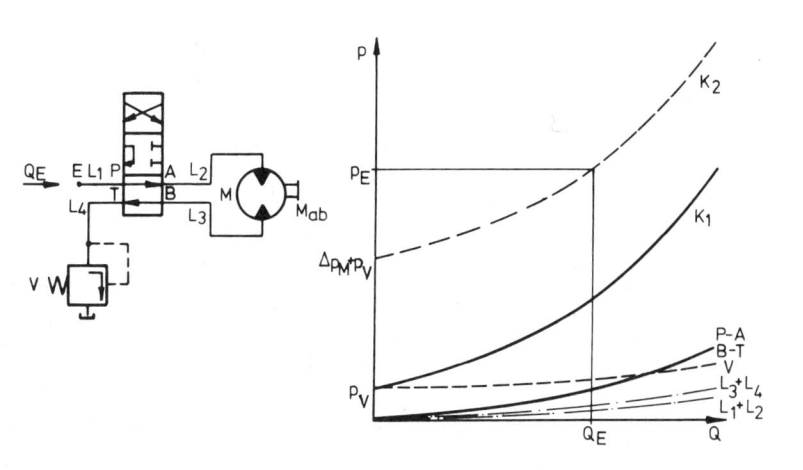

Bild 175 Addition der Kennlinien bei Hintereinanderschaltung

Bei Parallelschaltung von Bauelementen unterliegen alle dem gleichen Eingangsdruck und ihre Durchflußströme addieren sich (Gl. 33). Mit den Kennlinien kann man ermitteln, wie sich der Gesamtstrom auf die einzelnen Zweige verteilt.

Der Schaltplan in Bild 176 zeigt die Parallelschaltung zweier belasteter Zylinder. Die Einzelkennlinien K_1 des Zweiges 1 mit dem Zylinder Z_1 und K_2 des Zweiges 2 mit dem Zylinder Z_2 erhält man wie bereits beschrieben. Für die Gesamtkennlinie K des Systems muß man die Flüssigkeitsströme der Einzelkennlinien K_1 und K_2 bei jeweils konstantem Druck addieren. Nun soll die Reaktion des Systems bei steigendem Eingangsstrom bei E betrachtet werden. Solange der Strom kleiner als Q_0 ist, stellt sich ein Druck p ein, der unter dem Lastdruck

p_{F2} des höher belasteten Zylinders Z_2 liegt. Es arbeitet also nur der Zylinder Z_1. Hat der Strom dagegen die eingezeichnete Größe Q_E, so muß der Druck p_E am Eingang E wirken. Damit wird der Zweig 1 den Strom Q_1 und der Zweig 2 den Strom Q_2 aufnehmen. Damit sieht man, daß bei gleichen Zylindern der höher belastete Zweig 2 langsamer arbeiten wird.

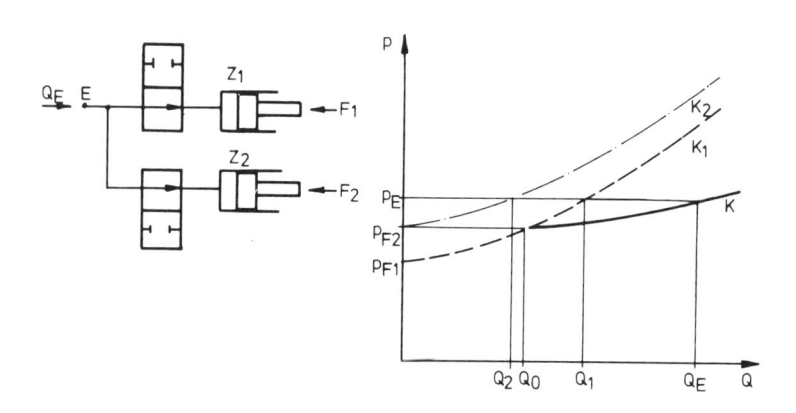

Bild 176 Addition der Kennlinien bei Parallelschaltung

12.3 Kennlinie eines Pumpenaggregates

Ein Pumpenaggregat besteht prinzipiell aus der Hydropumpe, dem Antriebsmotor und einem Druckbegrenzungsventil zur Absicherung. Bild 177 zeigt den Schaltplan und die auf den Ausgang A bezogene Aggregatskennlinie.

Solange der Gegendruck bei A kleiner ist als der Öffnungsdruck $p_ö$ des Druckbegrenzungsventils (siehe 7.1.1.3), erhält man bei A einen Strom entsprechend der Pumpenkennlinie. Steigt der Druck über den Öffnungsdruck an, so beginnt das Druckbegrenzungsventil V zu öffnen und läßt den Strom Q_V in den Tank abfließen. Man erhält also die Aggregatskennlinie dadurch, daß man von der Pumpenkennlinie beim jeweiligen Druck den über das Druckbegrenzungsventil abfließenden Strom Q_V abzieht, den man aus der Kennlinie des Druckbegrenzungsventils (Bild 174 d) entnehmen kann. Bei dem eingezeichneten Druck p_A ist also der Austrittsstrom Q_A bei A auf einen Wert gesunken, der um die

Leckverluste der Pumpe Q_L und den über das Druckbegrenzungsventil abfließenden Strom Q_V kleiner ist als der theoretische Förderstrom Q_{th} der Pumpe.

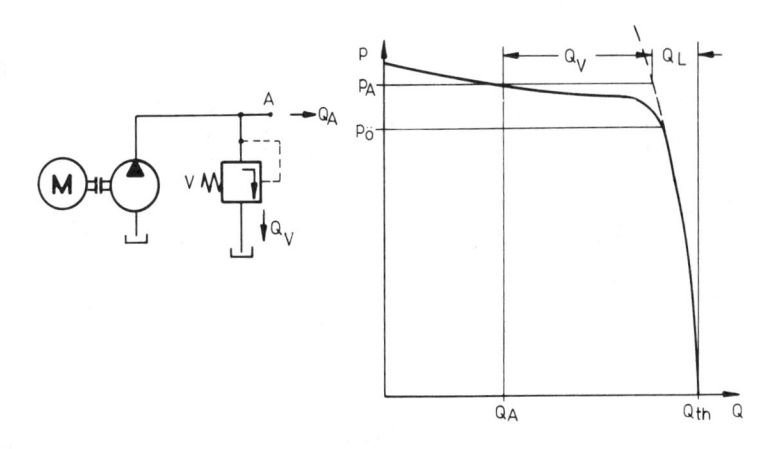

Bild 177 Kennlinie eines Pumpenaggregates

12.4 Beispiel für das Zusammenwirken Pumpenaggregat - Verbraucherkreis

Das Zusammenwirken eines Pumpenaggregates mit einem Verbraucherkreis ist in Bild 178 dargestellt. Der Schaltplan zeigt, daß der Ausgang A des Pumpenaggregates und der Eingang E des Verbraucherkreises zusammenfallen, d.h. der Hydromotor nimmt den Strom auf, den die Pumpe liefert, und diese muß gegen den Druck arbeiten, der im belasteten Verbraucherkreis bei E entsteht. Der Schnittpunkt S der Aggregatskennlinie P und der Verbraucherkreiskennlinie K ergibt den Gleichgewichts- oder Arbeitspunkt im Gesamtdiagramm. Die Pumpe liefert also wie eingezeichnet den Strom Q_P beim Druck p_P, der um die Strömungsverluste größer ist als der lastbedingte Druckabfall Δp_M am Hydromotor. Um den theoretischen Hydromotorschluckstrom Q_M zu ermitteln, muß man die Schluckkennlinie M des Verbraucherkreises durch den Schnittpunkt $Q_P \times \Delta p_M$ legen. Sie schneidet die Q-Achse beim Wert Q_M. Die Kennlinie M erhält man, indem man zu der reinen Motorkennlinie die sonstigen Leckverluste im Verbraucherkreis, z.B. des Wegeventils, addiert. Mit dem theoretischen

Schluckstrom Q_M kann man die Drehzahl des Hydromotors [Gl. (107)], oder bei einem Zylinder als Verbraucher die Geschwindigkeit, ermitteln.

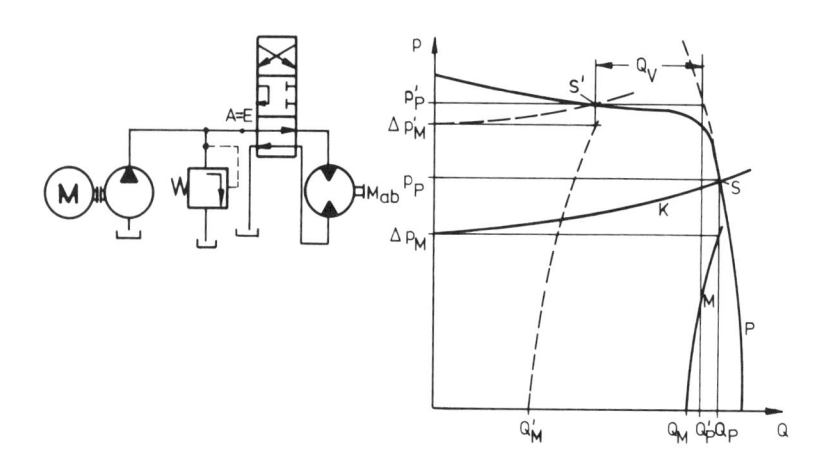

Bild 178 Kennlinie des Zusammenwirkens Pumpenaggregat-Verbraucherkreis

Steigt das Moment am Hydromotor auf den Wert M'_{ab} an, so verschiebt sich die Kennlinie des Verbraucherkreises nach oben auf den Ursprung $\Delta p'_M$ und es entsteht ein neuer Arbeitspunkt S'. Man sieht, daß der Hydromotor jetzt mit wesentlich kleinerer Drehzahl läuft, da der Strom Q_V über das Druckbegrenzungsventil abfließt.

Durch Verschiebung der Kennlinie K läßt sich also jeder Arbeitszustand darstellen. Damit kann zum Beispiel die Motordrehzahl in Abhängigkeit vom Lastverlauf punktweise ermittelt werden.

13 Hydrostatische Getriebe

Unter einem hydrostatischen Getriebe versteht man die Kombination einer Hydropumpe über Rohr- oder Schlauchleitungen mit einem Hydromotor. Sind Pumpe und Motor in einem gemeinsamen Gehäuse eingebaut, so spricht man von einem Kompaktgetriebe, bei räumlich getrennter Anordnung von einem Ferngetriebe. Die Kennwerte der Pumpe (Primärteil) werden mit dem Index 1 und die des Hydromotors (Sekundärteil) mit dem Index 2 gekennzeichnet.

13.1 Schaltpläne und Wirkungsweise

13.1.1 Offener Kreislauf

Beim offenen Kreislauf (Bild 179) saugt die Pumpe 1 das Öl aus dem Behälter 5 an. Das Öl wird dann durch die Druckleitung zum Hydromotor 2 geleitet und fließt von dort meist über einen Filter 4 zum Behälter zurück.

Bild 179
Schaltung eines hydrostatischen
Getriebes im offenen Kreislauf

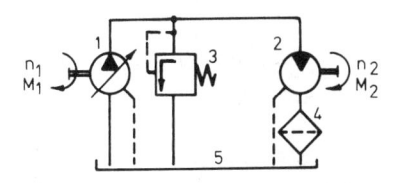

Bild 179 zeigt eine Schaltung, die nur eine Abtriebsdrehrichtung des Hydromotors ermöglicht. Die Motordrehzahl kann aber, da die Pumpe ein einstellbares Verdrängungsvolumen hat, stufenlos von Null bis zu ihrem Maximum eingestellt werden. Eine Drehrichtungsumkehr des Hydromotors wird durch Zwischenschalten eines 4/3-Wegeventils möglich, wie bereits im Beispiel 36 gezeigt wurde. Die Nachteile des hydrostatischen Getriebes im offenen Kreislauf sind, daß das Ausgangsdrehmoment nur in Hydromotordrehrichtung erzeugt wird, also eine Last nicht kontrolliert abgebremst werden kann. Bei Kreisläufen mit einem 4/3-Wegeventil mit einer Mittelstellung mit gesperrten Verbraucheranschlüssen (siehe Bild 90) ist eine Vollbremsung möglich, wobei dann sekundärseitige Druckbegrenzungsventile zum Schutz des Hydromotors erforderlich sind. Desweiteren ist die Drehzahl der Pumpe wegen der Kavitationsgefahr beim Ansaugen begrenzt. Diese Nachteile vermeidet der geschlossene Kreislauf.

13.1.2 Geschlossener Kreislauf

Beim geschlossenen Kreislauf sind Pumpe 1 (Primäreinheit) und Motor 2 (Sekundäreinheit) unmittelbar durch die Hauptleitungen verbunden, das bedeutet, daß das im Motor entspannte Öl nicht in den Tank, sondern direkt durch die sogenannte Niederdruckleitung wieder der Pumpe zufließt (Bild 180).

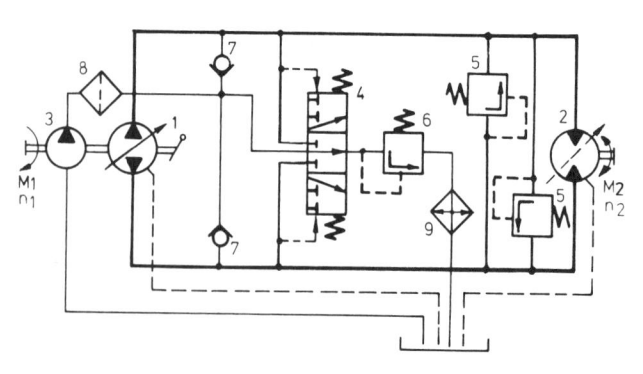

Bild 180 Schaltung eines hydrostatischen Getriebes mit geschlossenem Kreislauf

Wie man aus der Schaltung in Bild 180 sieht, sind noch einige Ventile und eine Hilfspumpe notwendig, damit der geschlossene Kreislauf einwandfrei arbeitet.

Um die Leckverluste der Pumpe und des Hydromotors, die drucklos in den Tank geführt werden, auszugleichen und um den Speisedruck in der Niederdruckleitung aufrecht zu erhalten, wird die Speisepumpe 3 im offenen Kreislauf angeschlossen. Sie fördert frisches Öl aus dem Tank über den Filter 8 zu den Speiseventilen 7 (Rückschlagventile), von wo es in die jeweilige Niederdruckleitung strömt. Das Druckbegrenzungsventil 6 dient zur Einstellung des Niederdrucks (Speisedruck). Die Speisepumpe fördert - wodurch auch eine ausreichende Kühlung des Kreislaufes erreicht wird - einen Ölstrom in den Hauptkreis, der größer als die Leckverluste ist. Deshalb fließt ein entsprechender Teil des Rückstromes vom Hydromotor über das Spülventil 4, das Speisedruckventil 6 und den Kühler 9 in den Tank zurück. Das Spülventil 4 wird durch den Öldruck so gesteuert, daß jeweils der Abfluß aus der Niederdruckleitung erfolgt. Die Druckbegrenzungsventile 5 für die Hauptleitungen lassen beim Überschreiten des Einstelldruckes den Ölstrom von der Hochdruck- zur Niederdruckleitung überfließen, so daß das Öl dem Kreislauf erhalten bleibt ohne durch den Hydromotor zu fließen. Dies führt schnell zu einer zu hohen Erwärmung des Kreislauföles. Dies zeigt, daß eine solche Überlastung auf eine kurze Zeit beschränkt sein muß. Treten länger andauernde Überlastungen auf, so ist eine Verstellpumpe mit Druckregler (5.4.3.2) angebracht, da bei ihr der Förderstrom automatisch dem Verbrauch angepaßt wird.

Der geschlossene Kreislauf ermöglicht durch Verstellen der Pumpe (5.4.1) auf negative Volumeneinstellung ihre Förderrichtung zu ändern und damit einen Drehrichtungswechsel des treibenden Hydromotors zu erreichen. Dadurch werden Hoch- und Niederdruckleitung vertauscht.

Wird dagegen die Sekundäreinheit 2 von der Last angetrieben, so kehren sich die Funktionen von Primär- und Sekundäreinheit um, so daß die Energie vom Verbraucher zur Primärenergiequelle zurückfließt. Ist dies eine Brennkraftmaschine, die ein Bremsmoment aufbringen kann, so kann über das hydrostatische Getriebe gebremst werden. Bei einem Elektromotor, der als Generator laufen kann, kann beim Bremsen Energie zurückgewonnen werden. Gegebenenfalls wird beim Bremsen ein Teil der Energie über eines der Druckbegrenzungsventile 5 abgeführt. Im Extremfall der Vollbremsung, also bei auf Nullförderung verstellter Primäreinheit, ist dies die gesamte Energie. Da also in beiden Abtriebsdrehrichtungen angetrieben und gebremst werden kann ist der sogenannte Vierquadrantenbetrieb möglich. Der gestrichelte Pfeil im Hydromotor 2 deutet an, daß auch ein verstellbarer Hydromotor verwendet werden kann, wodurch die Abtriebsdrehzahl weiter gesteigert werden kann.

Die Vorteile des hydrostatischen Getriebes mit geschlossenem Kreislauf sind:
1. Stufenlose Drehzahlregelung bzw. -einstellung.
2. Dauerbetrieb mit kleiner Abtriebsdrehzahl (Hydromotor) und großem Drehmoment möglich.
3. Belastungsunterschiede haben fast keinen Einfluß auf die Abtriebsdrehzahl.
4. Veränderung der Abtriebsdrehzahl ohne Zugkraftunterbrechung.
5. Vorwärts- oder Rückwärtsfahrt und Geschwindigkeitsregelung ohne Schaltgetriebe und Kupplung möglich.
6. Bremswirkung durch Verkleinern des Pumpenförderstroms (Vollbremsung möglich).
7. Verzögerung bzw. Beschleunigung kann auf einen beliebigen Wert begrenzt werden.

8. Drehzahlübersetzungsverhältnis ist im Prinzip unabhängig von der Belastung
9. Einfacher und zuverlässiger Überlastungsschutz durch Druckbegrenzungsventile.
10. Vielseitigkeit in der Anwendung durch Kombination verschiedener Größen von Pumpen und Motoren.
11. Konstruktive Freizügigkeit in der Anordnung von Pumpen und Motoren.
12. Geringer Raumbedarf (kleines Leistungsgewicht).
13. Antriebsmotor (z.B.: Dieselmotor) kann im wirtschaftlichen Drehzahl- und Lastbereich betrieben werden.

13.2 Leistungs-Momentenkennlinie und Berechnung

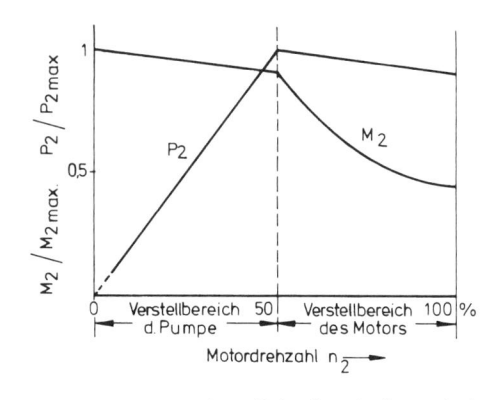

Bild 181 Leistungs-Momentenkennlinie eines hydrostatischen Getriebes bei konstanter Pumpenantriebsdrehzahl und maximalem Betriebsdruck

Bild 181 zeigt den Verlauf der vom Hydromotor abgegebenen Leistung P_2 und des von ihm abgegebenen Drehmomentes M_2 bei konstanter Pumpenantriebsdrehzahl n_1 und maximalem Betriebsdruck über der Hydromotordrehzahl n_2.

Im Verstellbereich der Pumpe (Primärverstellung) wird die Volumeneinstellung der Pumpe vergrößert, während der Hydromotor maximale Volumeneinstellung hat. Mit steigendem Förderstrom der Pumpe steigt die Motordrehzahl n_2 und die abgegebene Leistung P_2 linear an. Das abgegebene Drehmoment M_2 (Gl. 150), das theoretisch konstant sein müßte, fällt wegen der schlechter werdenden mech.-hydr. Wirkungsgrade geringfügig ab. Eine weitere Steigerung der Motordrehzahl n_2 ist durch Motorverstellung (Sekundärverstellung), d.h. durch Verkleinern der Volumeneinstellung des Hydromotors bei konstanter maximaler Volumeneinstellung der Pumpe, möglich. Dabei wird bei fast konstanter Abtriebsleistung (Gl. 152) - die Leistung P_2 fällt wegen des mit steigender Drehzahl geringfügig schlechter werdenden Hydromotorgesamtwirkungsgrades etwas ab - das vom Hydromotor abgegebene Drehmoment entsprechend dem kleiner werdenden Schluckvolumen des Hydromotors abnehmen. Da die Kennlinien in Bild 181 für den maximalen Betriebsdruck gelten, kann natürlich bei kleinerem Druck jeder unterhalb der Linien liegende Arbeitspunkt erreicht werden.

Es sollen nun noch die Berechnungsgleichungen für ein hydrostatisches Getriebe aus den bekannten Grundgleichungen von Hydropumpe und Hydromotor abgeleitet werden. Ohne Berücksichtigung der Leitungen und Ventile erhält man aus der Bedingung, daß die Ölströme von Pumpe und Hydromotor gleich sind

$$Q_e = n_1 \alpha_1 V_{tho1} \eta_{vol1} = \frac{n_2 \alpha_2 V_{tho2}}{\eta_{vol2}}$$

Daraus folgt die Drehzahlübersetzung (Drehzahlwandlung)

$$\frac{n_2}{n_1} = \frac{\alpha_1 V_{tho1}}{\alpha_2 V_{tho2}} \eta_{vol1} \eta_{vol2} = \frac{V_{th1}}{V_{th2}} \eta_{vol1} \eta_{vol2} \qquad (167)$$

und der volumetrische Wirkungsgrad des Getriebes

$$\eta_{volGe} = \eta_{vol1} \eta_{vol2} \qquad (168)$$

Aus der Bedingung, daß der von der Pumpe erzeugte Druck gleich dem Druckgefälle am Hydromotor ist, folgt

$$p = \frac{2\pi M_1 \eta_{mh1}}{\alpha_1 V_{tho1}} = \frac{2\pi M_2}{\alpha_2 V_{tho2} \eta_{mh2}}$$

Damit wird die Drehmomentenübersetzung (Drehmomentenwandlung)

$$\frac{M_2}{M_1} = \frac{\alpha_2 V_{tho2}}{\alpha_1 V_{tho1}} \eta_{mh1} \eta_{mh2} = \frac{V_{th2}}{V_{th1}} \eta_{mh1} \eta_{mh2} \qquad (169)$$

und der mech.-hydr. Wirkungsgrad des Getriebes

$$\eta_{mhGe} = \eta_{mh1}\, \eta_{mh2} \tag{170}$$

Für eine überschlägige Berechnung gilt ohne Berücksichtigung der Verluste

$$\frac{n_2}{n_1} = \frac{V_{th1}}{V_{th2}} \tag{171}$$

$$\frac{M_2}{M_1} = \frac{V_{th2}}{V_{th1}} \tag{172}$$

Dies zeigt, daß sich Abtriebsdrehzahl zu Antriebsdrehzahl umgekehrt wie die Verdrängungsvolumen verhalten und die Drehmomente im Verhältnis der Verdrängungsvolumen stehen, wobei für praktische Berechnungen das theoretische Verdrängungsvolumen wieder dem geometrischem Verdrängungsvolumen entspricht.

Mit $P_2 = M_2\, \omega_2$ wird bei Berücksichtigung der Verluste die erforderliche Antriebsleistung für das hydrostatische Getriebe

$$P_1 = P_2 / \eta_{tGe} \tag{173}$$

wobei für den Gesamtwirkungsgrad des hydrostatischen Getriebes gilt

$$\eta_{tGe} = \eta_{volGe}\, \eta_{mhGe} \tag{174}$$

Der in Bild 181 gezeigte Kennlinienverlauf wird nur erreicht, wenn als Antriebsleistung die vom hydrostatischen Getriebe übertragbare Leistung die sogenannte Eckleistung, d. h. die bei max. Druck und max. Pumpenförderstrom erforderliche Antriebsleistung, zur Verfügung steht. Ist die vorhandene Antriebsleistung kleiner, so wird bei ihrer vollen Ausnutzung (Leistungsregelung) bereits im Verstellbereich der Pumpe das Abtriebsmoment entsprechend dem in Bild 73 gezeigten Druckverlauf abfallen, da das Hydromotormoment proportional zum vorhandenen Druck ist. Bild 182 zeigt diesen Kennlinienverlauf für das hydrostatische Getriebe des Beispiels 46.

Hydrostatische Getriebe findet man bei Hebezeugen, Zentrifugen, Fördereinrichtungen, in Werkzeugmaschinen und besonders als Fahrantriebe in der Mobilhydraulik (Stapler, Straßenbau- und Erdbewegungsmaschinen, Rangierlokomotiven usw.).

13.3 Wandlungsbereich

Eine charakteristische Größe für die zweckmäßige Auslegung von hydrostatischen Getrieben ist der sogenannte Wandlungsbereich R, der oft auch nur als "Wandlung" bezeichnet wird. Man versteht darunter das Verhältnis zwischen dem beim höchsten Förderdruck größtmöglichen Abtriebsdrehmoment M_{2max} und dem bei der höchsten Abtriebsdrehzahl erreichbaren Abtriebsdrehmoment M_{2nmax}.

$$R = \frac{M_{2max}}{M_{2n\,max}} \qquad (175)$$

Der Wandlungsbereich darf nicht mit der in Gl. (169) angegebenen Drehmomentenwandlung, die das Drehmomentenverhältnis zwischen der Ausgangswelle (Hydromotor) und der Eingangswelle (Pumpe) angibt, verwechselt werden. Besonders ist zu beachten, daß der Wandlungsbereich nicht nur von der Pumpe (V_{g1max}, α_1) und dem Hydromotor (V_{g2max}, α_2) sondern auch von der zur Verfügung stehenden Antriebsleistung abhängt.

Beispiel 46: Ein hydrostatisches Getriebe mit geschlossenem Kreislauf besteht aus einer Verstellpumpe mit $V_{g1max} = 90\ cm^3$ ($-1 \leq \alpha_1 \leq +1$) und einem Verstellmotor mit $V_{g2max} = 200\ cm^3$ und $\alpha_{2min} = 0{,}30$. Die Pumpenantriebsdrehzahl beträgt konstant *1430 U/min*. Der Niederdruck beträgt *15 bar* und der Hochdruck ist auf *350 bar* begrenzt. Für das verlustlose Getriebe sollen folgende Fragen beantwortet werden.

a) Welche maximale Drehzahlwandlung ist mit dem hydrostat. Getriebe erreichbar und wie groß ist dann die Abtriebsdrehzahl?
b) Wie groß ist die Eckleistung des Getriebes?
c) Wie groß ist die Drehmomentenwandlung bei der maximalen Abtriebsdrehzahl?
d) Wie groß ist bei Maximaldruck und maximaler Abtriebsdrehzahl das Abtriebsdrehmoment und wie groß sind dabei die Antriebsleistung und das Antriebsdrehmoment, die zur Verfügung stehen müssen?
e) Wie groß ist das maximale Abtriebsdrehmoment und bis zu welcher Abtriebsdrehzahl steht es zur Verfügung, wenn die Eckleistung als Antriebsleistung vorhanden ist?
f) Es stehen *25 kW* Antriebsleistung zur Verfügung. Bis zu welcher Abtriebs-

drehzahl kann das hydrostatische Getriebe sein maximales Drehmoment abgeben und wie groß sind dabei die Volumeneinstellungen der Pumpe und des Hydromotors?

Welches Abtriebsdrehmoment und welches Druckgefälle ist bei der maximalen Abtriebsdrehzahl möglich?

Skizzieren Sie den Verlauf der Leistung, des Abtriebsdrehmomentes und der Druckdifferenz über der Abtriebsdrehzahl bei *25 kW* Antriebsleistung.

g) Wie groß ist der Wandlungsbereich bei *25 kW* und wie groß ist er bei Eckleistung als Antriebsleistung?

Lösung:

a) $\dfrac{n_{2max}}{n_1} = \dfrac{V_{g1max}}{V_{g2min}} = \dfrac{V_{g1max}}{\alpha_{2min} V_{g2max}} = 1{,}5$; $n_{2max} = 2145\ U/min$

b) $P_1 = P_2 = P_E = Q_{max}\,\Delta p_{max} = n_1\,V_{g1max}\,\Delta p_{max} = 71{,}86\ kW$

c) $\dfrac{M_{2max}}{M_{1(\alpha=1)}} = \dfrac{V_{g2min}}{V_{g1max}} = 0{,}667 = \dfrac{n_1}{n_{2max}}$

d) $\Delta p = 335\ bar$; $\alpha_1 = 1$; $\alpha_2 = 0{,}3$; $M_2 = \dfrac{\Delta p\,\alpha_2\,V_{g2max}}{2\pi} = 319{,}9\ Nm$

   $P_1 = P_2 = M_2\,\omega_2 = 71{,}68\ kW$, also gleich P_E

   $M_1 = M_2\,\dfrac{n_{2max}}{n_1} = \dfrac{P_1}{\omega_1} = \dfrac{\Delta p\,\alpha_1\,V_{g1max}}{2\pi} = 479{,}85\ Nm$

e) $P_1 = P_E$; $\Delta p = 335\ bar$; $\alpha_1 = 1$; $\alpha_2 = 1$;

   $M_{2max} = \dfrac{\Delta p\,\alpha_2\,V_{g2max}}{2\pi} = 1066{,}3\ Nm$ bis $n_2 = \dfrac{V_{g1max}}{V_{g2max}}n_1 = 643{,}5\ U/min$

f) $P_1 = 25\ kW$; mit $\Delta p_{max} = 335\ bar$ wird $M_{2max} = 1066{,}3\ Nm$ wie bei e)

   $\alpha_1 = \dfrac{P_1}{n_1\,V_{g1max}\,\Delta p_{max}} = 0{,}3479$ und $\alpha_2 = 1$ ergibt, daß M_{2max} bis

   $n_2 = \dfrac{n_1\,\alpha_1\,V_{g1max}}{\alpha_2\,V_{g2max}} = \dfrac{30}{\pi}\dfrac{P_1}{M_{2max}} = 223{,}87\ U/min$ vorhanden ist.

   Bei $n_{2max} = 2145\ U/min$ und $P_1 = P_2 = 25\ kW$ wird, da $\alpha_1 = 1$ und $\alpha_2 = 0{,}3$ ist: $\Delta p = \dfrac{P_1}{n_1\,\alpha_1\,V_{g1max}} = 116{,}55\ bar$ und

$$M_2 = \frac{\Delta p\, \alpha_2 V_{g2max}}{2\pi} = \frac{P_2}{\omega_2} = 111{,}3\ Nm$$

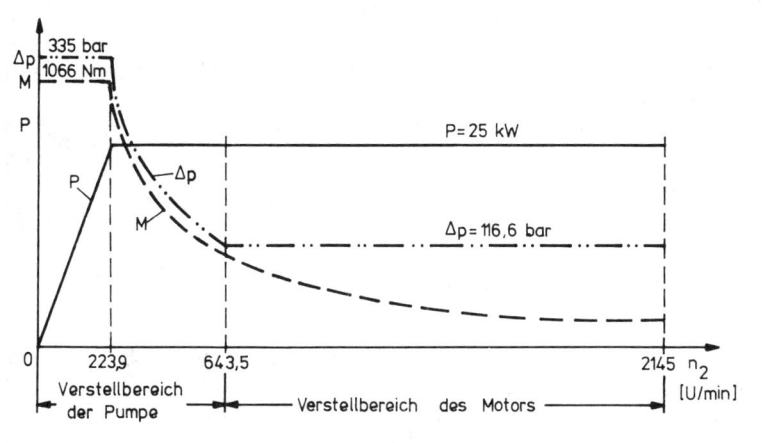

Bild 182 Kennlinienverlauf bei *25 kW* Antriebsleistung

g) Nach Gl. (175) wird bei $P_1 = 25\ kW$: $R_{25} = 9{,}58$
und bei $P_1 = P_E$: $R_E = 3{,}33$

Beachte: Um einen großen Wandlungsbereich zu erreichen muß ein hydrostatisches Getriebe verwendet werden, dessen Eckleistung weit über der vorhandenen Antriebsleistung liegt. Da das Getriebe nicht ausgenutzt ist, wird das Leistungsgewicht entsprechend ungünstiger als bei Übertragung der Eckleistung.

14 Steuerung im Leistungsbereich

In den vorhergehenden Kapiteln wurden die Bauelemente, mit denen Hydrauliksysteme aufgebaut werden, beschrieben und es wurde anhand von Schaltplänen gezeigt, wie eine geforderte Funktion, z.b. die Steuerung oder Regelung der Richtung und Größe einer Kolbengeschwindigkeit, erreicht werden kann. Man kann feststellen, daß es folgende beide grundsätzliche Möglichkeiten für die dazu notwendige Steuerung der hydraulischen Energie bzw. des Leistungsflusses gibt:
- die Widerstands- oder Ventilsteuerung
- die Verdrängersteuerung

14.1 Widerstandssteuerung (Ventilsteuerung)

Bei der Widerstandssteuerung erfolgt die Leistungssteuerung durch Drosselung des Volumenstromes in einem Ventil, das somit Größe und Richtung des Energiestromes bestimmt. Diese meist als Ventilsteuerung bezeichnete Steuerungsart hat einen verhältnismäßig schlechten Wirkungsgrad, da wegen der Drosselung in den Ventilen hohe Verluste entstehen.

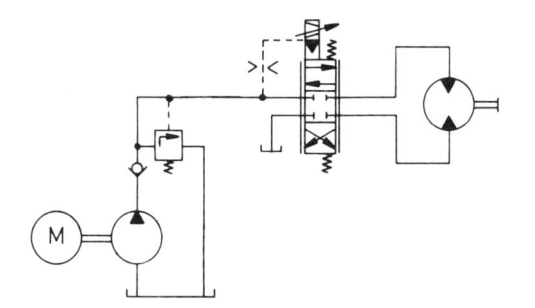

Bild 183
Ventilsteuerung mit Konstantpumpe

Bild 183 zeigt eine Ventilsteuerung für einen Hydromotor bei der ein Proportional-Wegeventil Drehrichtung und Drehzahl des Motors bestimmt. Da der Förderstrom der Konstantpumpe etwas größer sein muß als der für die maximale Motordrehzahl erforderliche, muß die Pumpe stets gegen den am Druckbegrenzungsventil eingestellten Druck arbeiten und deshalb entstehen am Proportionalventil und am Druckbegrenzungsventil hohe Drosselverluste.

Wenn der Motor bei kleiner Drehzahl nur ein geringes Drehmoment erzeugen muß - dies bedeutet sehr kleine Ventilöffnungen - wird der Wirkungsgrad besonders ungünstig.

Bei der Steuerung nach Bild 183 hat das Proportionalventil eine Sperrnullstellung (closed center). Dies hat den Vorteil, daß weitere Verbraucher an die Pumpe angeschlossen sein könnten. Bei nur einem Verbraucher hat es den Nachteil, daß in dieser Stellung die maximale Leistung über das Druckbegrenzungsventil vernichtet wird. Durch eine Umlaufstellung als Nullstellung (open center) kann in dieser Position Energie gespart werden. Dies hat aber den Nachteil, daß die Pumpe nur noch einen Verbraucher versorgen kann, da bei der Nullstellung des Ventils die Pumpe fast drucklos in den Tank fördert.

In den Funktionsstellungen des Proportionalventils kann ein deutlich besserer Wirkungsgrad der Anlage durch die Verwendung einer druckgeregelten Verstellpumpe (5.4.3.2) erreicht werden, da diese - allerdings teurere Pumpe - stets nur soviel fördert wie das System verbraucht (siehe auch 15.3).

Da hier sowohl eine Konstantpumpe als auch eine druckgeregelte Verstellpumpe bei fast konstantem Pumpendruck arbeitet spricht man bei diesen Systemen auch von Konstantdrucksystemen.

Ventilsteuerungen haben ein sehr gutes dynamisches Verhalten (Zeitverhalten), da in den Ventilen nur sehr geringe Massen *(< 0,1 kg)* über kurze Wege *(0,1-1 mm)* verstellt werden müssen, was mit elektromechanischen Umformern sehr hochfrequent erfolgen kann [24]. Dies bedeutet, daß trotz der schlechten Energieausnutzung auf Ventilsteuerungen nicht verzichtet werden kann, wenn eine schnelle und genaue Verstellung von Volumenströmen oder Druckdifferenzen erforderlich ist. Dies ist überwiegend bei kleineren Leistungen der Fall.

14.2 Verdrängersteuerung

Bei der Verdrängersteuerung erfolgt die Leistungssteuerung durch die Verstellung von Verstellpumpen oder Verstellmotoren. Verdrängersteuerungen sind hinsichtlich des Energieverbrauchs wesentlich günstiger als Ventilsteuerungen, da zwischen Pumpe und Hydromotor bzw. Zylinder keine Drosselverluste für Steuerungszwecke erforderlich sind. Es treten nur die Wirkungsgradverluste in den Verdrängereinheiten sowie Strömungsverluste in den Leitungen auf. Die kleine Leistung für die Verdrängerverstellung muß natürlich auch den Verlusten zugerechnet werden.

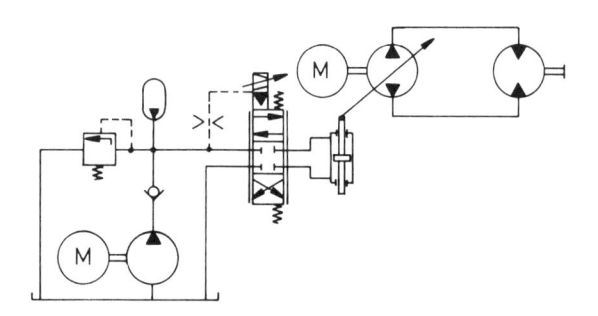

Bild 184 Pumpensteuerung mit Servopumpe (Antriebskreis vereinfacht dargestellt)

Bild 184 zeigt eine Pumpensteuerung. mit einer Servopumpe (5.5) und einen Konstantmotor. Die Steuerung besteht aus dem Verstellkreis (5.4.2) für die Verstellpumpe in dem nur geringe Leistungen gesteuert werden und dem Antriebskreis - häufig ein hydrostatisches Getriebe - mit großer Leistung. Die Verstellpumpe im Antriebskreis erzeugt nun nur die Leistung die zum Antrieb des Hydromotors erforderlich ist (15.1).

Ein neueres System ist die Motorsteuerung, die auch Sekundärregelung genannt wird (siehe 15.5), bei der der verstellbare Hydromotor dem Drucknetz nur soviel Leistung entnimmt, wie zum Antrieb der Last bei vorgegebener Drehzahl erforderlich ist.

Verdrängersteuerungen haben ein schlechteres dynamisches Verhalten als Ventilsteuerungen, da wesentlich größere Massen *(10-100 kg)* über längere Wege *(10-100 mm)* zu verstellen sind [24]. Bei großen Leistungen sind wegen der geringen Verluste Verdrängersteuerungen zweckmäßig.

Bisher wurde davon ausgegangen, daß die Pumpenantriebsdrehzahl weitgehend konstant ist und deshalb die Pumpensteuerung nur mit einer Verstellpumpe möglich ist. Mit dem Aufkommen preisgünstiger drehzahlverstellbarer Elektromotoren werden nun auch Pumpensteuerungen durch Verstellen der Pumpenantriebsdrehzahl bei Konstantpumpen oder eventuell auch bei Verstellpumpen realisiert [25].

15 Prinzipbedingte Leistungsverluste bei konventionellen und neueren Hydrauliksystemen

Die Steuerung der Geschwindigkeit von Zylindern bzw. der Drehzahl von Hydromotoren kann durch Ventilsteuerung oder Verdrängersteuerung erfolgen. Im folgenden werden die dabei entstehenden prinzipbedingten Leistungsverluste für konventionelle und neuere Schaltungstechniken aufgezeigt. Verluste im Leitungssystem und nicht zur Geschwindigkeitssteuerung benötigten Hydraulikelementen werden nicht berücksichtigt. Die vereinfachten Schaltpläne zeigen deshalb auch nur die zur Geschwindigkeits- bzw. Drehzahlsteuerung erforderlichen Hydraulikelemente. Diese Gegenüberstellung soll zeigen, wie durch entsprechende Systeme in der Ölhydraulik Energie gespart werden kann.

15.1 Pumpensteuerung (Pumpenverstellung)

Da die Pumpenverstellung entsprechend dem Volumenstrombedarf des Verbrauchers erfolgt, entstehen keine prinzipbedingten Leistungsverluste, weil immer nur der benötigte Strom bei dem momentan erforderlichen Arbeitsdruck (Lastdruck) erzeugt wird. Die Leistung, das Produkt aus Druck und Strom, ergibt sich im p-Q-Diagramm als Fläche. Bild 185 zeigt, daß im Arbeitspunkt 1 die von der Pumpe erzeugte hydraulische Leistung P_1 dem Verbraucher voll zur Verfügung steht $(P_1 = P_2)$. Beim Erreichen des maximalen Betriebsdruckes entstehen durch Ansprechen des Druckbegrenzungsventils Leistungsverluste. Dies

Bild 185
p-Q-Diagramm bei direkter Pumpenverstellung

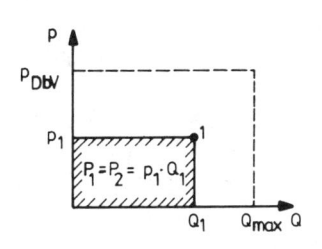

kann vermieden werden, wenn der Verstelleinrichtung der Pumpe eine Druckabschneidung (S. 137) überlagert wird. Probleme entstehen durch die erzielbare Genauigkeit, den Aufwand für die Ansteuerung der Pumpe und das gegenüber einer Ventilsteuerung schlechtere dynamische Verhalten.

15.2 Ventilsteuerung mit Stromventilen

Die Bauarten und Steuerungsarten mit Stromventilen sind in 7.4 beschrieben. Bei Verwendung eines einfachen Stromventils (Drosselventil) statt eines Zweiwege-Stromregelventils ist die Genauigkeit der Geschwindigkeitseinstellung geringer.

15.2.1 2-Wege-Stromregelventil und Konstantpumpe

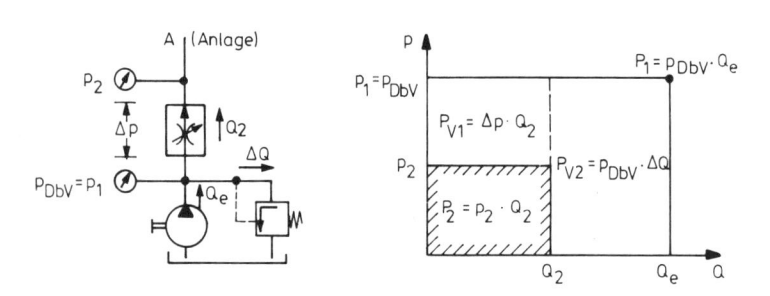

Bild 186 Schaltplan und p-Q-Diagramm bei Primärsteuerung mit 2-Wege-Stromregelventil

Bei dieser Anordnung ist der Förderstrom Q_e der Pumpe um den über das Druckbegrenzungsventil abfließenden Überschußstrom ΔQ größer als der für den Verbraucher erforderliche Strom Q_2. Der von der Last bestimmte Last- oder Arbeitsdruck p_2 ist stets kleiner als der Einstelldruck p_{DbV} des Druckbegrenzungsventils. Bild 186 zeigt für eine Primärsteuerung, daß die von der Pumpe erzeugte hydr. Leistung $P_1 = p_{DbV} Q_e$ um die Verlustleistungsanteile P_{V1} und P_{V2} größer ist als die dem Verbraucher zur Verfügung gestellte Leistung P_2. P_{V1} wird am Stromventil und P_{V2} am Druckbegrenzungsventil vernichtet, also in Wärme umgesetzt. Eine Verringerung der Verlustleistung durch Verkleinern von Q_e und p_{DbV} ist im Hinblick auf andere Phasen im Arbeitszyklus (z.B. Eilvorschub) des Hydrauliksystems nicht möglich.

Bei Sekundärsteuerung ist derselbe prinzipbedingte Leistungsverlust vorhanden.

15.2.2 3-Wege-Stromregelventil und Konstantpumpe

Bei dieser Anordnung fließt der Überschußstrom ΔQ über das 3-Wege-Stromregelventil zum Tank ab. Die Pumpe muß dabei einen Druck p_1 erzeugen, der nur um das kleine Druckgefälle Δp an der Meßblende größer ist als der Lastdruck p_2. Bild 187 zeigt die vor allem bei niedrigem Lastdruck gegenüber 15.2.1 wesentlich verbesserte Leistungsbilanz im normalen Betriebszustand. Bei gesperrtem Abfluß A (Verbraucher steht) ist allerdings der Tankabfluß T geschlossen, so daß der Pumpenförderstrom Q_e über das Druckbegrenzungsventil abfließen muß.

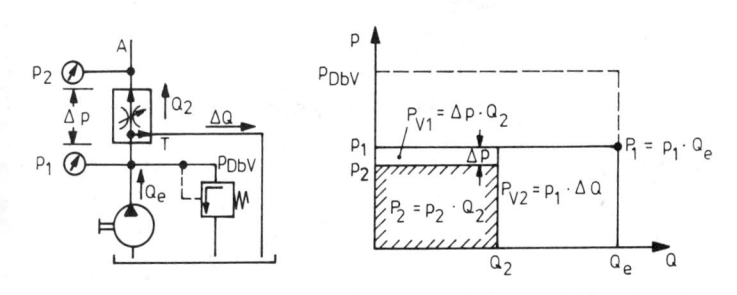

Bild 187 Schaltplan und p-Q-Diagramm bei Steuerung mit 3-Wege-Stromregelventil

Der Einsatz von 3-Wege-Stromregelventilen wird dadurch begrenzt, daß nur die Anordnung vor dem Verbraucher möglich ist und daß nicht mehrere 3-Wege-Stromregelventile parallel betrieben werden können.

15.2.3 2-Wege-Stromregelventil im Bypass

Bei dieser Anordnung fließt der Überschußstrom ΔQ beim Lastdruck p_2 über das Stromregelventil zum Tank. Dies bedeutet eine noch etwas günstigere Leistungsbilanz gegenüber 15.2.2. Nachteilig ist aber, daß die Druckabhängigkeit des Pumpenförderstroms sich auf den Zulaufstrom Q_2 des Verbrauchers auswirkt und daß nur ein Verbraucher versorgt werden kann.

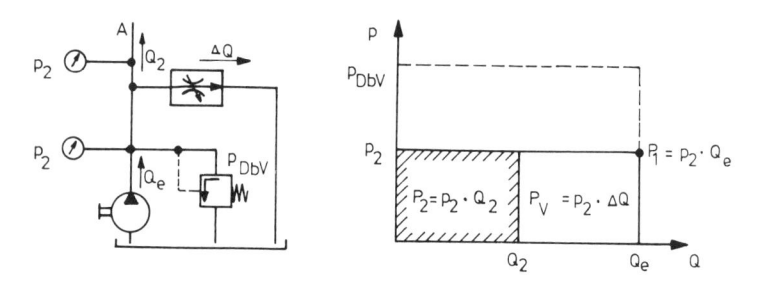

Bild 188 Schaltplan und p-Q-Diagramm bei Bypassteuerung mit 2-Wege-Stromregelventil

15.2.4 2-Wege-Stromregelventil und druckgeregelte Verstellpumpe

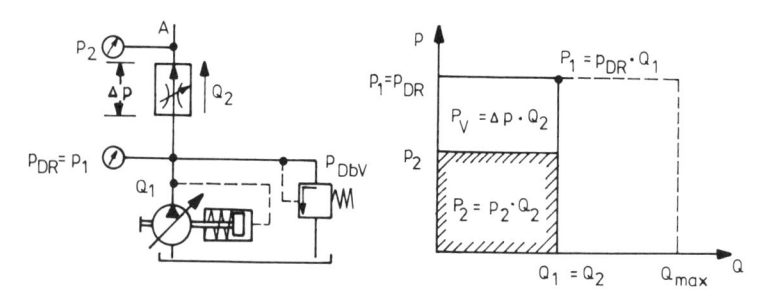

Bild 189 Schaltplan und p-Q-Diagramm bei 2-Wege-Stromregelventil und druckgeregelter Verstellpumpe

Die druckgeregelte Verstellpumpe paßt sich automatisch an den am Stromventil eingestellten Volumenstrom Q_2 an, so daß kein Überschußstrom erzeugt wird. Dies geschieht allerdings bei dem am Druckregler eingestellten Druck p_{DR}, der stets über dem erforderlichen Lastdruck p_2 liegen muß. Aufgrund des Drucküberschusses Δp entsteht also wieder eine Verlustleistung P_V, die im Hinblick auf andere Phasen im Arbeitszyklus nicht durch niedrigere Einstellung von p_{DR} verkleinert werden kann. Das Druckbegrenzungsventil hat reine Sicherheitsfunktion und sein Druck ist über dem des Druckreglers eingestellt.

15.3 Ventilsteuerung mit stetig verstellbaren Wege-Ventilen

Während das Stromventil nur zur Einstellung eines bestimmten (für einen Verbraucher erforderlichen) Volumenstroms dient, kann mit einem stetig verstellbaren Wegeventil (Kapitel 8) die Größe des Volumenstroms und damit die Geschwindigkeit des Verbrauchers stufenlos verändert und außerdem Start, Stopp und die Richtung des Verbrauchers bestimmt werden.

Für die prinzipbedingten Leistungsverluste beim Einsatz stetig verstellbarer Ventile gilt somit was im Abschnitt 15.2 für die Stromventile erläutert wurde.

Die p-Q-Kennlinie eines stetig verstellbaren Wegeventils in Bild 140 zeigen denselben Verlauf wie bei dem einfachen Stromventil in Bild 122. Dies bedeutet, daß der Durchflußstrom und damit die Geschwindigkeit bzw. die Drehzahl des Verbrauchers noch lastdruckabhänig ist.

15.4 Load-Sensing-Systeme

Soll bei einem stetig verstellbaren Wegeventil ein lastdruckunabhängiger Durchflußstrom und damit eine feinfühlige Geschwindigkeitssteuerung des Verbrauchers erreicht werden, so muß die Druckdifferenz über dem Wegeventil konstant gehalten werden. Solche neueren Systeme, die neben der Möglichkeit einer feinfühligen Bedienung auch die Verluste verringern, werden mit dem Begriff "Load-Sensing" gekennzeichnet. Load-Sensing-Systeme werden entweder mit einer Konstantpumpe und einer Druckwaage oder energiesparender mit einer Verstellpumpe mit kombinierter Druck-Förderstromregelung (5.4.3.4) ausgeführt.

15.4.1 Load-Sensing-System mit Konstantpumpe

Das Load-Sensing-System mit Konstantpumpe ist eine Ventilsteuerung (Bild 190). Der Lastdruck, der je nach Schaltstellung am Anschluß A oder B des stetig verstellbaren Wegeventils 2 vorhanden ist, wird über die Lastdruckmeldeleitung zum Anschluß Y am Federraum der parallelgeschalteten Druckwaage 4 geleitet. Der Druck am Eingang P des stetig verstellbaren Wegeventils wirkt am Anschluß X der Druckwaage. Damit bilden die Druckwaage und das stetig verstellbare Wegeventil zusammen ein System, das bei den Durchflußstellungen des Wegeventils 2 wie ein 3-Wege-Stromregelventil wirkt. Der aktive Steuerschlitz des stetig verstellbaren Wegeventils hat dabei die Funktion einer verstellbaren Meßblende, an der das Druckgefälle durch die Druckwaage konstant gehalten wird, so daß ein lastdruckunabhängiger jedoch einstellbarer Durchflußstrom vorhanden ist. Die Druckwaage öffnet ihre Regelblende stets soweit, daß der von der Pumpe geförderte Überschußstrom zum Tank abfließt. Die Leistungsverluste entsprechen also bei Durchflußstellung des Wegeventils 2 denen eines 3-Wege-Stromregelventils.

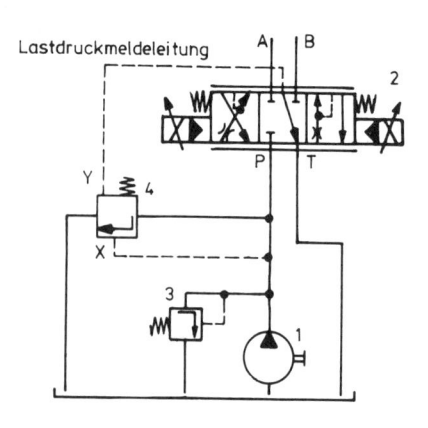

Bild 190

Schaltplan eines Load-Sensing-Systems mit Konstantpumpe 1, stetig verstellbarem Wegeventil 2 und Druckwaage 4

In der Mittelstellung (Sperrnullstellung) des Wegeventils ergibt sich fast druckloser Umlauf des Pumpenförderstroms, da der Anschluß Y der Druckwaage mit dem Tank verbunden ist. Daraus folgt, daß sich gegenüber einem konventionellen Hydrauliksystem mit Sperrnullstellung des Wegeventils (closed center) eine besonders große Leistungsersparnis ergibt.

Bei einem Load-Sensing-System mit Konstantpumpe ist eine Parallelschaltung mehrerer stetig verstellbarer Wegeventile zur Versorgung mehrerer Verbraucher möglich. Dabei darf aber nur eine gemeinsame Druckwaage vorhanden sein und die Lastdruckmeldeleitungen müssen z.B. über Wechselventile so verknüpft sein, daß der höchste Lastdruck am Anschluß Y der Druckwaage wirkt, damit der Verbraucher mit der höchsten Belastung auch versorgt wird. Beim gleichzeitigen Betrieb mehrerer Verbraucher wird dann die Druckdifferenz über dem Wegeventil des höchstbelasteten Verbrauchers konstant gehalten, so daß nur er einen lastdruckunabhängigen Volumenstrom erhält. Die Volumenströme zu den Verbrauchern mit niedrigerem Lastdruck sind vom Pumpendruck, der vom Verbraucher mit der höchsten Belastung bestimmt wird, und ihrem eigenen Lastdruck abhängig, wenn keine weiteren Maßnahmen getroffen werden. Eine Möglichkeit die Druckdifferenz an den Wegeventilen der niedriger belasteten Verbraucher konstant zu halten besteht darin, Druckwaagen den Wegeventilen vorzuschalten. Die Anordnung erfolgt analog dem 2-Wege-Stromregelventil, damit die zugeordnete Druckwaage sich so einstellt, daß der vorhandene Drucküberschuß an ihrer Regelblende weggedrosselt wird und somit die Druckdifferenz am aktiven Steuerschlitz des Wegeventils (Meßblende) konstant bleibt. Damit wird für alle Verbraucher die Lastdruckunabhängigkeit und die Vermeidung einer gegenseitigen Beeinflussung erreicht. Die Leistungsbilanz wird dadurch allerdings etwas verschlechtert, da nun zusätzliche Verluste durch die Drosselung in den vorgeschalteten Druckwaagen entstehen.

15.4.2 Load-Sensing-System mit Verstellpumpe mit Druck-Förderstromregler

Das Load-Sensing-System mit druck-förderstromgeregelter Verstellpumpe ist eine Kombination von Ventil- und Pumpensteuerung (Bild 191). Der Lastdruck

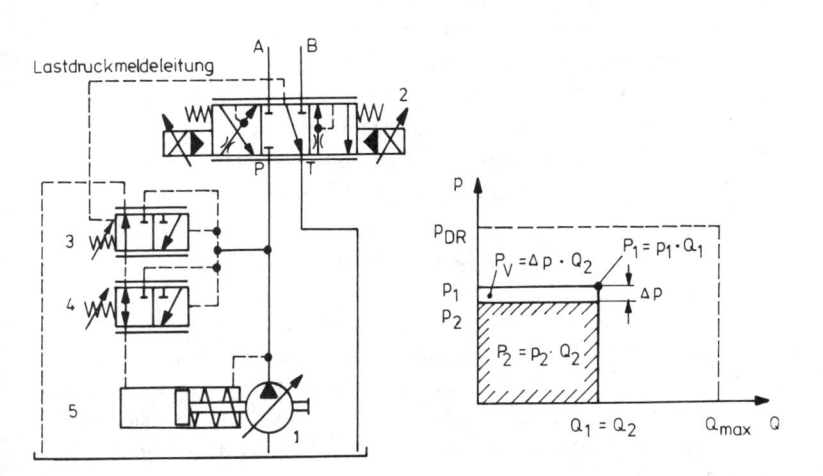

Bild 191 Schaltplan und p-Q-Diagramm eines Load-Sensing-Systems mit druck-förderstromgeregelter Verstellpumpe

wird über die Lastdruckmeldeleitung zum Förderstromregelventil 3 der Pumpe geleitet und dadurch die Volumeneinstellung der Pumpe derart geregelt, daß ihr Förderstrom Q_1 bei jeder Öffnung des stetig verstellbaren Wegeventils 2 dieselbe konstante Druckdifferenz Δp am Wegeventil ergibt und somit ein lastdruckunabhängiger Volumenstrom zum Verbraucher fließt. Die Druckdifferenz ist an der Regelfeder des Regelventils einstellbar. Der Regler verstellt die Pumpe also so, daß durch ihren Förderstrom am stetig verstellbaren Wegeventil die an der Regelfeder eingestellte Druckdifferenz (erforderlich sind *10* bis *30 bar*) entsteht. Bei großer Wegeventilauslenkung ist also ein großer Förderstrom notwendig um die Druckdifferenz am Wegeventil aufrecht zu erhalten. Die Pumpe erzeugt einen Druck p_1, der nur um die Druckdifferenz Δp am Wegeventil über dem erforderlichen Lastdruck p_2 liegt. Bild 191 zeigt die nun sehr günstige Leistungsbilanz mit der geringen Verlustleistung $P_V = Q_2 \Delta p$. Wird der maximale Betriebsdruck p_{DR} erreicht, so tritt das Druckregelventil 4 in Funktion und begrenzt den Förderstrom der Pumpe so, daß der eingestellte Druck nicht überschritten wird. Das System arbeitet dann als Konstantdrucksystem.

Beim gleichzeitigen Betrieb mehrerer parallelgeschalteter Verbraucher müssen die Lastdruckmeldeleitungen wieder so verknüpft werden, daß das Wegeventil des Verbrauchers mit der höchsten Belastung mit dem Förderstromregelventil verbunden ist. Dadurch wird die Druckdifferenz über dem Wegeventil dieses Verbrauchers konstant gehalten und damit der Druchflußstrom lastdruckunabhängig steuerbar. Die Volumenströme zu den Verbrauchern mit niedrigerem Lastdruck sind dann vom Pumpendruck und ihrem eigenen Lastdruck abhängig. Mit zusätzlichen Druckwaagen wird, wie bereits in 15.4.1 beschrieben, für alle Verbraucher ein lastdruckunabhängiger Durchflußstrom erreichbar.

15.5 Sekundärregelung (Motorsteuerung)

Bei hydrostatischen Getrieben mit Pumpensteuerung (15.1) kann die Energieausnutzung weiter verbessert werden, wenn es gelingt, die in Arbeitsprozessen freiwerdenden Energien zu speichern und wiederzuverwenden. Ein neues System mit Motorsteuerung, bei dem ein drehzahlgeregelter Verstellmotor an einem Drucknetz betrieben wird, ermöglicht dies [21,22]. Dieses System ist als sogenannte Sekundärregelung bekannt geworden.

Beim konventionellen hydrostatischen Getriebe (Kap. 13), von dem ein geschlossener Kreislauf in Bild 192 links vereinfacht gezeigt ist, wird über den

Förderstrom der Pumpe die Motordrehzahl n_2 eingestellt und der Arbeitsdruck ergibt sich aus dem am Motor angreifenden Moment M_2. Es ist also ein System mit eingeprägtem Volumenstrom und Reaktion des Arbeitsdruckes auf Lastschwankungen, da bei Belastungsänderungen (ΔM_2) bei etwa gleichbleibendem Volumenstrom eine Änderung des Arbeitsdruckes auftritt.

Bild 192 rechts zeigt vereinfacht einen offenen Kreislauf mit geregeltem Verstellmotor bei eingeprägtem Druck. Eingeprägt bedeutet, daß der Druck bei unterschiedlichem, vom Ladezustand des Speichers abhängigem Druckniveau, quasi konstant ist. Der geregelte Verstellmotor 2 (Sekundäreinheit) wird also an einem hydraulischen Netz, bei dem durch eine druckgeregelte Verstellpumpe 1 (Primäreinheit) und einen gekoppelten Hydrospeicher 3 ein nahezu konstanter eingeprägter Druck p_0 erreicht wird, betrieben.

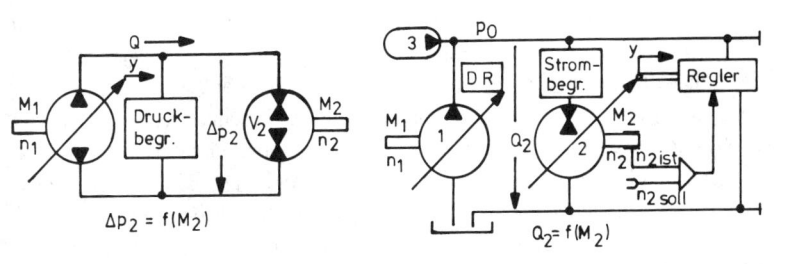

Bild 192 Hydrostatische Antriebe mit eingeprägtem Volumenstrom (links) und eingeprägtem Druck (rechts)

Dieses System hat folgende veränderte Grundmerkmale:
1. Pumpe und Hydromotor sind nur über den Arbeitsdruck p_0 gekoppelt.
2. Es besteht keinerlei Zuordnung zwischen dem Fördestrom Q_1 der Pumpe und dem Schluckstrom Q_2 des Hydromotors.
3. Die Druckhöhe p_0 im System wird ausschließlich durch den Ladezustand des Hydrospeichers und nicht durch die an den Hydroeinheiten anliegenden Momente M_1 und M_2 bestimmt. Der eingeprägte Druck bleibt also quasi konstant (keine Druckspitzen).
4. Schwankende Lastmomente am Hydromotor verursachen ausschließlich Stromänderungen.

5. Vierquadrantenbetrieb, d.h. die Sekundäreinheit kann in beiden Drehrichtungen sowohl als Pumpe wie auch als Motor arbeiten, ist auch im offenen Kreislauf möglich.
6. Durch den konstanten Betriebsdruck ist bei dynamischen Vorgängen die Systemstabilität besser, da kein Einfluß der hydraulischen Feder (Kompressibilität) entsteht.

Daraus ergibt sich folgendes Verhalten für die Sekundäreinheit 2:
Davon ausgehend, daß sie als Hydromotor arbeitet, reagiert sie auf eine Momentenänderung ΔM_2 zunächst mit einer Winkelbeschleunigung und damit mit einer Drehzahländerung und einer Änderung der Stromaufnahme bei nahezu konstantem Arbeitsdruck p_0. Die Änderung der Stromaufnahme wird vom Hydrospeicher abgegeben bzw. aufgenommen. Um die Drehzahländerung zu verhindern, d.h. die Drehzahl n_2 bei schwankendem Drehmoment M_2 konstant zu halten, muß das Verdrängungsvolumen der Sekundäreinheit 2 so geregelt werden, daß beim vorgegebenen Arbeitsdruck p_0 das von außen anliegende Moment M_2 bei der vorgegebenen Solldrehzahl n_2 im Gleichgewicht mit dem von der Sekundäreinheit 2 erzeugten Moment ist. Die Anpassung des Momentes M_2 erfolgt also über eine Stromanpassung durch Änderung des Verdrängungsvolumens der Sekundäreinheit. Bei Richtungsumkehr des Momentes M_2 also bei einem von außen anliegenden treibenden Moment muß das Verdrängungsvolumen der Sekundäreinheit 2 über Null in die Gegenrichtung verstellt werden. Dadurch entsteht eine Richtungsänderung des Stroms Q_2 und die nun als Pumpe arbeitende Sekundäreinheit 2 speist Energie in das hydraulische Netz zurück. Diese Energie kann zum Betrieb anderer Verbraucher benutzt, im Hydrospeicher gespeichert oder sogar über die Primäreinheit 1, die dann im Motorbetrieb arbeitet ins elektrische Netz zurückgespeist werden. Bei Sekundärregelung sind also nicht nur keine prinzipbedingten Verluste für die Drehzahlsteuerung vorhanden, sondern es kann sogar Energie rückgewonnen werden. Aus dem angegebenen Verhalten folgt auch, daß beliebig viele Verbraucher parallel betrieben werden können, wobei, wenn nicht alle Verbraucher gleichzeitig mit voller Last betrieben werden, die installierte Antriebsleitung des Systems wesentlich geringer als die installierte Verbraucherleistung sein kann. Dies führt neben geringeren Betriebskosten eventuell auch zu verminderten Investitionskosten.

Probleme bei der Sekundärregelung ergeben sich durch die komplizierte Regelung des Verstellmotors und die daraus folgende Störanfälligkeit. Beim Ausfall der Regelung besteht besonders bei unbelastetem Motor die Gefahr, daß der Motor über seine maximal zulässige Drehzahl hinaus beschleunigt wird. Dies kann durch eine entsprechende Sicherheitslogik (Strombegrenzung) verhindert werden.

Ob der Einsatz eines hydrostatischen Getriebes mit Sekundärregelung vorteilhaft ist, hängt von den vorgegebenen Betriebsbedingungen ab und muß bei jedem einzelnen Antriebsproblem sorgfältig geprüft werden.

Die Sekundärregelung hat in der Prüfstandstechnik für Motoren, Getriebe und Zugmittel einen festen Platz gefunden, da sie besonders vorteilhaft ist, wenn Motoren oder Getriebe einem schnell variierenden Drehzahl- und Drehmomentenprogramm unterworfen werden sollen. Ein weiterer Anwendungsbereich ist der Antrieb von Fahrzeugen und Winden [22, 24].

Anmerkung zu den Hydraulikschaltplänen

Aus den in den vorhergehenden Kapiteln gezeigten Hydraulikschaltplänen ist zu erkennen, daß diese den Aufbau und die Wirkungsweise einer hydraulischen Anlage zeigen, jedoch nichts über die räumliche Anordnung und Größe der Geräte aussagen. Im Hydraulikschaltplan erfolgt die Anordnung der Geräte in der Regel von unten nach oben, d. h. unten der Aggregatsbereich (Pumpe mit Antriebsmotor, Druckbegrenzungsventil, Tank, eventuell Filter, Speicher und zugehörige Ventile), darüber der Steuerungsbereich (Ventile) und oben der Bereich der Antriebsglieder(Zylinder und Hydromotoren). Die Geräte werden stets in ihrer Ausgangsstellung oder, wenn vorhanden, in Nullstellung gezeichnet.

Die Dokumentation einer hydraulischen Anlage wird durch eine Geräteliste, die die technischen Daten der Geräte (Drehzahl, Förderstrom, Leistung, Einstelldruck, Kolbendurchmesser, Hub, usw.) enthält und den Lageplan, der die räumliche Anordnung der Geräte darstellt, vervollständigt.

16 Einführung in die Steuerungstechnik der Signalflüsse

Die Ventile des Kapitels 7 sowie Proportionalventile (8.3) werden in Hydrosystemen zur Steuerung im Leistungsbereich (Kap. 14) verwendet. Der Hydraulikschaltplan zeigt, wie mit ihnen die geforderte Funktion der Anlage erfüllt wird.

Noch nicht besprochen wurde die Auswahl, Anordnung und Verarbeitung der Signale, also kurz gesagt, der Signalfluß, der die Geräte (meist Ventile) des Leistungsbereichs (Leistungsflusses) im Sinne der gestellten Aufgabe steuert. Wegen der anders gearteten Anforderungen an die Signalflüsse, wird hier als Energieform die Elektrik/Elektronik in Sonderfällen auch die Pneumatik der Hydraulik vorgezogen. Die mit dem Signalfluß verbundene Leistung ist meist klein, es sei denn Signal- und Leistungsfluß fallen zusammen.

In diesem Kapitel sollen nun die Steuerung des Signalflusses und die Steuerungsarten nach DIN 19226 besprochen und außerdem für einige Hydraulikschaltpläne der Signalfluß erläutert werden. Eine ausführliche Darstellung der Steuerungstechnik der Signalflüssse findet man bei A. Göhner [14] oder in noch umfassenderer Darstellung in der Spezialliteratur [27;28].

16.1 Die Steuerkette

Merkmal einer Steuerkette ist, im Gegensatz zum geschlossenen Regelkreis (8.2) der offene Wirkungsablauf. Das bedeutet, daß die Steuersignale in einer bestimmten Richtung durch die einzelnen Glieder der Steuerkette laufen, ohne daß die gesteuerte Ausgangsgröße auf die steuernde Eingangsgröße zurückwirkt. Die Ausgangsgröße (z.B. Drehzahl des Hydromotors) wird also nicht daraufhin kontrolliert, ob der gewünschte Wert tatsächlich erreicht wurde und im Gegensatz zur Regelung wird die durch Störgrößen hervorgerufene Veränderung der Ausgangsgröße nicht selbsttätig korrigiert.

Nach der Funktion kann man bei einer Steuerkette in Richtung des Signal-

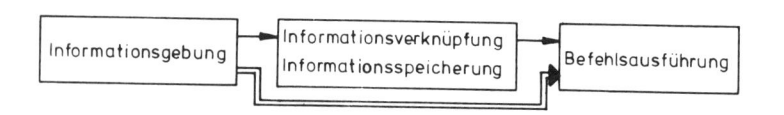

Bild 193 Bereiche einer Steuerkette nach ihrer Funktion

bzw. Informationsflusses drei Teilbereiche unterscheiden (Bild 193).

Dies sind der Informations-Eingabeteil, der Teil für die Informationsverknüpfung und -speicherung - auch Logikteil genannt - und der Teil der Befehlsausführung. In der Steuerkette werden also Signale gesammelt, logisch miteinander verknüpft, gegebenenfalls gespeichert, und die sich daraus ergebenden Befehle ausgeführt. Da dies in einer bestimmten Wirkungsrichtung geschieht, spricht man von einem Signalfluß. Die Bauglieder einer Steuerkette, die sich bei der gerätetechnischen Betrachtung ergeben, zeigt Bild 194.

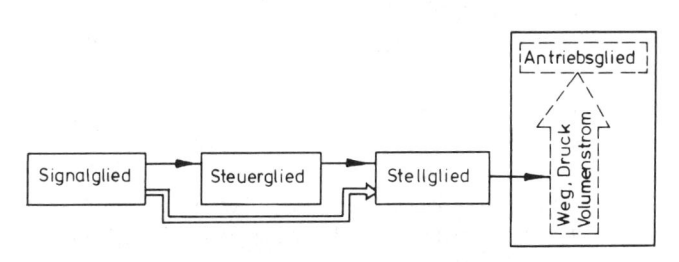

Bild 194 Bauglieder einer Steuerkette

Der Signalfluß erfolgt von den Signalgliedern über die Steuerglieder zu den Stellgliedern, die in einer ölhydraulischen Anlage durch die Beeinflussung des Weges, des Druckes und des Volumenstromes die Antriebsglieder steuern. Bei einfachen Steuerungen kann das Signalglied direkt auf das Stellglied wirken oder es kann sogar Signal-, Steuer- und Stellglied in einem Ventil vereinigt sein. Dies ist z.B. bei dem 3/3-Wege-Sitzventil in Bild 117 der Fall, das zur Steuerung eines einfachwirkenden Zylinders (Antriebsglied) dient.

Es sollen nun die verschiedenen Bereiche einer Steuerkette und die zugehörigen Geräte betrachtet werden. Dabei werden im Wesentlichen die Geräte rein hydraulischer und elektrohydraulischer Steuerungen erwähnt, da diese in der Ölhydraulik überwiegen.

a) Der Informations-Eingabeteil dient zur Informationsgebung mittels Signalgliedern. Die wichtigsten Informationsquellen sind eine Positionsanzeige, eine Druckanzeige, eine Zeitanzeige und eine Anzeige auf einem Datenträger, aber auch eine Temperatur- oder eine Durchflußanzeige ist möglich.

Zur Positionsanzeige, für die wegabhängige Signalgebung, dienen häufig elektrische Taster und Schalter, oder mechanisch betätigte Wegeventile. Es ist aber auch eine photoelektrische, induktive, kapazitive, akustische oder druckbetätigte Auslösung möglich.

Zur Druckanzeige, für die druckabhängige Signalgebung, dienen Druckschaltventile und Druckschalter (1.4.5).

Zur Zeitanzeige, für die zeitabhängige Signalgebung, werden Zeitrelais und Zeituhren verwendet.

Nockenwalzen, Schrittschaltwerke, Kreuzschienenverteiler, Lochkarten, Lochstreifen, Magnetbänder oder Mikrocomputer dienen als Datenträger zur programmabhängigen Signalgebung.

b) Der Logikteil dient zur Verknüpfung und Speicherung von Informationen mittels Steuergliedern. Die Weitergabe der Informationen muß so erfolgen, daß diese in der richtigen Reihenfolge und zum richtigen Zeitpunkt ausgeführt werden. Steuerglieder sind in elektrohydraulischen Steuerungen Schütze, Relais, Transistoren, Integrierte Schaltungen und Mikroprozessoren, in rein hydraulischen Steuerungen hydraulisch betätigte Wegeventile. Die logische Verknüpfung der Informationen basiert auf den aus der Schaltalgebra bekannten logischen Grundfunktionen. Die wichtigsten sind:
1. Die Reihenschaltung bzw. die UND-Funktion
2. Die Parallelschaltung bzw. die ODER-Funktion
3. Die Signalumkehrung bzw. die NICHT-Funktion, sowie Kombinationen dieser drei Grundfunktionen, wie NOR (NICHT + ODER) und NAND (NICHT + UND).

Die Speicherglieder übernehmen die Funktion des Gedächtnisses.

Die Informationsübertragung und Verarbeitung erfolgt meist durch digitale Signale. Dabei haben diese digitalen Signale nur zwei Aussagen. Ein Signal beinhaltet entweder die Information "Ein" oder "Aus" bzw. "0" oder "1". Es sind also "zweiwertige" bzw. binäre Signale. Ein Signal beinhaltet also nie eine Größe, sondern immer eine Aussage. In der Steuerung vorkommende analoge Signale können durch entsprechende Schaltung auch in digitale Signale umgewandelt werden.

Der Informationseingabe- und der Logikteil bilden zusammen den eigentlichen Steuerteil.

c) Der Ausführungsteil dient zur Befehlausführung mittels den Stellgliedern und

Antriebsgliedcrn. Die Stellglieder sind die bekannten Ventile der Ölhydraulik. Die Ventile beeinflussen entsprechend den vom Steuerteil kommenden Befehlen, den Weg, Druck oder Volumenstrom des Leistungsflusses. Dadurch wird die Bewegungsrichtung, Kraft oder Drehmoment und Geschwindigkeit oder Drehzahl der Antriebsglieder, dies sind Zylinder oder Hydromotoren, bestimmt.

16.2 Steuerungsarten nach DIN 19226

Nach DIN 19226 müssen drei Hauptarten von Steuerungen unterschieden werden: Führungs-, Halteglied- und Programmsteuerungen.

Bei der **Führungssteuerung** folgt die Ausgangsgröße stets der Führungsgröße (Eingangsgröße) nach. Es besteht also zwischen der Führungsgröße und der Ausgangsgröße der Steuerung ein eindeutiger Zusammenhang, soweit Störgrößen keine Abweichungen hervorrufen. Die Kopiersteuerung beim Drehen eines Werkstückes ist dafür ein Beispiel.

Bei der **Haltegliedsteuerung** bleibt nach Wegnahme der Eingangsgröße der erreichte Wert der Ausgangsgröße erhalten. Es bedarf einer entgegengesetzten Eingangsgröße um die Ausgangsgröße wieder auf einen Anfangswert zu bringen. Ein Beispiel dafür sind Hebezeuge, die über Druckknöpfe gesteuert werden.

Bei der **Programmsteuerung** wird die Ausgangsgröße meist stufenweise nach einem festgelegten Programm verändert. Man unterscheidet zwischen Zeitplan-, Wegplan- und Ablaufsteuerungen.

a) Zeitplansteuerung: Bei ihr werden die Steuersignale von einem zeitabhängigen Programmgeber (z.B. Nockenwalze) geliefert. Nach dem Start durch ein Auslösesignal folgen die einzelnen Bewegungen aufeinander, ohne Rücksicht darauf, ob die vorhergehende Bewegung tatsächlich beendet ist. Es muß deshalb in dem zeitlichen Ablauf eine genügende Sicherheit vorhanden sein.

b) Wegplansteuerung: Bei ihr werden die Steuersignale von einem Programmgeber geliefert, dessen Ausgangsgrößen vom zurückgelegten Weg eines bewegten Teiles abhängen. Ein Beispiel für diese Steuerung ist die wegabhängige Signalauslösung beim Umschalten von Eil- auf Arbeitsgeschwindigkeit bei einem Maschinenschlitten (Bild 115 und 120).

c) Ablaufsteuerung: Bei ihr werden Bewegungen oder die zeitlichen Abläufe physikalischer Vorgänge durch Schaltsysteme gesteuert. Das Programm wird abhängig von den Zuständen der gesteuerten Anordnung schritttweise ausgeführt oder schrittweise durch Signale von Lochkarten, Lochstreifen oder anderen geeigneten Datenträgern abgerufen. Bei fest eingebautem Programm, d.h., wenn das Programm nicht mehr gespeichert ist, sondern nur noch durch den Ablauf der gewünschten Funktionen bestimmt wird, liegt eine **Folgesteuerung** vor. Sie bietet die größtmögliche Sicherheit, erfordert aber einen größeren Aufwand als die Zeitplansteuerung. Die **numerische Steuerung** kann als Weiterentwicklung der Ablaufsteuerung betrachtet werden. Bei ihr werden alle geometrischen und technologischen Daten für das Bearbeitungsprogramm, das z.B. auf einer Werkzeugmaschine ausgeführt werden soll, in Form von Zahlen, d.h. numerisch eingegeben.

Betrachtet man hydraulische Steuerungen, so kann man feststellen, daß in der Stationärhydraulik Folgesteuerungen am häufigsten anzutreffen sind. In der Mobilhydraulik überwiegt dagegen die **Handsteuerung**, die sich in keine der Steuerungsarten nach DIN 19226 einordnen läßt, da sie vom Willen des Bedienungsmannes abhängt und deshalb keiner vorher bestimmten Gesetzmäßigkeit folgt. Bei ihr werden die Bewegungen der Antriebsglieder vom Bedienungsmann eingeleitet, gesteuert und beendet. Dies kann durch direkte Betätigung von Wegeventilen oder durch indirekte Betätigung derselben über Taster, Schalter, hydraulische- oder elektrische Fernverstellung (Proportional-Wegeventile) geschehen. Sie ist an sich ein Regelvorgang, da der Bedienungsmann den Ablauf beobachtet und die Ausgangsgröße ständig korrigiert, wenn sie vom gewünschten Sollwert abweicht. Ihr Nachteil ist, daß ein Bedienungsmann notwendig ist, welcher nur relativ langsam ablaufende Vorgänge beherrschen kann.

16.3 Steuerungsbeispiele der Ölhydraulik

Als einfache Beispiele für Steuerungen der Ölhydraulik werden nun eine Handsteuerung und drei Folgesteuerungen anhand ihrer Hydraulik-Schaltpläne besprochen.

Beispiel 47: Handsteuerung eines einfachen Windenantriebes (Bild 195)
 Der Windenantrieb ist als hydrostatisches Getriebe im offenen Kreislauf ausgeführt. Das handbetätigte 4/3-Wegeventil dient zur Drehzahl- und Drehrichtungssteuerung des Hydromotors und damit der Windentrommel. Die Druckbegrenzungsventile 4 dienen bei Hydromotorstopp (Stellung 0 des 4/3-Wegeventils) zur Absicherung des nachlaufenden Hydromotors, der dann als Pumpe

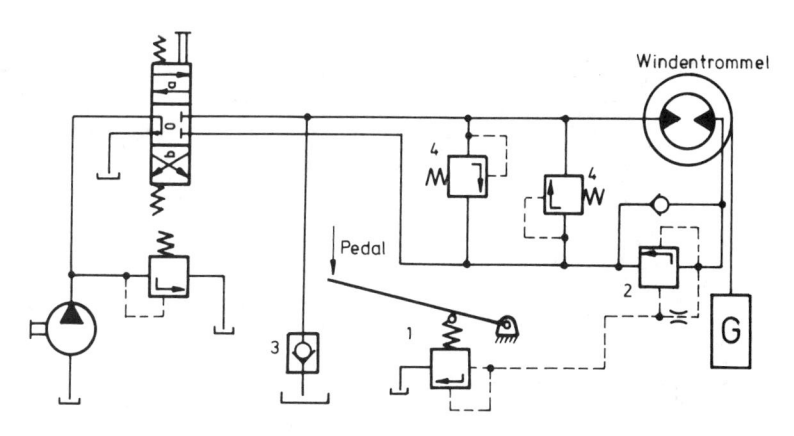

Bild 195 Einfacher Windenantrieb

arbeitet (13.1.1). Zieht eine Last das Windenseil schneller aus als der Motordrehzahl aufgrund des Pumpenförderstroms entspricht, so wird Öl über das Rückschlagventil 3 (Nachsaugeventil) nachgesaugt. Bei ziehender Last (Absenken der Last) kann der Bedienungmann über das Pedal die Windentrommel abbremsen. Das Pedal betätigt das Vorsteuerventil 1 (Pilotventil) des vorgesteuerten Druckbegrenzungsventils 2, das in die Leitung eingebaut ist, in der bei ziehender Last das Öl vom Hydromotor zum Tank zurückfließt. Das Druckbegrenzungsventil 2 ist bei unbetätigtem Pedal geöffnet und wird durch die Pedalbetätigung geschlossen. Die Pedalstellung bestimmt den Öffnungdruck und damit das Bremsmoment am Hydromotor.

Beispiel 48: Wegabhängige Folgesteuerung einer Kunststoffspritzmaschine (Bild 196)

Dieses Beispiel zeigt eine elektrohydraulische Steuerung als wegabhängige Folgesteuerung. Die Signalglieder sind hier die elektrischen Endschalter E4 bis E7, die in Abhängigkeit des Weges der Kolbenstangen von Schließ- und Einspritzzylinder betätigt werden, und dadurch Signale in den Logikteil der Steuerung geben. Der Logik- oder Verknüpfungsteil ist hier vollkommen elektrisch und besteht im wesentlichen aus vier Relais, einem Zeitrelais und einem Leistungsschütz für den Elektromotor. Hier soll auf den Aufbau des Logikteils, der in einem Stromlaufplan dargestellt werden kann, nicht eingegangen werden,

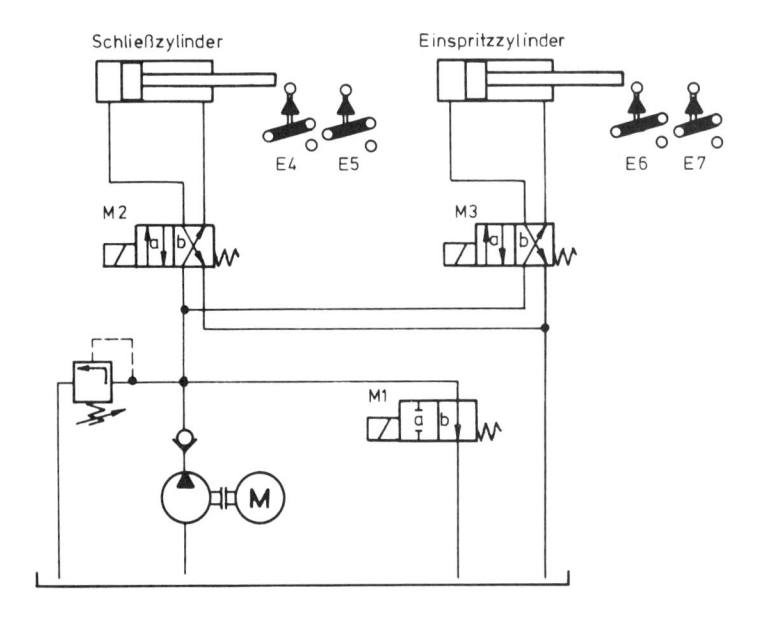

Bild 196 Kunststoffspritzmaschinenantrieb

sondern seine richtige Funktion wird vorausgesetzt. Die Signale, die vom Logikteil kommen, betätigen dann die elektromagnetischen Wegeventile M1 bis M3. Dies sind also die Stellglieder, die die Bewegung der Antriebsglieder (Schließ- und Spritzzylinder) bestimmen. Der Bewegungsablauf läuft wie folgt ab. Nachdem die Pumpe in Betrieb gesetzt wurde, wird der Ablauf durch Betätigen eines Tasters ausgelöst. Dadurch wird das 2/2-Wegeventil M1 umgeschaltet und so der freie Umlauf des Pumpenförderstroms beendet. Gleichzeitig schaltet das 4/2-Wegeventil M2 auf Schaltstellung a, so daß der Schließzylinder vorläuft und das Werkzeug schließt. In der Endstellung des Schließzylinders wird der Endschalter E5 betätigt. Dadurch schaltet das 4/2-Wegeventil M3 auf Stellung a, so daß der Einspritzzylinder ausfährt. Der Kunststoff wird in die Form gespritzt. Am Ende des Spritzvorganges wird der Enschalter E7 betätigt. Dadurch wird das Zeitrelais erregt, welches die Zeitdauer des Nachdruckes bestimmt. Nach Ablauf der eingestellten Zeit wird der Einspritzzylinder zurückgefahren (M3 in Schaltstellung b). In seiner Ausgangsstellung wird der Endschalter E6 betätigt und dadurch der Schließzylinder zurückgefahren (M2 in Schaltstellung b) und das Werkzeug wieder geöffnet. In der Ausgangsstellung des Schließzylinders wird der Endschalter E4 betätigt, dadurch wird der Magnet des 2/2-Wegeventils M1 stromlos und freier Ölumlauf hergestellt. Die Anlage befindet sich wieder in ihrer Ausgangstellung.Nach Entnahme des fertigen Kunststoffteils kann der nächste Arbeitszyklus ausgelöst werden.

Beispiel 49: Rein hydraulische wegabhängige Umkehrsteuerung eines Zylinders

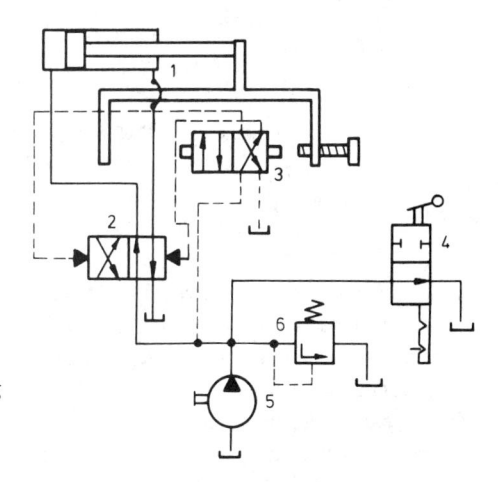

Bild 197 Umkehrsteuerung eines Zylinders

Bei dieser rein hydraulischen wegabhängigen Folgesteuerung soll die Kolbenstange eines Zylinders ständig hin- und herbewegt werden. Der Bewegungsbeginn wird von Hand durch Umschalten des 2/2-Wegeventils 4 auf Sperrstellung ausgelöst. Danach wird das 4/2-Wegepilotventil 3 jeweils in den Endlagen der Kolbenstange des Zylinders, also wegabhängig, umgeschaltet. Dadurch wird das 4/2-Wegehauptventil 2 umgeschaltet und die Bewegungsrichtung der Kolbenstange umgekehrt. Ein direktes Umschalten des Hauptventils ist nicht möglich, da dieses in der Zwischenstellung den Ölzufluß absperren und so die Kolbenstange zum Stillstand bringen würde. Beendet wird die Bewegung durch Schalten des Wegeventils 4 auf Durchflußstellung. In dieser Steuerung ist das 2/2-Wegeventil 4 Signalglied (Beginn und Ende), das Pilotventil 3 Signal- und Steuerglied, das Hauptventil 2 Stellglied und der Zylinder 1 das Antriebsglied.

Beispiel 50: Druckabhängige Folgesteuerung zur Werkstückspannung

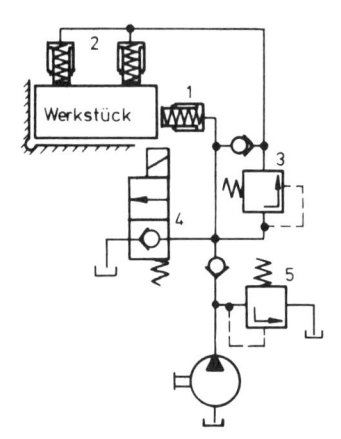

Bild 198 Druckabhängige Folgesteuerung zur Werkstückspannung mit leckölfreiem Vorspannventil (3)

Befindet sich das 2/2-Wegesitzventil 4 in Sperrstellung, so wird das Werkstück durch den Spanner 1 (einfachwirkender Zylinder mit Federrückzug) gegen den senkrechten Anschlag gepreßt. Erreicht der Spanndruck den am Vorspannventil 3 (Folgeventil) eingestellten Wert, so öffnet dieses und die Spanner 2 folgen nach. Entspannt wird durch Schalten des Wegeventils 4 auf Durchflußstellung. Wenn das Werkstück gespannt ist, wird die Pumpe abgeschaltet. Deshalb müssen dann bei einem leckölbehafteten Vorspannventil noch weitere Rückschlagventile zur Vermeidung eines Druckverlustes im Spannkreis eingebaut werden. Bei dieser Steuerung ist das 2/2-Wegeventil 4 Signalglied (Beginn und Ende des Spannens), das Vorspannventil 3 Signal-, Steuer- und Stellglied, und die Spanner 1 und 2 sind die Antriebsglieder.

Bei den Folgesteuerungen sind natürlich auch gemischt weg- und druckabhängige Folgesteuerungen üblich. Dabei werden bei elektrohydraulischen Steuerungen statt der Druckschaltventile häufig Druckschalter (17.1; 17.3) benützt. Diese sprechen nach Erreichen des eingestellten Druckes an und steuern dadurch elektromagnetisch betätigte Wegeventile um oder dienen in Spanneinrichtungen zum Abschalten der Pumpe bei Erreichen des Spanndruckes.

17 Anwendungsbeispiele der Ölhydraulik

In diesem Kapitel werden konventionelle und modernere Anwendungen der Ölhydraulik aus der Stationär-und der Mobilhydraulik beschrieben.

17.1 Hydraulische Folgesteuerung einer Spann- und Produktionsvorrichtung (Bild 199)

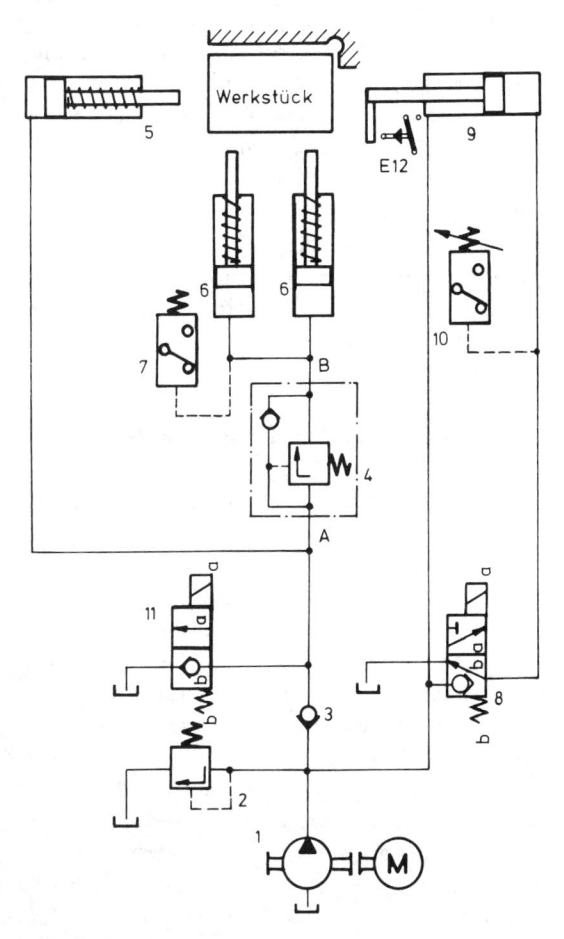

Bild 199 Hydraulische Folgesteuerung

Die Aufgabe dieser mit druck- und wegabhängiger Folgesteuerung arbeitenden Vorrichtung ist es, das Werkstück mit den Spannzylindern 5 und 6 festzuhalten um dann daran Veränderungen (Biegen, Lochen, Stanzen, Stauchen, Fügen von Teilen usw.) mit dem Arbeitszylinder 9 vorzunehmen. Der Bewegungsablauf ist folgender: Nach dem Startsignal und Anlaufen der Pumpe drückt der Spannzylinder 5 das Werkstück gegen Anschlag (Wegeventile 8 und 11 in Stellung b, Vorspannventil 4 ist von A nach B gesperrt). Wenn der am Vorspannventil 4 eingestellte Druck erreicht ist, öffnet dieses und die Kolben der Spannzylinder 6 folgen nach. Wenn der gewünschte Spanndruck erreicht ist, gibt der Druckschalter 7 ein elektrisches Signal das das Wegeventil 8 auf Stellung a schaltet. Der Arbeitszylinder 9 (Umströmungsschaltung) fährt aus. Wenn der Arbeitsenddruck erreicht ist, gibt der Druckschalter 10 ein Signal mit dem Wegeventil 8 wieder auf Stellung b geschaltet wird. Der Kolben des Zylinders 9 wird zurückgezogen bis der Endschalter E 12 betätigt wird und sein Signal das Wegeventil 11 in Stellung a schaltet. Nun fördert die Pumpe drucklos in den Tank und die Kolben der Spannzylinder werden durch Federkraft zurückgezogen. Durch ein Zeitrelais wird schließlich die Pumpe abgeschaltet und das Wegeventil 11 wieder auf Stellung b gestellt.

17.2 Vorschubantrieb mit Primärsteuerung (Bild 200)

Einen Vorschubantrieb mit 2-Wege-Stromregelventil im Zulauf (Primärsteuerung), wie er mit Variationen für Sondermaschinen und Transferstraßen häufig angewendet wird, zeigt Bild 200.

Um Eilvorschub (EV), langsamen Arbeitsvorschub (AV) und Eilrücklauf (ER) zu erreichen, ist eine Zahnradpumpenkombination vorhanden, d.h. eine große Pumpe 4 $(Q_4 \approx 4Q_3)$ für EV und eine kleine Pumpe 3 für AV. EV ist bei Schaltstellung a des 5/3-Wegeventils 6 vorhanden solange das 2/2-Wegeventil 7 Stellung a hat. Dabei fördern beide Pumpen gemeinsam über das Wegeventil 7 auf die Kolbenseite des Zylinders 5. Das von der Stangenseite des Zylinders 5 abfließende Öl fließt über das Gegendruckventil 11 (*3-8 bar*) und das Rückschlagventil 12 ebenfalls der Kolbenseite des Zylinders zu (Umströmungsschaltung). Wird Ventil 7 durch den Nocken der Steuerschiene in Sperrstellung b geschaltet, so fließt nur noch der am Stromregelventil 8 eingestellte Strom der Kolbenseite zu, damit erfolgt AV. Durch den Druckanstieg vor dem Stromregelventil 8 wird das druckgesteuerte Wegeventil 9 in Durchflußstellung b geschaltet. Damit fördert die große Pumpe 4 im drucklosen Umlauf und das von der Stangenseite des Zylinders abfließende Öl geht ebenfalls zum Tank. Das Rückschlagventil 12 verhindert einen drucklosen Abfluß des Förderstroms der kleinen Pumpe 3. Das Druckbegrenzungsventil 10 bestimmt den maximalen Arbeitsdruck. Nach Beendigung des AV wird durch das Signal eines Endschalters das Wegeventil 6 in Stellung b geschaltet und es erfolgt ER. Dabei fördern beide Pumpen gemeinsam auf die Stangenseite des Zylinders. Das von der Kolbenseite abfließende Öl fließt über das Rückschlagventil 13 zum Tank ab.

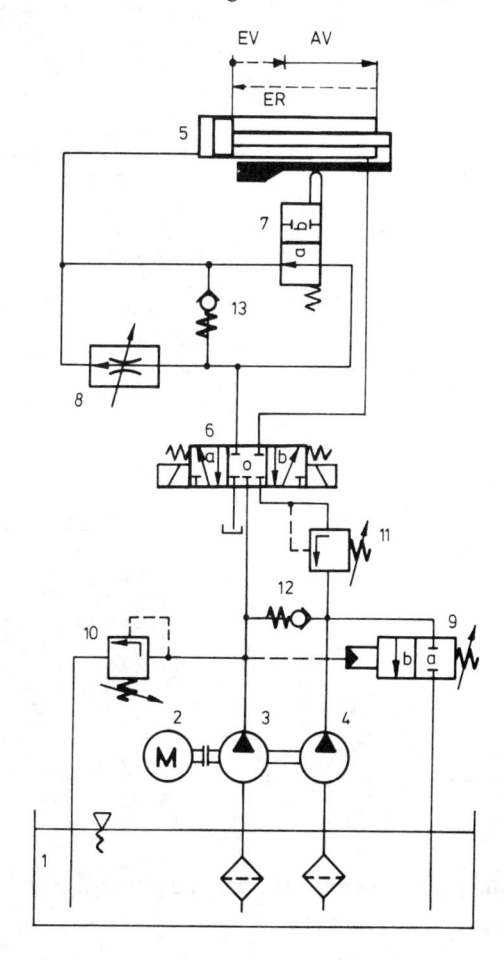

Bild 200
Vorschubantrieb

17.3 Antrieb einer kleineren Oberkolbenpresse (Bild 201)

Bei dem gezeigten Antrieb einer Oberkolbenpresse (Preßbalken kommt von oben) wird eine Konstantpumpe 1 eingesetzt, die bei Stellung 0 des 4/3-Wege-

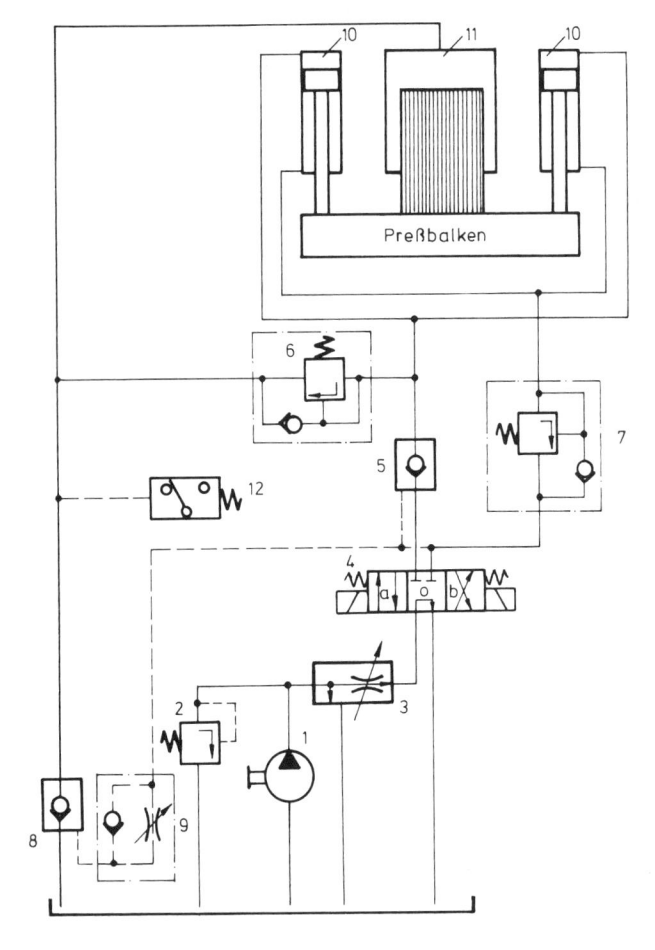

Bild 201 Antrieb einer kleineren Oberkolbenpresse

ventils 4 im drucklosen Umlauf fördert. Die auch bei Pressen erforderliche erhöhte Geschwindigkeit im Leervorlauf (Eilgang) wird durch zwei Eilgangszylinder 10 erreicht. In Stellung a des Wegeventils 4 fließt der mit dem 3-Wege-Stromregelventil 3 eingestellte Ölstrom den Kolbenflächen der Zylinder 10 zu. Das Vorspannventil 6 sperrt den Weg zu dem großen Preßzylinder 11. Das erforderliche Öl für den absinkenden Preßkolben 11 wird über das Nachsaugeventil 8 (entsperrbares Rückschlagventil) nachgesaugt. Der Preßbalken fährt nun im Eilgang nach unten.

Ist die Presse geschlossen, so übersteigt der Druck den Einstelldruck am Vorspannventil 6, dieses öffnet und der mit Ventil 3 eingestellte Ölstrom fließt den Zylindern 10 und 11 zu. Es steht nun die volle Preßkraft (DbV 2 auf *350 bar* eingestellt) bei kleiner Arbeitsgeschwindigkeit zur Verfügung. Das schnelle Öffnen der Presse (Wegeventil 4 in Stellung b) erfolgt durch Zufluß des Ölstroms auf die Stangenseite der Zylinder 10. Dabei wird, wegen der Drossel in Ventil 9, zunächst das entsperrbare Rückschlagventil 5 (Abfluß des Öls von der Kolbenseite der Zylinder 10) und dann erst das entsperrbare Nachsaugeventil 8 (Abfluß des großen Ölstroms von Zylinder 11 direkt in den Tank) geöffnet.

Das in der Zylinderleitung zur Stangenseite der Zylinder 10 angeordnete leckölfreie Vorspannventil 7 ist so hoch eingestellt, daß Kolbengewichte plus angehängte Gewichte gehalten werden. Dadurch erfolgt kein Absinken durch Leckverluste, oder schneller als dem mit 3-Wege-Stromregelventil 3 eingestellten Ölstrom entspricht. Durckschalter 12 dient zur Überwachung des Preßdruckes.

17.4 Zentrifugenantrieb (Bild 202)

Der gezeigte Zentrifugenantrieb für die Schälzentrifuge 14 besteht aus einem hydrostatischen Getriebe mit geschlossenem Kreislauf (siehe 13.1.2) bei dem der Förderstrom der Speisepumpe 2 zusätzlich zur Betätigung eines Hilfszylinders 13 (z.B. Deckelbetätigung) dient. Der Antrieb hat nur eine Abtriebsdrehrichtung des Hydromotors 9. Die Hauptpumpe 1 wird über eine elektrische Verstelleinrichtung verstellt. Ihre Volumeneinstellungen und damit die Hydromotordrehzahlen werden über Endschalter fixiert. Aufgrund des großen Massenträgheitsmomentes der Zentrifuge wird beim "hydraulischen Abbremsen" 9 als Pumpe und 1 als Hydromotor arbeiten. Der Drehstrom-Asynchronmotor 15 wirkt dann als Generator und stützt sich auf das elektrische Versorgungsnetz ab.

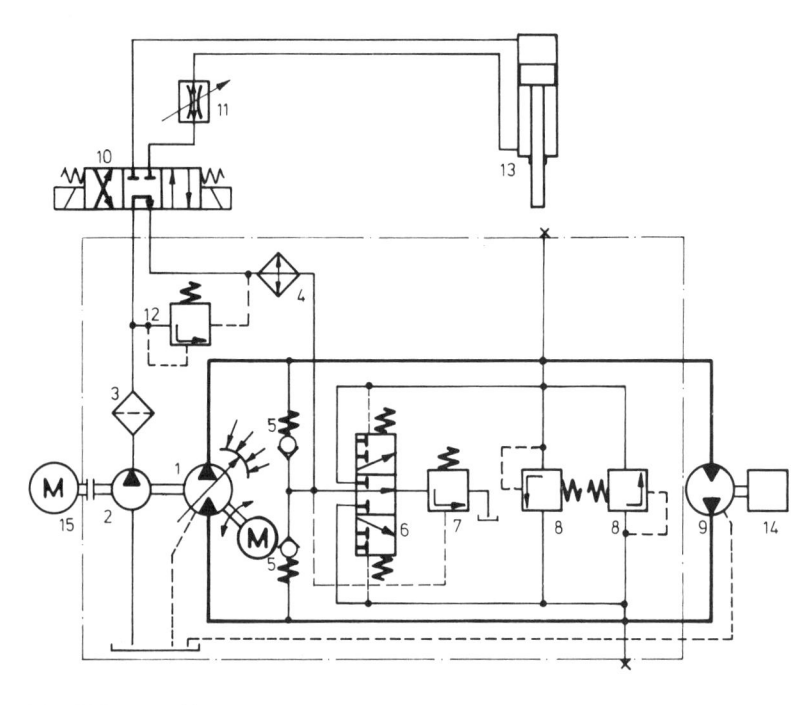

Bild 202 Zentrifugenantrieb

17.5 Antrieb der Spritzeinheit einer Spritzgießmaschine

Eine Spritzgießmaschine für die Verarbeitung von Kunststoffen besteht aus zwei mechanischen Grundeinheiten, der Schließeinheit und der Spritzeinheit.Die Schließeinheit hat die Aufgabe, die Spritzgießformhälften zu tragen, sie während des Einspritzvorganges zuzuhalten und nach der Erstarrung des Kunststoffes die Formhälften so weit auseinanderzufahren, daß das Formteil ausgeworfen werden kann.Die Spritzeinheit besteht im wesentlichen aus einem beheizten Zylinderrohr mit einer darin befindlichen Schnecke, wo das Kunststoffgranulat zuerst aufgeschmolzen und homogenisiert wird, um anschließend unter Druck in die Spritzgießform eingespritzt zu werden. Bei einer Spritzgießmaschine sind also folgende Einzelbewegungen auszuführen: Schließen und Öffnen der

Form, Schneckendrehen unter Gegendruck, Einspritzen und Anpressen der Düse der Spritzeinheit an die Spritzgießform, Auswerfen. Der Schaltplan in Bild 203 zeigt wie der Vorschub und die Rotation der Schnecke mit Proportionaldruck- und Proportionaldrosselventilen gesteuert wird. Damit werden beim Einspritzen der exakte Bewegungsablauf und die präzisen Druckverhältnisse erreicht, die für die Qualität des Formteils erforderlich sind.

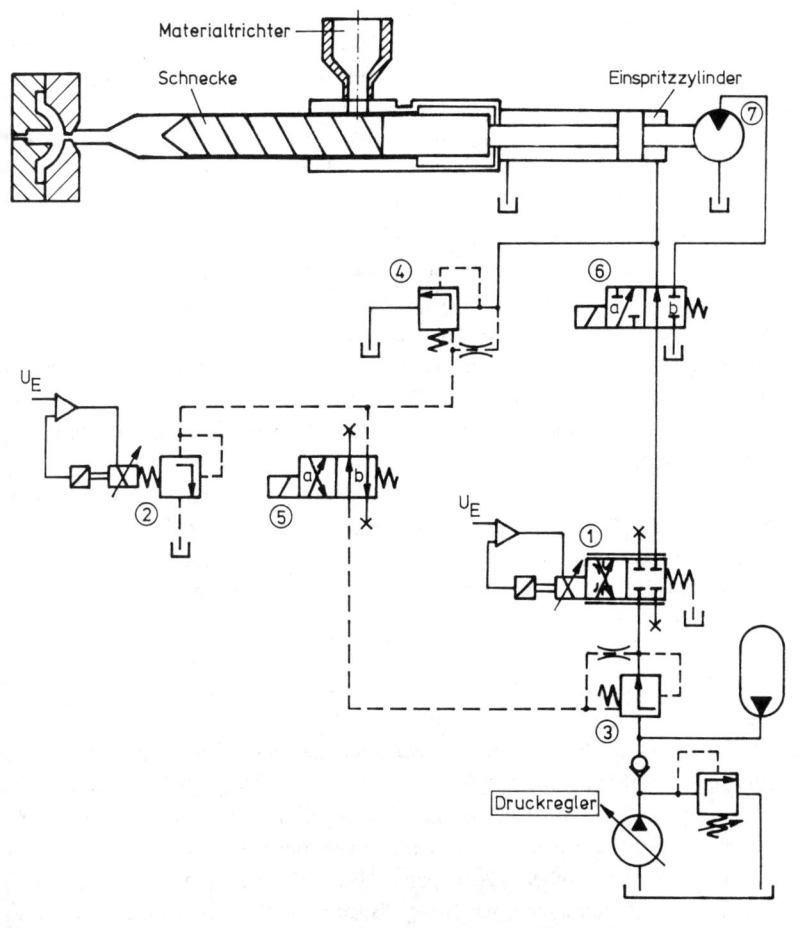

Bild 203 Antrieb der Spritzeinheit einer Spritzgießmaschine (Bosch)

Der Ablauf ist folgender: Das Kunststoffgranulat wird bei rotierender Schnecke unter Wärmeeinwirkung plastifiziert. Die Drehzahl des Hydromotors 7 und damit der Schnecke wird vom Proportional-Drosselventil 1 bestimmt.Das Wegeventil 6 ist in Schaltstellung a. Die sich sammelnde Schmelze drückt die Schnecke nach rechts und der Einspritzzylinder verdrängt Öl über das vorgesteuerte Proportional-Druckbegrenzungsventil, bestehend aus den Pos. 4 und 2, wobei das Wegeventil 5 in Schaltstellung b ist.Das Vorsteuerventil 2 bestimmt nun den Gegenhaltedruck (Staudruck). Das plastifizierte Material wird dann durch Druckbeaufschlagung des Einspritzzylinders in die Form eingespritzt. Dabei ist Wegeventil 5 in Schaltstellung a und Wegeventil 6 in Schaltstellung b. Der erforderliche definierte Spritzdruck wird durch das aus Pos. 3 und 2 bestehende vorgesteuerte Proportional-Druckminderventil bestimmt. Die Einspritzgeschwindigkeit (Geschwindigkeitsprofil) wird vom Proportional-Drosselventil 1 dosiert. Gegen Ende des Einspritzvorgangs wird zur Kompensation der Schwindung der Druck an Pos. 2 für die sogenannte Nachdruckphase angehoben.

Bei dem Antrieb nach Bild 203 werden durch die Verwendung einer druckgeregelten Verstellpumpe die Verluste gegenüber der Ausführung mit einer Konstantpumpe wesentlich verringert, da die Verstellpumpe stets nur den vom Verbraucher benötigten Strom fördert. Die Verstellpumpe arbeitet allerdings stets mit Maximaldruck, somit sind die Verluste bei niedrigen Verbraucherdrücken besonders groß.

Ein deutlich besserer Wirkungsgrad der Spritzgießmaschine wird mit einem System erreicht,bei dem die Verstellpumpe so geregelt wird, daß stets nur soviel Druck und Förderstrom erzeugt wird (p/Q-Regelung), wie die Antriebsglieder benötigen [25]. Dadurch werden die Proportionalventile der Schaltung nach Bild 203 nicht mehr benötigt und ihre Drosselverluste entfallen.

17.6 Hubstaplerantrieb (Bild 204)

Der Antrieb besteht aus der Fahrhydraulik und der Arbeitshydraulik, deren Pumpen gemeinsam von dem Verbrennungsmotor 11 angetrieben werden. Die Konstantpumpe 12 der Arbeitshydraulik versorgt die Hub-, Neige-, Seitenverschiebungs-, weitere Hilfszylinder und die Hydrolenkung. Bei der Fahrhydraulik bilden die Axialkolben-Verstellpumpe 1, die mit dem Verstellzylinder 4 gegen die Feder 5 und die eigene Rückstellkraft verstellt wird, und der Hydromotor 2 einen geschlossenen Kreislauf, dessen Leckverluste durch die Speise- und

Steuerpumpe 3 über die Speiseventile 13 ersetzt werden. Der Speisedruck wird durch das Speisedruckventil 14 bestimmt. Durch Betätigen des Gaspedals 9 wird der Motor 11 hochgefahren. An der Verstelldrossel 7 stellt sich ein von ihrer Stellung und dem Förderstrom der Pumpe 3, also der Antriebsdrehzahl des Motors 11 abhängiges Druckgefälle ein, mit dem die Pumpe 1 ausgeschwenkt wird. Durch die Betätigung des Inchpedals 8 kann die Verstelldrossel 7 geöffnet und dadurch das Druckgefälle an ihr verkleinert werden. Damit ist es möglich,

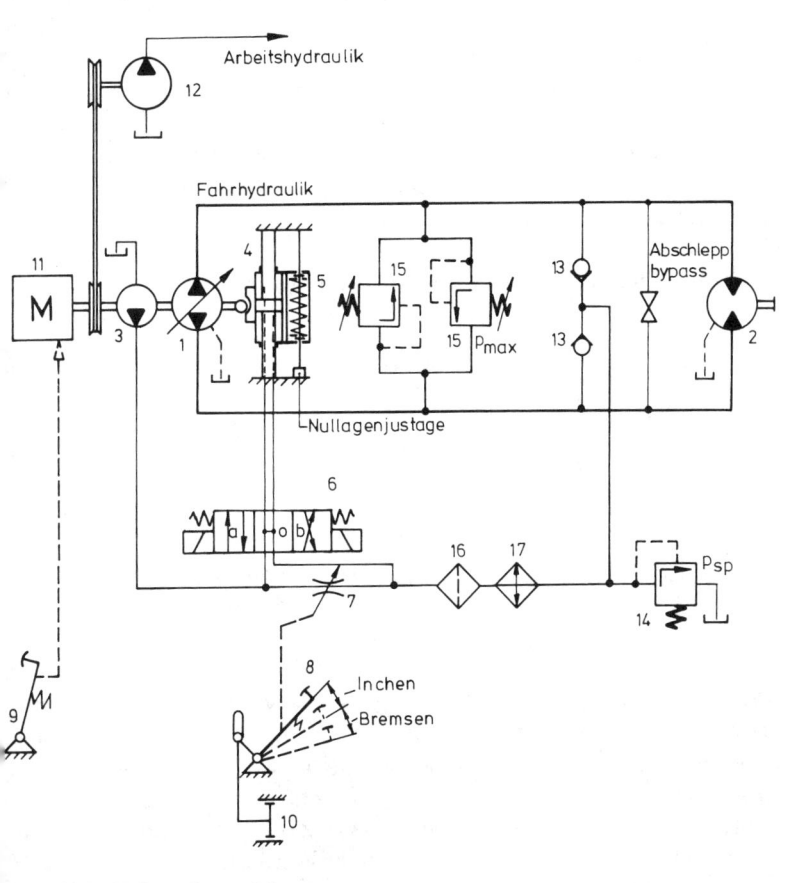

Bild 204 Hubstaplerantrieb

das Verdrängungvolumen der Pumpe 1 und damit die Fahrgeschwindigkeit auch bei maximaler Antriebsmotordrehzahl stufenlos bis zum Stillstand des Fahrzeugs zu verringern. Durch das "Inchen" kann also die Antriebsleistung zwischen Fahr- und Arbeitshydraulik beliebig aufgeteilt werden. Das Inchpedal ist über den Inchbereich hinaus mit der Fahrzeugbremse 10 gekoppelt. Mit dem 4/3-Wegeventil 6 wird die Schwenkrichtung der Pumpe 1 und damit die Drehrichtung des Hydromotors 2 gewählt. Die mechanisch-hydraulische Regelung der Pumpenverstellung schützt den Antriebsmotor dadurch vor Überlastung, daß das von den Pumpen aufgenommene Drehmoment annähernd konstant bleibt. Eine Überlastung des Antriebsmotors hat eine Drehzahldrückung zur Folge. Dies führt zu einer Verkleinerung des Förderstroms der Steuerpumpe 3 und damit zu einem kleineren Druckgefälle an der Verstelldrossel 7 und zum Zurückschwenken der Pumpe 1, womit das erforderliche Antriebsdrehmoment wieder absinkt. Dieser Vorgang wird noch durch die bei höheren Drücken ansteigende Eigenrückstellkraft der Pumpe 1 unterstützt.

17.7 Antrieb eines vollhydraulischen Mobilbaggers

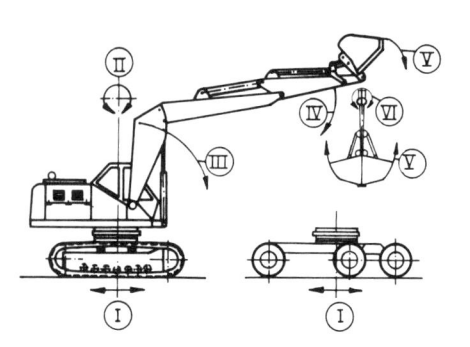

Bild 205 Arbeitsbewegungen eines vollhydraulischen Mobilbaggers

Die Arbeitsbewegungen eines Mobilbaggers (Bild 205), von denen im allgemeinen nur zwei unabhängig voneinander ausgeführt werden müssen, sind: Fahrbewegung (I), Oberwagendrehbewegung (II), Auslegerbewegung (III), Löffelstielbewegung (IV), Löffel- bzw. Greiferbewegung (V) und je nach Werkzeugausrüstung weitere Hilfsbewegungen (VI) (z.B.: Rütteln). Das Schaltschema in Bild 206 zeigt für einen Löffelbagger die hydraulischen Antriebselemente und die zur Steuerung benötigten manuell betätigten 6/3-Wegeventile (7a-7e).

Die Ölversorgung geschieht in einem Zweikreishochdrucksystem (bis *400 bar*) durch die Axialkolbendoppelpumpe 1 mit Summenleistungsregelung. Die rechte Pumpe versorgt den Löffel- und Auslegerzylinder, die linke Pumpe den Löffelstielzylinder, Fahr- und Drehwerk. Bei Ruhestellung von 7c und 7e kann auch die rechte Pumpe den Löffelstielzylinder versorgen. Ventil 8 verhindert ein

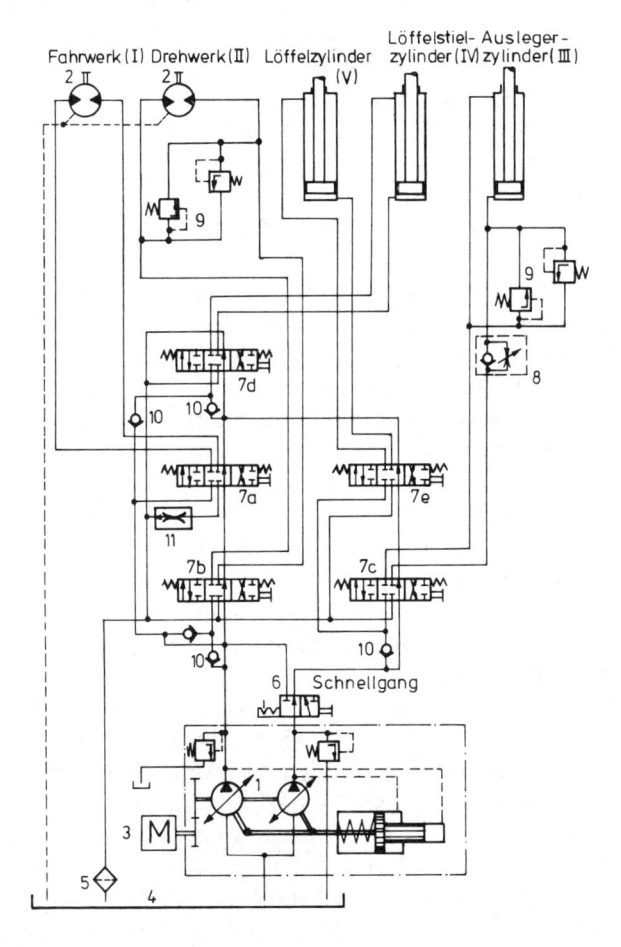

Bild 206 Schaltschema eines vollhydraulischen Mobilbaggers

Durchfallen des Auslegers. Wird Ventil 6 umgeschaltet, so versorgen beide Pumpen das Fahrwerk im Schnellgang. Das festeingestellte Stromregelventil 11 verhindert beim Bergabfahren ein Durchgehen. Die sekundärseitigen DbV 9 vermeiden, beim Abbremsen des Oberwagens bzw. des Auslegers durch Sperren der Wegeventile 7b bzw. 7c, Druckspitzen.

Bei der Summenleistungsregelung (SLR) wird die Summe der Drücke beider Pumpen über den Differenzkolben gemessen, und die Pumpen werden gemeinsam so geregelt (gleiche Förderströme), daß die Antriebsleistung konstant bleibt. Der Vorteil ist, daß jede Pumpe für die max. Antriebsleistung P_3 des Verbrennungsmotors 3 ausgelegt werden kann (ohne SLR kann jede Pumpe nur für *0,5 P_3* ausgelegt werden).

17.8 Elektronisch geregelter Fahrantrieb eines Kommunalfahrzeuges

Bei hydrostatischen Antrieben in mobilen Arbeitsmaschinen sind vor allem im Fahrantrieb verstellbare Pumpen und Hydromotoren notwendig. Mit konventionellen mechanischen oder hydraulischen Steuerungen und Regelungen ist es schwierig in optimalen Betriebszuständen zu arbeiten. Deshalb werden zunehmend progammierbare elektronische Steuerungen und Regelungen eingesetzt, mit denen es möglich ist die Signalverarbeitung und damit die Maschinenfunktion zu optimieren [30].

Als Beispiel zeigt Bild 207 das Blockschaltbild eines Fahrantriebes wie er in kommunalen Mehrzweckfahrzeugen, Schleppfahrzeugen und Forstmaschinen zum Einsatz kommt. Dabei wird durch einen programmierbaren Mikrorechner (Mikrocontroller) der hydrostatische Fahrantrieb so gesteuert und geregelt, daß unter maximaler Ausnutzung der Antriebsmotorleistung optimales dynamisches Fahrverhalten erreicht wird.

Der Dieselmotor 1 treibt die Verstellpumpe 2 (Axialkolbenschrägscheibenpumpe) des hydrostatischen Getriebes und meist noch eine Pumpe für die Versorgung von Zusatzantrieben an (im Schaltplan nicht gezeigt). Die Abtriebswelle des verstellbaren Hydromotors 3 (Axialkolbenschrägachsenmotor) treibt über ein Untersetzungs- oder Differentialgetriebe die Antriebsräder an. Pumpe und Hydromotor werden mit einer mit Proportionalmagneten ausgerüsteten elektrohydraulischen Verstellung (im Schaltplan EP) verstellt. Die Elektronik erfaßt über ein Potentiometer die Stellung der Einspritzpumpe am Dieselmotor und über einen Sensor die Dieselmotordrehzahl. Weitere Eingangsgrößen, die aus dem Führerstand des Fahrzeugs der Elektronik vorgegeben werden sind die Fahrtrichtung, die Inch-Funktion und die Zugkraftvorgabe.

Die wichtigsten Funktionen dieses Fahrantriebes werden nun aufgezeigt. Über den Fahrtrichtungsschalter wird Vorwärts- und Rückwärtsfahrt gewählt. Mit zunehmender Betätigung des Gaspedals steigt die Dieselmotordrehzahl. Zur Erhöhung der Fahrgeschwindigkeit wird gleichzeitig von der Elektronik in Abhängigkeit von der Gaspedalstellung die Pumpe und der Hydromotor verstellt. Dabei wird zunächst die Pumpe bis zur maximalen Volumeneinstellung verstellt und dann die Volumeneinstellung des Hydromotors reduziert. Das zeitliche Verhalten der Pumpen- und Hydromotorverstellung bei schneller Gas-

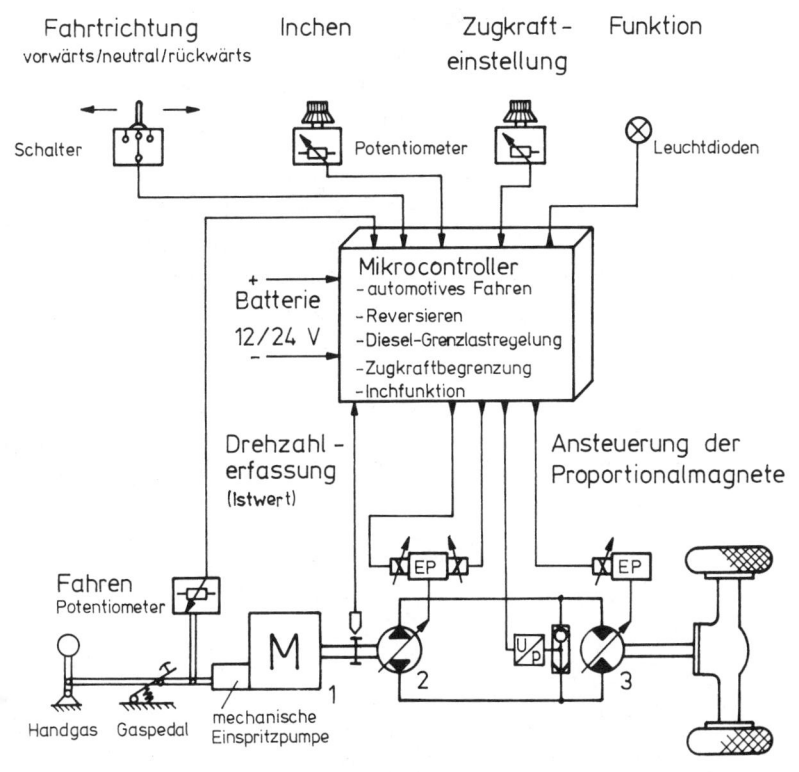

Bild 207 Blockschaltbild eines Fahrantriebes mit Mikrorechner (Hydromatik)

änderung ist softwaremäßig ebenso optimiert, wie das Verhalten bei sprunghaftem Fahrtrichtungwechsel (Reversieren) oder das Bremsverhalten bei Gaswegnahme. Wenn es die Anwendung erfordert kann mit Hilfe eines Drucksensors im geschlossenen Regelkreis eine Begrenzung der Zugkraft an den Antriebsrädern erfolgen.Das Gaspotentiometereingangssignal dient außer zur Fahrgeschwindigkeitsvorgabe noch zur Berechnung einer Solldrehzahl für die Dieselmotor-Grenzlastregelung. Unterschreitet die Istdrehzahl des Dieselmotors die Solldrehzahl, wird zum einen die Volumeneinstellung der Pumpe verkleinert und zum anderen die Volumeneinstellung des Hydromotors vergrößert, damit das Hydrostatische Getriebe ein kleineres Antriebsdrehmoment erfordert, und somit die Dieselmotordrehzahl wieder auf die Solldrehzahl ansteigt.

Der Mikrorechner wählt automatisch unterschiedlich optimierte Regelparameter für den normalen Fahrbetrieb und für die Anwendung mit Zusatzantrieben (zum Beispiel Schneefräse oder Salzstreueinrichtung) aus. Über das Inch-Potentiometer kann die Fahrgeschwindigkeit und damit die Leistungsaufnahme der Fahrhydraulik unter Beibehaltung der Grenzlastregelung und der Fahrdynamik stufenlos vermindert werden. Damit kann den Zusatzantrieben eine höhere Leistung zugeteilt werden oder ein besseres Feinsteuerverhalten erzielt werden.

Weitere Anwendungen hydrostatischer Antriebe mit Mikrorechner und programmierbaren Steuerungen und Regelungen wurden bei Baggerantrieben, Radladern, Antrieben für Lade- und Planierraupen (Zweikreisantriebe), Schwerlast-Transportgeräten und Mobilkränen verwirklicht.

Die in diesem Kapitel beschriebenen Anwendungsbeispiele der Ölhydraulik können nur eine kleine Auswahl darstellen. Weitere Beispiele sind in Büchern und Fachzeitschriften [6,16,18,21,22,25,30,31,32,33,34] zu finden.

Anhang

Literaturangaben

[1] Blackburn, J.: Fluid Power Controll. Wiesbaden 1962
[2] Chaimowitsch: Ölhydraulik. Berlin 1957
[3] Trutnovski, K.: Berührungsdichtungen an ruhenden und bewegten Maschinenteilen. München 1968
[4] Guillon, M.: Hydraulische Regelkreise und Servosteuerungen. München 1968
[5] Dürr und Wachter: Hydraulik in Werkzeugmaschinen. München 1968
[6] Panzer, P., Beitler, G.: Arbeitsbuch der Ölhydraulik. Mainz 1969
[7] Zoebl, H.: Ölhydraulik. Wien 1963
[8] Lubos, W.: Langsam laufende Hydromotoren. Krausskopf-Taschenbuch "ölhydraulik und pneumatik" Band 3, Teil I Mainz 1974
[9] Thoma, J.: Hydrostatische Getriebe. München 1964
[10] Thoma, J.: Ölhydraulik. München 1970
[11] Ulrich, H.J.: Die Eigenfrequenz linearer hydraulischer Stellmotoren. TR Nr.45/1968
[12] Siebers, G.: Hydrostatische Lagerungen und Führungen. TR-Reihe Heft 97 Bern 1971
[13] Helduser, S.: Elektrohydraulische Geräte für Steuerungs- und Regelungsaufgaben in der Fluidtechnik. Der Konstrukteur Dezember 1980 S.64-72
[14] Göhner, A.: Steuerungstechnik der Signalflüsse. Krausskopf-Taschenbuch "ölhydraulik und pneumatik" Band 1 Mainz 1973
[15] Backé, W.: Systematik der hydraulischen Widerstandsschaltungen. Mainz 1974
[16] Matthies, H.J.: Einführung in die Ölhydraulik. Stuttgart 1995
[17] Rexroth-Hydraulik-Trainer: Band 1 1991 Grundlagen und Komponenten der Fluidtechnik.
[18] Rexroth-Hydraulik-Trainer: Band 2 1986 Proportional- und Servoventiltechnik.
[19] Findeisen, D.u.F.: Ölhydraulik. Berlin 1994
[20] Jvantysyn, J.u.M.: Hydrostatische Pumpen und Motoren. Würzburg 1993

[21] Kordak, R.: Neuartige Antriebskonzeption mit sekundärgeregelten hydrostatischen Maschinen.
o + p 1981 S.387-392
[22] Rexroth-Hydraulik-Trainer: Band 6 1996
Hydrostatische Antriebe mit Sekundärregelung.
[23] Parker-Prädifa: Dichtungshandbuch. 1993
[24] Backé, W.: Verlustarme hydrostatische Antriebe
Grundlagen und Anwendungen.
VDI-Bericht 1132, S.147-165, Düsseldorf 1994
[25] Helduser, S.: Innovationen im Maschinenbau durch fluidtechnische Komponenten und Systeme. 10. Fachtagung Hydraulik und Pneumatik Dresden 1995
[26] Brouer, B.: Regelungstechnik für Maschinenbauer.
Stuttgart 1992
[27] Brouer, B.: Steuerungstechnik für Maschinenbauer.
Stuttgart 1995
[28] Töpfer/Besch: Grundlagen der Automatisierungstechnik
Steuerungs- und Regelungstechnik für Ingenieure.
München 1990
[29] Röper, R.: Die Darstellung des Arbeitsverhaltens von Hydrokreisläufen in Kennlinien.
Schriftenreihe "ölhydraulik u. pneumatik" Band 8
Mainz 1966
[30] Vonnoe, R.: Programmgesteuerte und -geregelte hydrostatische Mobilantriebe. o + p 1992 S.206-221
[31] Harms, Holländer, Tewes: Tendenzen der Hydraulik in Baumaschinen.
o + p 1995 S.446-456
[32] Holländer, Lang, Römer, Tewes: Hydraulik in Traktoren und Landmaschinen. o + p 1996 S.162-174
[33] Ebertshäuser, H.: Anwendungen der Ölhydraulik.
Krausskopf-Taschenbücher "ölhydraulik und pneumatik" Band 7 und 8 Mainz 1972
[34] Lift, H.,Hansel, M.: Hydrauliksysteme in der Bau- und Kommunaltechnik. Würzburg 1991

Normen und Richtlinien

DIN Normen

DIN-ISO 1219	Fluidtechnische Systeme und Geräte; Symbole
DIN 2391	Nahtlose Präzisionsstahlrohre
DIN-ISO 3320	Fluidtechnik; Durchmesser von Zylinderbohrungen und Kolbenstangen; Metrische Reihe
DIN-ISO 3322	Fluidtechnik; Nenndrücke für Zylinder
DIN 3850	Rohrverschraubungen; Übersicht
DIN-ISO 4392	Fluidtechnik; Verfahren zur Bestimmung der Kennlinie von Hydromotoren bei konstanter kleiner Drehzahl und konstantem Druck
DIN-ISO 4393	Fluidtechnik; Zylinder,Kolbenhub-Grundreihen
DIN-ISO 8426	Fluidtechnik; Hydropumpen und -motoren; Bestimmung des aus Messungen ermittelten Verdrängungsvolumens
DIN 20 024	Fluidtechnik; Schläuche und Schlauchleitungen, Prüfungen
DIN 20 044	Verbindungen für Hydraulikschlauchleitungen
DIN 24 311	Fluidtechnik; Hydraulische Stetigventile
DIN 24 312	Fluidtechnik; Drücke, Begriffe, Druckstufen
DIN 24 315	Ölhydraulik und Pneumatik; Einheiten-Vergleich
DIN 24 320	Schwerentflammbare Hydraulikflüssigkeiten, Gruppe HFAE
DIN 24 550	Fluidtechnik; Hydraulikfilter, Filterelemente und Filtergehäuse, Beurteilungskriterien, Anforderungen
DIN 24 564	Fluidtechnik; Hydrogeräte; Kenngrößen
DIN 51 524	Druckflüssigkeiten, Hydrauliköle HL, HLP und HVLP

VDMA-Einheitsblätter

VDMA 24 314	Fluidtechnik, Hydraulik, Wechsel von Druckflüssigkeiten, Richlinien
VDMA 24 317	Fluidtechnik, Hydraulik, Schwerentflammbare Druckflüssigkeiten, Richtlinien

VDI-Richtlinien

VDI 2152	Hydrostatische Getriebe; Begriffe, Bauarten, Berechnungsgrundlagen,Wirkungsweise
VDI 3027	Inbetriebnahme und Instandhaltung, Ölhydraulische Anlagen
VDI 3225	Ölhydraulische Schaltungen, Schaltpläne

Lösungen zu den Übungsbeispielen

Zu Beispiel 3: $F = 70\,000\ N$; $Q = 1250\ cm^3/s$; $P_{me} = P_{hy} = 17{,}5\ kW$

Zu Beispiel 5: $Re = 1079$ bzw. 1083 (laminare Strömung)

Zu Beispiel 6: $\Delta p_V = 0{,}343\ bar/m$

Zu Beispiel 7: $\Delta p_V = 0{,}0713\ bar/m$

Zu Beispiel 8: $\Delta p_V = 0{,}0216\ bar$ mit $\zeta_K = 0{,}3$ aus Bild 11

Zu Beispiel 12: $\Delta p = \omega \sqrt{\dfrac{J\,K}{V_0}} = 125{,}8\ bar$

Zu Beispiel 14: $\Delta V = \beta\,V_0\,\Delta p = 0{,}0234\ dm^3$; $t_A = \Delta V/Q_e = 0{,}28\ s$

Zu Beispiel 21:
 a) $\Delta V = \alpha_t\,V_0\,\Delta_t = 3{,}25\ l$
 b) Mit $\beta_m = 70\cdot 10^{-6}\ bar^{-1}$ als Mittelwert aus Bild 32 wird
  $\Delta p = \Delta V/(\beta_m\,V_0) = 464\ bar$

Zu Beispiel 22: $\Delta p = F/A_K = 300\ bar$; $\Delta l = \Delta V/A_K = \beta\,l\,\Delta p = 39{,}6\ mm$

Zu Beispiel 23: $\nu = 32\ mm^2/s$: $-12°C$ bis $52°C$
 $\nu = 68\ mm^2/s$: $2°C$ bis $71°C$

Zu Beispiel 29:
 a) $Q_{th} = n\,V_g = n\,z\,\pi\,d^2\,e/2 = 32\,400\ cm^3/min = 32{,}4\ l/min$
  $\eta_{vol} = Q_e/Q_{th} = (Q_{th} - Q_L)/Q_{th} = 0{,}95$
 b) $\eta_{mh} = Q_{th}\,p/(2\pi\,n\,M_{zu}) = 0{,}94$
 c) $\eta_t = \eta_{mh}\,\eta_{vol} = 0{,}894$
  $P_{zu} = Q_{th}\,p/\eta_{mh} = 17{,}22\ kW$ oder $P_{zu} = M_{zu}\,2\pi\,n = 17{,}22\ kW$

Zu Beispiel 30:
 a) $Q_{e\,max} = 400\ cm^3/s$; $Q_{th\,max} = Q_{e\,max}/\eta_{vol} = 421\ cm^3/s$;
  $V_{tho} = V_{g\,max} = Q_{th\,max}/n = 14{,}08\ cm^3$
  $d^3 = \dfrac{4\,V_{g\,max}}{z\,\pi\,3\sin\hat{\alpha}} = 2{,}01\ cm^3$; $d = 1{,}26\ cm = 12{,}6\ mm$
 b) $d = 12\ mm$; $D_T = 36\ mm$; $Q_{e\,max} = 20{,}6\ l/min$
 c) $M_{zu} = \dfrac{Q_{e\,max}\,p}{2\pi\,n\,\eta_{vol}\,\eta_{mh}} = 639\ daNcm = 63{,}9\ Nm$
 d) $P_n = Q_{e\,max}\,p = 10{,}3\ kW$; $P_{zu} = P_n/\eta_t = 12{,}05\ kW$

Zu Beispiel 36: Pumpengrößen: Index 1; Hydromotorgrößen: Index 2

a) $\Delta p_2 = \dfrac{M_{ab2}\, 2\pi}{V_{th2}\, \eta_{mh2}} = 243\ bar$

b) $Q_{e2} = n_2\, V_{th2}/\eta_{vol2} = 43\ l/min = Q_{e1}$

c) $\alpha_1 = \dfrac{Q_{e1}}{n_1\, V_{th01}\, \eta_{vol1}} = 0{,}855$

d) Rohrleitung: $v = 4{,}65\ m/s;\ Re = 3270$ (turbulent)

$\Delta p_V = 0{,}289\ bar/m;\ \Delta p_{VR} = 4{,}75\ bar;$

Filter: $\Delta p_{VFi} = \zeta_{Fi}\, \rho/2\, v^2 = 0{,}194\ bar$

Wegeventil: P - A: $\Delta p_{VW} = 2\ bar;$ B - R: $\Delta p_{VW} = 2\ bar$

Gesamtdruckverlust: $\Delta p_{Vges} = \Delta p_{VR} + \Delta p_{VFi} + 2\,\Delta p_{VW} = 8{,}944\ bar$

e) Pumpenförderdruck: $p_1 = \Delta p_2 + \Delta p_{Vges} = 251{,}944\ bar$

Antriebsmoment: $M_{zu1} = \dfrac{p_1\, \alpha_1\, V_{th01}}{2\pi\, \eta_{mh1}} = 1060\ daNcm = 106\ Nm$

f) $\eta_{tA} = \dfrac{P_{ab2}}{P_{zu1}} = \dfrac{2\pi n_2\, M_{ab2}}{2\pi n_1\, M_{zu1}} = \dfrac{1500 \cdot 10}{1800 \cdot 10{,}6} = 0{,}786$ oder

$\eta_{tA} = \eta_{vol1}\, \eta_{mh1}\, \eta_L\, \eta_{vol2}\, \eta_{mh2} = 0{,}786$ mit

$\eta_L = \Delta p_2/(\Delta p_2 + \Delta p_{Vges}) = 0{,}966$

Zu Beispiel 37:

a) $v_{1A} = Q_{Pu}/A = 3{,}61\ m/min = 6{,}02\ cm/s$ $(A = 33{,}2\ cm^2)$

$v_2 = Q_{Pu}/a = 6{,}94\ m/min = 11{,}75\ cm/s$ $(a = 33{,}2\ cm^2)$

b) $v_{1E} = Q_{Pu}/A_{St} = 7{,}55\ m/min = 12{,}58\ cm/s$ $(A_{St} = 15{,}9\ cm^2)$

Ölströme   1–4: $Q_1 = Q_{Pu} = 12\ l/min = 200\ cm^3/s$

10–4: $Q_2 = v_{1E}\, a = 13{,}1\ l/min = 218\ cm^3/s$

4–5: $Q_3 = Q_1 + Q_2 = 25{,}1\ l/min = 418\ cm^3/s$

c) Es gilt: $p_5 = F/(A\,\eta_{mh1}) + p_{10}\, a/(A\,\eta_{mh1}\,\eta_{mh2})$

und $p_{10} = p_5 + \Delta p_{V10-9} + \Delta p_{V9-6} + \Delta p_{V6-4} + \Delta p_{V4-5}$

und $p_1 = p_5 + \Delta p_{V4-5} + \Delta p_{V4-3} + \Delta p_{V3-2} + \Delta p_{V2-1}$

Tabelle der Druckverluste in Leitungen, Krümmern ($\zeta_K = 0{,}3$) und Filter für die Fragen c) e) f) und h)

Q [l/min]	Re	Δp_V [bar/m]	v_L [m/s]	Δp_{VK} [bar]	Δp_{VFi} [bar]
$Q_1 = 12$	1452	0,46	4	0,0248	0,0496
$Q_2 = 13{,}1$	1586	0,502	4,36	0,0294	–
$Q_3 = 25{,}1$	3040	1,665	8,35	0,094	–
$Q_4 = 6{,}25$	756	0,24	2,08	0,00815	0,0163
$Q_5 = 23$	2785	1,42	7,66	0,079	0,158

Bei laminarer Strömung wurden die Druckverluste mit $\lambda = 75/Re$ (siehe S.35) und in den Krümmern unter Berücksichtigung des Korrekturfaktors b aus Tabelle 1 S.38 berechnet.

Man erhält mit $\Delta p_{V9-6} = 4,8\ bar$ aus der 3/2-Wegeventilkennlinie $p_{10} = p_5 + 1,14 + 4,8 + 0,18 + 3,5 = p_5 + 9,62\ bar$. Damit wird $p_5 = 96,4\ bar$ und $p_{10} = 106,02\ bar$.

Interessant ist ein Vergleich mit dem Ergebnis, das man ohne Berücksichtigung der Verluste erhält. Mit $p_5 = p_{10} = p$ und $\eta_{mh} = 1$ wird $p\,A - p\,a = F$ und damit $p = F/(A - a) = 62,9\ bar$, also ein wesentlich zu kleiner Wert.

Weiter wird $p_1 = 96,4 + 3,518 + 0,161 + 1 + 0,303 = 101,4\ bar$.

d) $\eta_t = \dfrac{F\,v_{1E}}{Q_3\,p_5 - Q_2\,p_{10}} = 0,726$; Der Vergleich mit η_t zeigt, daß der Wert $\eta_{mhges} = F/A\,p_5 = 0,313$ nicht sinnvoll sein kann.

e) $Q_1 = 12\ l/min$ (1–5); Rücklauf: $Q_4 = 6,25\ l/min$ (10–12);
$p_{10} = \Delta p_{V10-9} + \Delta p_{V9-8} + \Delta p_{V8-7} + \Delta p_{V7-11} + \Delta p_{V11-12} = 2,38\ bar$
$p_5 = 128,35\ bar$
$p_1 = p_5 + \Delta p_{V5-4} + \Delta p_{V4-3} + \Delta p_{V3-2} + \Delta p_{V2-1} = 130,8\ bar$

f) $Q_1 = 12\ l/min$ (1–10); Rücklauf: $Q_5 = 23\ l/min$ (5–12);
$p_5 = \Delta p_{V5-4} + \Delta p_{V4-3} + \Delta p_{V3-11} + \Delta p_{V11-12} = 12,655\ bar$
mit $F_2 = 0$ wird $p_{10} = p_5\,A/(\eta_{mh1}\,\eta_{mh2}\,a) = 28,4\ bar$
$p_1 = p_{10} + \Delta p_{V10-1} = 36,3\ bar$

g) Eilvorschub: $P_n = 1,258\ kW$; $P_{zu} = Q_1\,p_1/\eta_{tPu} = 2,305\ kW$; $\eta_{tA} = 0,545$
Arbeitsvorschub: $P_n = 2,408\ kW$; $P_{zu} = 2,97\ kW$; $\eta_{tA} = 0,811$
Beachte: Pumpenförderdruck $p = p_D - p_S = p_1 - 0 = p_1$, da sämtliche Drücke als Überdrücke angegeben sind.

h) $Q_1 = 12\ l/min$ (1–12); $p_1 = 1,878\ bar$

Zu Beispiel 38:

a) Aus der Antriebsleistung
$$P_1 = M_1\,\omega_1 = \dfrac{p\,\alpha_1\,V_{tho1}\,n_1}{\eta_{mh1}}$$
folgt mit $\eta_{mh1} = 1$ (verlustfreies Getriebe):
Regelbeginn: $p = 54,35\ bar$
Regelende: $\alpha_1 = 0,259$

b) Der Regelbeginn erfolgt bei niedrigerem Druck und das Regelende ist bei kleinerer

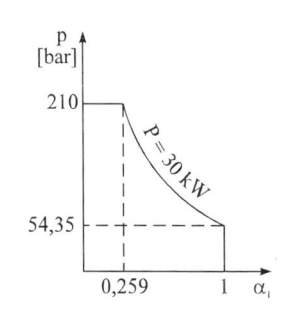

Volumeneinstellung als beim verlustfreien Getriebe.

c) Die Leistungsregelung ergibt für die Pumpe: $\alpha_1 = \dfrac{P_1 \eta_{mh1}}{V_{th01} p n_1} - 0{,}286$

$Q_{e1} = n_1 \alpha_1 V_{th01} \eta_{voll} = 94\,723\ cm^3/min = 94{,}7\ l/min$

Damit wird für den Hydromotor mit $Q_{e2} = Q_{e1}$:

$n_2 = Q_{e2}\, \eta_{vol2}/V_{th2} = 118{,}4\ U/min$

$M_2 = \Delta p_2\, V_{th2}\, \eta_{mh2}/2\pi = 2419\ Nm$

Bei verlustfreiem Getriebe sind sämtliche Wirkungsgrade 1.

Zu Beispiel 40:

a) Eilvorschub: W1 a;   W2 b; $v_E = 0{,}467\ m/s$
Arbeitsvorschub: W1 a;   W2 a; $v_A = 0{,}125\ m/s$
Eilrücklauf: W1 b;   W2 b; $v_R = 1{,}167\ m/s$

b) $Q_1 = Q_2 = 56\ l/min$; $Q_3 = Q_2\, a/A = 22{,}4\ l/min$.

Mit der Annahme, daß am Stromregelventil ein Druckabfall kleiner 8 bar auftritt und deshalb die Regelblende ganz geöffnet ist, gilt mit $\Delta p_V = \Delta p_{V\,SRV} = \Delta p_{V\,W2}$: $Q_3 = Q_{W2} + Q_{SRV} = 16\sqrt{\Delta p_V} + 6\sqrt{\Delta p_V/8}$, daraus folgt $\Delta p_V = 1{,}53\ bar$, also kleiner 8 bar. (Bei $\Delta p_V \geq 8\ bar$ würden stets 6 l/min über das SRV fließen).

Für $Q_3 = 22{,}4\ l/min$ wird $\Delta p_{V\,W1} = 0{,}39\ bar$ und damit $p_3 = 1{,}92\ bar$.

Mit $F = 8\,000\ N$ wird mit Gl.(141) $p_2 = 44{,}46\ bar$ und mit $\Delta p_{V\,W1} = 2{,}42\ bar\ (Q_1 = 56\ l/min)$ wird $p_1 = 46{,}88\ bar$.

$\eta_{gesA} = 70\%$, da $P_n = 3{,}74\ kW$ und $P_{zu} = 5{,}34\ kW$

c) $p_1 = 140\ bar$; $Q_3 = 6\ l/min$; $Q_2 = 15\ l/min$ und $\Delta p_{V\,W1} = 0{,}174\ bar$. Mit $p_2 = 139{,}83\ bar$ wird mit Gl.(141) $p_3 = 145{,}86\ bar$, also höher als der Druck p_1, der durch das Druckbegrenzungsventil bestimmt ist.

$\eta_{gesA} = 9{,}4\%$, da $P_n = 1{,}5\ kW$ und $P_{zu} = 15{,}93\ kW$

d) $Q_1 = Q_3 = 56\ l/min$; $Q_2 = 140\ l/min$ und damit $p_2 = \Delta p_{V\,W1} = 15{,}12\ bar$;

Mit $F = 0$ folgt aus Gl.(142) $p_3 = 48{,}35\ bar$;

Mit $Q_3 = 56\ l/min$ wird $\Delta p_{V\,W1} = 2{,}42\ bar$ und $\Delta p_{V\,W2} = 9{,}55\ bar$ (Stromregelventil hat wieder geöffnete Regelblende, da es in Gegenrichtung durchströmt wird. Berechnung von $\Delta p_{V\,W2}$ wie in b)).

$p_1 = 60{,}32\ bar$; $\eta_{gesA} = 0$, da $P_n = 0$ ist.

e) Mit $Q_{SRV} = 6\ l/min$ wird $Q_{Pu} = Q_1 = 15\ l/min$ und $p_1 = 125 + 0{,}3 \cdot 41 = 137{,}3\ bar$. $P_{zu} = 3{,}43\ kW$ und $P_n = 1{,}5\ kW$ ergeben $\eta_{gesA} = 0{,}44 = 44\%$, also wesentlich besser als bei c). Weiter ist $p_2 = 137{,}13\ bar$ und $p_3 = 140{,}59\ bar$.

Zu Beispiel 43:

a) $P_n = F\,v$ ist in beiden Richtungen gleich, also ist der Kolbenrückzug ($a < A$) maßgebend

b) $\Delta p_{VA-T} = 8\ bar$, also $p_4 = 0$ und $p_2 = 8\ bar$

Aus Kräftegleichgewicht am Kolben folgt $p_3 = 109{,}61\ bar$

$$Q_{P-B} = \frac{a}{A}\,Q_{A-T} = \frac{63}{100}\,Q_{A-T},\ \text{also}\ \Delta p_{VB-T} = \left(\frac{63}{100}\right)^2 \Delta p_{VA-T} = 3{,}175\ bar$$

$p_1 = p_3 + \Delta p_{VP-B} = 113\ bar = p_{DbV}$ (Einstellwert des DbV)

c) $p_1 = 113\ bar;\ p_4 = 0;\ \Sigma F = 0$ am Kolben ergibt: $F_1 = 92\,p_2 - 74{,}12\,p_3$

$Q_{P-A} = \dfrac{100}{63}\,Q_{B-T}$ ergibt $\Delta p_{VP-A} = 2{,}52\ \Delta p_{VB-T}$;

$p_1 - p_2 = 2{,}52\,(p_3 - p_4)$ mit $p_4 = 0$ wird

$p_2 = 113\ bar - 2{,}52\,p_3$

$F_1 = 92\,(113 - 2{,}52\,p_3) - 74{,}12\,p_3$ ergibt $p_3 = 17{,}64\ bar$

und $p_2 = 68{,}55\ bar$

d) $Q_A = Q_R = \alpha_D A_A \sqrt{\dfrac{2\,\Delta p_A}{\rho}} = \alpha_D A_R \sqrt{\dfrac{2\,\Delta p_R}{\rho}}$, also

$A_A \sqrt{\Delta p_A} = A_R \sqrt{\Delta p_R}$

$\left.\begin{array}{l}\Delta p_A = \Delta p_{VP-A} = p_1 - p_2 = 44{,}45\ bar \\ \Delta p_R = \Delta p_{VA-T} = 8\ bar\end{array}\right\}\ \dfrac{A_A}{A_R} = \sqrt{\dfrac{8}{44{,}5}} = 0{,}424$

Das elektrische Eingangssignal ist also beim Rückzug (R) größer als beim Ausfahren (A).

Zu Beispiel 45: Es ist zu beachten, daß sämtliche Drücke in Gl.(163) als Absolutdrücke eingesetzt werden müssen. Damit gilt: $p_{a0} = 11\ bar;\ p_{a1} = 16\ bar$ und $p_{a2} = 51\ bar$.

a) Gasvolumen: $V_2 = 108\ cm^3;\ V_1 = 344\ cm^3$

Verfügbares Ölvolumen $V_1 - V_2 = 236\ cm^3$.

b) $V_2 = 167\ cm^3;\quad V_1 = 382\ cm^3;\quad V_1 - V_2 = 215\ cm^3$.

c) $V_2 = 108\ cm^3;\quad V_1 = 247{,}5\ cm^3;\quad V_1 - V_2 = 139{,}5\ cm^3$.

Formelzeichen und Indizes

Die Formelzeichen sind fast ausschließlich nach DIN 1304 gewählt. Die aufgeführten Indizes kennzeichnen meist unmißverständlich die angegebene Zuordnung. Für die Ausnahmefälle werden die mit Indizes versehenen Formelzeichen in der Formelzeichenliste aufgeführt. Nur einmalig benutzte Indizes und Formelzeichen werden hier nicht aufgeführt, da ihre Bedeutung bei der Verwendung angegeben wird.

Indizes

A	Anlage	min	Minimum
a	Beschleunigung	N	Nennwert
ab	abgegeben	n	nutzbar
D	Druckseite	Pu	Pumpe
DbV	Druckbegrenzungsventil	R	Reibung
e	effektiv	red	reduziert
F	Flüssigkeit	S	Saugleitung
Fi	Filter	St	Stange
Ge	Getriebe	st	Steuergröße
g	geometrisch	T	Triebwelle
ges	gesamt	tan	tangential
hy	hydraulisch	th	theoretisch
K	Kolben, Krümmer	V	Ventil, Verlust
L	Leitung	Z	Zylinder
La	Last	zu	zugeführt
Mo	Motor	zul	zulässig
m	Mittelwert	$Öl$	Öl
max	Maximum	o	Anfangswert
me	mechanisch	$1,2,3...$	Wert an der Stelle 1,2,3...

Formelzeichen

A	Fläche, Querschnitt	p_a	Absolutdruck
a	Ringfläche	p_{Vs}	Versorgungsdruck
a	Beschleunigung	Q	Volumenstrom
B	Belastungsgrad	Q_C	Kompressibilitätsstrom
b	Breite	Q_L	Leckstrom
C	Konstante	Q_W	Wärmemenge
c	Federkonstante	R	Wandlungsbereich
c	Schallgeschwindigkeit	Re	Reynoldsche Zahl
c	spezifische Wärme	r	Radius
D, d	Durchmesser	S	Spiel
E	Elastizitätsmodul	s	Weg, Wandstärke
e	Exzentrizität	T	Kelvin-Temperatur
e	Öffnungshöhe	t	Celsius-Temperatur, Zeit
F	Kraft	t_A	Anlaufzeit
f	Frequenz	t_l	Laufzeit einer Welle
f_0	Eigenfrequenz	U	Umfangslänge
G	Gewicht	V	Volumen, Verdrängungsvolum.
g	Erdbeschleunigung	v	Geschwindigkeit
h	Hub, Höhe	v_A	Arbeitsvorschubgeschwindigk.
i	Stromstärke	v_E	Eilvorschubgeschwindigkeit
J	Massenträgheitsmoment	v_R	Eilrückzuggeschwindigkeit
K	Kompressionsmodul	W	Arbeit, Energie
$\overline{K}$	korrigierter Kompressionsm.	W_{def}	Deformationsenergie
k	Rohrrauhigkeit	W_{kin}	kinetische Energie
k	Wärmedurchgangszahl	W_{kom}	Kompressibilitätsenergie
L	Spaltlänge, Überdeckungslänge	z	Kolben-, Flügel-, Zähnezahl
l	Länge	α	Volumeneinstellung
M	Drehmoment	α_D	Durchflußbeiwert
m	Masse	$\hat{\alpha}$	Schwenkwinkel
$\dot{m}$	Massenstrom	α_t	Ausdehnungskoeffizient
n	Drehzahl	β	Kompressibilitätsfaktor
n	Polytropenexponent	γ	spez. Gewicht
P	Leistung	Δ	Differenz
p	Überdruck	δ	Ungleichförmigkeitsgrad

ε	Radialspiel	μ	Reibungskoeffizient
ε	relative Exzentrizität	ν	kinematische Viskosität
ζ	Widerstandsbeiwert	ρ	Dichte
η	dynamische Viskosität	σ	Normalspannung
η	Wirkungsgrad	τ	Schubspannung
η_{mh}	mechanisch-hydraulischer Wirk.	τ	Schließzeit
η_{vol}	volumetrischer Wirkungsgrad	Φ	Wärmestrom
η_t	Gesamtwirkungsgrad	φ	Drehwinkel
ϑ	Strahlwinkel	ψ	Ablenkwinkel
ϑ	Celsius-Temperatur	ω	Winkelgeschwindigkeit
κ	Adiabatenexponent	ω	Kreisfrequenz
λ	Rohrwiderstandsbeiwert	$\dot{\omega}$	Winkelbeschleunigung
μ_q	Poissonzahl	ω_0	Eigenkreisfrequenz

Sachregister

Abschaltventil 176
Absolutdruck 26, 212 ff.
Additives 74
Äquivalente Rohrlänge 162
Alterung 80
Anlaufmoment 156
Anlaufzeit 55
Anschlußplatte 241
Antriebsglied 279, 281
Arbeitsdiagramm 105
Aufbauventil 241
Außenzahnradpumpe 110
Axialkolbenmotor 153
Axialkolbenpumpe 122

Baggerantrieb 296
Behälter 22, 91 ff.
Bernoulli, Gleichung von 28
Beschleunigungsdruck 29
Betätigungsarten 23, 180 ff.
Bewegungsgenauigkeit 43
Blasenspeicher 233
Blende 39, 193
Blendenventil 21, 193
Bode-Diagramm 213

Cartridge 201
CETOP 102
Closed center 265

Dachformmanschette 247
Dämpfungskolben 170
Dichtung 243 ff.
-, dynamische 244 ff.
-, elastische 246
-, statische 243
-, Reibung 245
-, Spaltdichtung 63, 243
Dieseleffekt 83
Differentialschaltung 147
Differentialzylinder 16, 47, 144 ff.
DIN 19226 215, 281

DIN-ISO 1219 14 ff.
Drehflügelpumpe 116
Drehschieber 177
Drossel 37, 193
Drosselrückschlagventil 21, 189
Drosselventil 21, 193
Druckabschneidung 137
Druckbegrenzungsventil 21, 168 ff.
Druckflüssigkeit 74 ff.
-, Pflege und Wechsel 87
-, schwerentflammbare 84
-, umweltverträgliche 86
Druckminderventil 21, 173 ff.
Druckmittelwandler 17
Druckquelle 73
Druckregler 138 ff.
Druckschalter 24, 286 ff.
Druckschaltventil 21, 174 ff.
Druckspeicher 231
Druckstoß 49 ff.
Druckstrom 63
Druckübersetzer 17
Druckventil 21, 168 ff., 217
Druckverlust 31 ff.
Düse-Prallplatte-System 56, 209
Durchflußbeiwert 39

Eckleistung 260
Eigenkreisfrequenz 46 ff., 158, 225
Einbauventil 241
Enlagendämpfung 149
Entlüftung 83
Entspannungsschlag 53
Erwärmungsvorgang 93

Fahrantrieb 260, 292, 298
Feinsteuerkante 179
Filter 23, 88 ff.
-, Anordnung 89
-, Hochdruck- 90
-, Magnet- 91
-, Niederdruck- 89

-, Oberflächen- 90
-, Rücklauf- 90
-, Saug- 89
-, Tiefen- 91
Flachdichtring 243
Flügelmotor 152
Flügelpumpen 114 ff.
Flügelzellenpumpe 115 ff.
Flüssigkeitsbehälter 91
Flüssigkeitsreibung 31, 60 ff.
Flughydraulik 12, 204, 215
Förderdruck 99
Förderstrom 100 ff.
Förderstromregler 139
Fördervolumen 14, 100 ff.
Folgekolbenprinzip 131
Frequenzgang 213

Gasspeicher 233
Geometrisches Verdrängungsvolumen 101, 110 ff.
Geschlossener Kreislauf 256
Gleichgangzylinder 16, 48, 144
Gleitring 247
Gleitschuh 69

Hagen-Poiseuillsche Formel 67
Halteventil 187
Hintereinanderschaltung 41, 250 ff.
Hochdruckleitung 257
Hubstaplerantrieb 294
Hutmanschette 247
Hydrauliköl 74 ff.
-, Alterung 80
-, Auswahl 77
-, Dichte 75
-, Kompressibilität 76
-, Luftlösevermögen 81
-, Nennviskosität 75
-, Viskositäts-Temperaturverhalten 77
Hydraul. Federkonstante 46 ff., 158
Hydraulische Induktivität 29
Hydraulische Kapazität 43
Hydrodynamik 11, 28 ff.

Hydromotor 15, 151 ff.
-, Anlaufmoment 156
-, Bauarten 151 ff.
-, Berechnung 142, 156 ff.
-, Drehfederkonstante 157
-, Eigenkreisfrequenz 157
-, Kennlinie 142
Hydropumpe 14, 98 ff.
-, Bauarten 103 ff.
-, Berechnung 99 ff.
-, Betriebsgrößen 127
-, Förderstromschwankung 46, 107
-, Kennlinie 102, 128
-, Kompressibilitätseinfluß 105
-, Pulsationsfrequenz 46
-, Regelung 134 ff.
-, Saugverhalten 104
-, Ungleichförmigkeitsgrad 107
-, Verstellung 130 ff.
Hydrospeicher 22, 231 ff.
-, Anwendungsmöglichkeiten 231
-, Bauarten 233
-, Berechnung 234
-, Druck-Volumen-Kennlinie 235
-, Sicherheitsbestimmungen 236
Hydrostatik 11, 26 ff.
Hydrostatische Entlastung 72
Hydrostatisches Getriebe 255 ff.
-, Berechnung 258 ff.
-, Kennlinie 258
-, Schaltpläne 255, 291 ff.
-, Wandlungsbereich 261
Hydrostatisches Lager 68 ff.
Hydrosystem 12, 161, 249 ff.

Impulsventil 180
Industriehydraulik 12, 287 ff.
Informationsfluß 279
Innenzahnradpumpe 112

Kavitation 78, 82
Kennlinie eines Aggregates 252
-, eines Druckbegrenzungsventils 172,
-, eines Druckminderventils 173

-, eines Druckreglers 138
-, eines hydrostat. Getriebes 258
-, eines Leistungsreglers 136
-, einer Leitung 36, 250
-, eines Motors 142, 249
-, eines Nullhubreglers 139
-, einer Hydropumpe 102, 128, 249
-, eines Rückschlagentils 187, 250
-, eines Servoventils 206, 211
-, eines Stromreglers 139
-, von Stromventilen 190, 250
-, von Wegeventilen 40, 250
Kennlinienfeld 128
Kolbenpumpen 118
Kolbenring 245
Kolbenspeicher 233
Kolbenventil 166 ff.
Kombinierte Regelung 140
Kompressibilität 42, 105, 149, 158
Kompressibilitätsfaktor 42, 76
Kompressibilitätsstrom 106
Kompressionsmodul 42, 52, 76
Kompressionsvolumen 43, 53, 106
Konstantpumpe 14, 98 ff.
Konstantdrucksystem 265
Kontinuitätsgleichung 29
Kühlung 23, 95
Kunststoffspritzmaschinenantrieb 283

Längsschieber 177 ff.
Leckölbeiwert 64
Leckölstrom 65 ff.,102
Leerlaufschaltung 171
Leistungsbegrenzer 137
Leistungsbereich 166 ff., 264
Leistungsfluß 12, 166 ff., 264
Leistungsregler 134 ff.
Leistungsverluste, prinzipbedingt 267
Leitung 22, 237 ff.
Leitungsventil 241
Lippenring 247
Load-Sensing-System 271 ff.
Logikteil 279 ff.
Luft in Hydrosystemen 81 ff.

Magnetbetätigung 180 ff., 216 ff.
Magnetfilter 91
Membranspeicher 233
Meßblende 22, 195 ff.
Mineralöl 74 ff.
Mobilhydraulik 12, 137, 237, 260, 287
Motor 142

Nachsaugeventil 283, 291
Niederdruckleitung 256
Nullhubregler 138
Nutring 247

Oberflächenfilter 90
Offener Kreislauf 255
Ölauswahl 77
Ölbehälter 91
Ölwechsel 87
Open center 265
O-Ring 243, 246

Parallelschaltung 41, 250 ff.
Pilotventil 170, 181, 283 ff.
Plungerzylinder 143
Prallplatte 56, 208 ff.
Pressenantrieb 176, 290
Primärteil 12, 255
Primärverstellung 258
Proportionalmagnet 216
Proportionalventil 204, 216 ff.
-, Druck- 217
-, Wege- 218 ff.
-, Strom- 228
Pumpe 14, 98 ff.
Pummpenaggregat 252

Radialkolbenmotor 153 ff.
Radialkolbenpumpe 119
Regelblende 195 ff.
Regelkreis elektrohydr. 214
Regelpumpe 15, 129 ff.
Regelventil 204, 229
Reynoldsche Zahl 32
Rohrleitung 237

Rohrrauhigkeit 34
Rohrverbindung 238
Rohrverschraubung 238
-, Bördel- 239
-, Dichtkegel- 239
-, Schneidring- 238
Rohrwiderstandsbeiwert 34
Ruckgleiten 247
Rückschlagventil 20, 187
-, fernsteuerbares 20, 187

SAE-Flansch 238
Saugverhalten, Pumpe 104
Schallgeschwindigkeit 52 ff.
Schaltplan 14, 166 ff.,277, 282 ff.
Schaltstellung 19, 178
Schaltventil 176
Scherstrom 62
Schieberventil 177 ff.
Schlaucharmatur 241
Schlauchleitung 239
Schleppdruck 62
Schluckstrom 142
Schluckvolumen 15, 142
Schrägachsenpumpe 124
Schrägscheibenpumpe 122
Schraubenspindelpumpe 113
Schwenkmotor 15, 159
Schwingungserscheinungen 46, 158, 224
Sekundärregelung 266, 274
Sekundärteil 12, 255
Sekundärverstellung 259
Servoventil 204, 205 ff.
-, dynamisches Verhalten 213
-, einstufiges 207
-, elektrohydraulisches 204
-, zweistufiges 208
Servohydraulik 215
Servomotor 215
Servopumpe 141
Servozylinder 144, 215
Servohydraulische Verstellung 131
Signalfluß 166, 278 ff.

Signalglied 279
Sitzventil 166 ff., 185 ff.
Spaltdichtung 63, 243
Spaltformel 64, 66
Spaltströmung 59 ff.
Spannvorrichtung 51, 286
Speicher 22, 231 ff.
Speisedruck 256
Speiseventil 256
Sperrflügelpumpe 118
Sperrventil 20, 187 ff.
Spritzgießmaschinenantrieb 292
Spülventil 256
Stationärhydraulik 12, 180, 237, 287
Staudruck 28
Stellglied 215, 279 ff.
Stetigventile 204 ff.
Steuerblock 241
Steuergerät 166 ff., 216 ff.
Steuerglied 279
Steuerkante 59, 167
Steuerkette 278
Steuerplatte 241
Steuerung
-, Ablauf- 281
-, Arten 281
-, Bypass-192
-, elektrohydraulische 283
-, Folge- 176, 282 ff., 287
-, Führungs- 281
-, Halteglied- 281
-, Hand- 282
-, Motor- 274
-, numerische 282
-, Primär- 191, 288
-, Programm- 281
-, Pumpen- 266, 267
-, Rücklauf- 192
-, Sekundär- 192
-, Ventil- 264, 268 ff.
-, Verdränger- 265
-, Vorschub- 175, 184, 199, 288
-, Wegplan- 281
-, Widerstands- 264

-, Zeitplan- 281
-, Zulauf- 191
-, Zulaufnebenschluß- 192
Steuerungstechnik 166, 278 ff.
Stick-Slip 247
Strahlkraft 56 ff.
Stribeck-Diagramm 248
Strömungsformen 32
Strömungskraft 56 ff., 167
Stömungsverluste 31 ff.
Stromregler 139
Stromregelventil 22, 190, 195 ff.
-, 2-Wege- 195
-, 3-Wege- 196
Stromteilerventil 22
Stromventil 21, 189, 228
-, einfaches 21, 190, 193 ff.
Stützring 247
Symbole 14 ff.

Tauchkolbenzylinder 143
Taumelscheibenpumpe 124
Teleskopzylinder 16
Tiefenfilter 91
Topfmanschette 247
Torque-Motor 207

Überdeckung 167, 178, 206
Überdruck 26 ff.
Umströmungsschaltung 147
Umweltverträgl. Druckflüssigkeit 86
Ungleichförmigkeitsgrad 107

Ventil 17 ff., 166 ff.
-, -betätigung 18, 23, 180 ff.
-, -montagesystem 237, 241
-, Schalt- 176
-, stetig verstellbare 204 ff.
-, Strömungsverluste 39
-, Schaltung 41, 166 ff.
Verbraucherkreis 253
Verdrängungsvolumen 14, 100 ff.
Verkettungssystem 242
Verstellpumpe 15, 98 ff.

Viskosität
-, dynamische 60
-, kinematische 32, 61
-, der Mineralöle 77 ff.
Volumeneinstellung 101 ff.
Vorschubantrieb 176, 184, 199, 288
Vorspannventil 176, 286 ff.
Vorsteuerventil 170, 181, 283 ff.
Vorwärmer 23, 96

Wärmeanfall 92 ff.
Wandlungsbereich 261
Wasserhydraulik 12, 84, 87
Wechselventil 21
Wegeventil 19 ff., 176 ff., 218 ff.
-, Betätigungsarten 23, 180 ff.
-, Kolbenventil 177
-, Schaltzeit 179
-, Sitzventil 185
-, Überdeckung 178
Widerstandsbeiwert 37 ff.
Windenantrieb 282
Wirkungsgrad 41, 101 ff., 142 ff.

Zähigkeit 60, 61
Zahnradmotor 152
Zahnradpumpe 110
Zahnpumpen 110
Zahnringmotor 152
Zahnringpumpe 113
Zentrifugenantrieb 291
Zuschaltventil 21, 175
Zustandsgleichung von Gasen 234
Zweistufiger Antrieb 176, 184
2-Wege-Einbauventil 200 ff.
Zwillingsrückschlagventil 189
Zylinder 16, 143 ff.
-, Bauformen 143
-, Befestigungsarten 150
-, Berechnung 145
-, Eigenkreisfrequenz 46
-, Endlagendämpfung 149
-, hydraul. Federkonstante 48